建筑灭火系统设计

颜 峻 编著

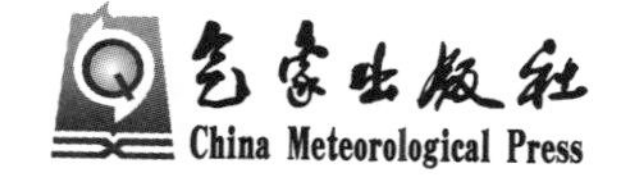

内容简介

本书在概述建筑灭火系统的基础上，针对建筑消防给水设施、室内外消火栓系统、自动喷水灭火系统设计、二氧化碳灭火系统设计、七氟丙烷和混合气体灭火系统设计、干粉灭火系统等进行详细介绍，并结合实践给出部分设计实例，最后介绍了建筑灭火器、火灾探测器和消防系统联动控制的相关装备设施的配备及布置要求。本书可供建筑防火、消防工程等相关专业学生和科研设计人员使用。

图书在版编目(CIP)数据

建筑灭火系统设计 / 颜峻编著. -- 北京 : 气象出版社，2018.6(2019.8 重印)

ISBN 978-7-5029-6784-0

Ⅰ. ①建… Ⅱ. ①颜… Ⅲ. ①房屋建筑设备-消防设备-系统设计 Ⅳ. ①TU892

中国版本图书馆 CIP 数据核字(2018)第 137128 号

JIANZHU MIEHUO XITONG SHEJI

建筑灭火系统设计

出版发行：气象出版社

地　　址：北京市海淀区中关村南大街 46 号　　邮政编码：100081

电　　话：010-68407112(总编室)　010-68408042(发行部)

网　　址：http://www.qxcbs.com　　E-mail：qxcbs@cma.gov.cn

责任编辑：张盼娟　　终　　审：张　斌

责任校对：王丽梅　　责任技编：赵相宁

封面设计：八　度

印　　刷：三河市百盛印装有限公司

开　　本：710 mm×1000 mm　1/16　　印　　张：15.75

字　　数：345 千字

版　　次：2018 年 6 月第 1 版　　印　　次：2019 年 8 月第 2 次印刷

定　　价：50.00 元

目 录

第一章 建筑灭火系统概述

第一节 系统的作用及分类

一、灭火系统的作用

建筑灭火系统的主要作用是及时扑救火灾、限制火灾蔓延的范围，为有效地扑救火灾和疏散人员创造有利条件，从而减少火灾造成的财产损失和人员伤亡。建筑灭火系统是保证建(构)筑物消防安全和人员疏散安全的重要设施。

二、灭火系统的分类

现代建筑消防设施种类多、功能全，使用普遍。按其使用功能不同划分，常用的建筑灭火系统有以下八大类。

(一)消防给水及消火栓设施

消防给水设施是建筑消防给水系统的重要组成部分，其主要功能是为建筑消防给水系统储存并提供足够的消防水量和水压，确保消防给水系统的供水安全。消防给水设施通常包括消防供水管道、消防水池、消防水箱、消防水泵、消防稳(增)压设备、消防水泵接合器等。

(二)自动喷水灭火系统

自动喷水灭火系统是由洒水喷头、报警阀组、水流报警装置(水流指示器、压力开关)等组件以及管道、供水设施组成，并能在火灾发生时响应并实施喷水的自动灭火系统。依照采用的喷头不同可分为两类：采用闭式洒水喷头的为闭式系统，包括湿式系统、干式系统、预作用系统、简易自动喷水系统等；采用开式洒水喷头的为开式系统，包括雨淋系统、水幕系统等。

(三)水喷雾灭火系统

水喷雾灭火系统是利用专门设计的水雾喷头，在水雾喷头的工作压力下将水流分解成粒径不超过 1 mm 的细小水滴进行灭火或防护冷却的一种固定灭火系统。其主要灭火机理为表面冷却、窒息、乳化和稀释作用，具有较高的电绝缘性能和良好的灭火性能。该系统按启动方式不同可分为电动启动和传动管启动两种类型；按应用方式不同可分为固定式水喷雾灭火系统、自动喷水—水喷雾混合配置系统、泡沫—水喷雾联用系统三种类型。

（四）细水雾灭火系统

细水雾灭火系统是由供水装置、过滤装置、控制阀、细水雾喷头等组件和供水管道组成，能自动和人工启动并喷放细水雾进行灭火或控火的固定灭火系统。该系统的灭火机理主要是表面冷却、窒息、辐射热阻隔和浸湿以及乳化作用，在灭火过程中，几种作用往往同时发生，从而有效灭火。系统按工作压力不同可分为低压系统、中压系统和高压系统；按应用方式不同可分为全淹没系统和局部应用系统；按动作方式不同可分为开式系统和闭式系统；按雾化介质不同可分为单流体系统和双流体系统；按供水方式不同可分为泵组式系统、瓶组式系统、瓶组与泵组结合式系统。

（五）泡沫灭火系统

泡沫灭火系统由消防泵、泡沫贮罐、比例混合器、泡沫产生装置、阀门及管道、电气控制装置组成。泡沫灭火系统按泡沫液的发泡倍数的不同可分为低倍数泡沫灭火系统、中倍数泡沫灭火系统及高倍数泡沫灭火系统；按设备安装使用方式不同可分为固定式泡沫灭火系统、半固定式泡沫灭火系统和移动式泡沫灭火系统。

（六）气体灭火系统

气体灭火系统是指灭火剂平时以液体、液化气体或气体状态存贮于压力容器内，灭火时以气体（包括蒸汽、气雾）状态喷射灭火介质的灭火系统。该系统能在防护区空间内形成各方向均匀的气体浓度，而且至少能保持该灭火浓度达到规范规定的浸渍时间，实现扑灭该防护区的空间、立体火灾。气体灭火系统按灭火系统的结构特点不同可分为管网灭火系统和无管网灭火装置；按防护区的特征和灭火方式不同可分为全淹没灭火系统和局部应用灭火系统；按一套灭火剂贮存装置保护的防护区范围不同可分为单元独立系统和组合分配系统。

（七）干粉灭火系统

干粉灭火系统由启动装置、氮气瓶组、减压阀、干粉罐、干粉喷头、干粉枪、干粉炮、电控柜、阀门和管系等零部件组成，一般为火灾自动探测系统与干粉灭火系统联动。系统氮气瓶组内的高压氮气经减压阀减压后，进入干粉罐，其中一部分被送到罐的底部，起到松散干粉灭火剂的作用。随着罐内压力的升高，部分干粉灭火剂随氮气进入出粉管被送到干粉固定喷嘴或干粉枪、干粉炮的出口阀门处，当干粉固定喷嘴或干粉枪、干粉炮的出口阀门处的压力到达一定值后，打开阀门（或者定压爆破膜片自动爆破），将压力能迅速转化为速度能，这样高速的气粉流便从固定喷嘴（或干粉枪、干粉炮的喷嘴）中喷出，射向火源，切割火焰，破坏燃烧链，起到迅速扑灭或抑制火灾的作用。

（八）移动式灭火器材

移动式灭火器材是相对于固定式灭火器材设施而言的，即可以人为移动的各类灭火器具，如灭火器、灭火毯、消防梯、消防钩、消防斧、安全锤、消防桶等。

第二节 建筑消防给水系统的类型

一、按建筑高度分类

（一）低层建筑消防给水系统

建筑高度不大于 27 m 的住宅建筑（包括设置商业服务网点的住宅建筑）、建筑高度不大于 24 m 的单层公共建筑、建筑高度不大于 24 m 的其他民用建筑和工业建筑，属于低层建筑。低层建筑消防给水系统是指设置在低层建筑物内的消防给水工程设施。低层建筑发生火灾，用消防车从室外水源抽水，接出水带和水枪，就能直接有效地进行扑救。因此，该系统主要用于扑救建筑物初期火灾，其给水特点是水量小、水压低，常与生活、生产用水共用一套管网，只有在合用不经济或技术上不可行时，才分开独立设置。

（二）高层建筑消防给水系统

建筑高度大于 27 m 的住宅建筑（包括设置商业服务网点的住宅建筑）、建筑高度大于 24 m 且 2 层及以上的其他民用建筑和工业建筑，属于高层建筑。设置在高层建筑物内的消防给水工程设施称为高层建筑消防给水系统。高层建筑一旦发生火灾，火势猛、蔓延快、人员疏散困难、灭火难度大，如果不能及时控制和扑灭火灾，将会造成大量的人员伤亡和重大的经济损失。此外，高层建筑层数多、高度大，不能直接利用消防车从室外消防水源抽水送到高层部分进行扑救。因此，高层建筑灭火必须立足于自救，主要依靠建筑物内设置的消防给水系统进行扑救。该系统所需水量大、水压高，为保证火场供水安全可靠，高层建筑消防给水系统应采用独立的消防给水系统。

二、按压力高低分类

（一）室内高压消防给水系统

室内高压消防给水系统指无论有无火警，系统经常能保证最不利点灭火设备处有足够高的水压，火灾时不需要再开启消防水泵加压。一般当室外有可能利用地势设置高位水池或设置区域集中高压消防给水系统时，才具备高压消防给水系统的条件。

（二）临时高压消防给水系统

临时高压消防给水系统指系统平时仅能保证消防水压而不能保证消防用水量，发生火灾时，通过启动消防水泵提供灭火用水量。

独立的高层建筑消防给水系统，一般均为临时高压消防给水系统。

三、按用途分类

（一）合用的消防给水系统

合用的消防给水系统又分生产、生活和消防合用给水系统，生活和消防合用给水系统，生产和消防合用给水系统。当室内生活与生产用水对水质要求相近，消防用水量较小，室外给水系统的水压较高，公称直径较大，且利用室外管网直接供水的低层公共建筑和厂房可采用生产、生活和消防合用给水系统；对生活用水量较小，而消防用水量较大的低层工业与民用建筑，为节约投资，可采用生活和消防合用给水系统；对生产用水量很大，消防用水量较小，而且在消防用水时不会引起生产事故，生产设备检修时不会引起消防用水中断的低层厂房可采用生产和消防合用给水系统。由于生产和消防用水的水质和水压要求相差较大，一般很少采用生产和消防合用给水系统。

（二）独立的消防给水系统

高层建筑发生火灾应立足于自救。为保证充足的消防用水量和水压，该建筑消防给水系统应采用独立的消防给水系统。对于低层建筑消防给水系统，如生产、生活、消防合用给水系统不经济或在技术上不可行时，可采用独立的消防给水系统。

第三节　建筑的消防用水量

一、室外消防用水量

工厂、仓库、堆场、储罐区或民用建筑的室外消防给水用水量，应按同一时间内的火灾起数和一起火灾灭火室外消防给水用水量确定。同一时间内的火灾起数应符合下列规定：

（1）工厂、堆场和储罐区等，当占地面积小于等于 100 hm^2，且附近居住区人数小于等于 1.5 万人时，同一时间内的火灾起数应按 1 起确定；当占地面积小于等于 100 hm^2，且附近居住区人数大于 1.5 万人时，同一时间内的火灾起数应按 2 起确定，居住区应计 1 起，工厂、堆场或储罐区应计 1 起。

（2）工厂、堆场和储罐区等，当占地面积大于 100 hm^2，同一时间内的火灾起数应按 2 起确定，工厂、堆场和储罐区应按需水量最大的两座建筑（或堆场和储罐）各计 1 起。

(3)仓库和民用等建筑同一时间内的火灾起数应按1起确定。

二、建筑物室外消火栓设计流量

建筑物室外消火栓设计流量，应根据建筑物的用途功能、体积、耐火等级、火灾危险性等因素综合分析确定。建筑物室外消火栓设计流量不应小于表1.1的规定。

表1.1 建筑物室外消火栓设计流量

单位:L/s

<table>
<tr><th rowspan="2">耐火等级</th><th rowspan="2" colspan="3">建筑物名称及类别</th><th colspan="6">建筑体积 V/m³</th></tr>
<tr><th>$V \leqslant 1500$</th><th>$1500 < V \leqslant 3000$</th><th>$3000 < V \leqslant 5000$</th><th>$5000 < V \leqslant 20000$</th><th>$20000 < V \leqslant 50000$</th><th>$V > 50000$</th></tr>
<tr><td rowspan="11">一、二级</td><td rowspan="6">工业建筑</td><td rowspan="3">厂房</td><td>甲、乙</td><td colspan="2">15</td><td>20</td><td>25</td><td>30</td><td>35</td></tr>
<tr><td>丙</td><td colspan="2">15</td><td>20</td><td>25</td><td>30</td><td>40</td></tr>
<tr><td>丁、戊</td><td colspan="5">15</td><td>20</td></tr>
<tr><td rowspan="3">仓库</td><td>甲、乙</td><td colspan="2">15</td><td colspan="2">25</td><td colspan="2">—</td></tr>
<tr><td>丙</td><td colspan="2">15</td><td colspan="2">25</td><td>35</td><td>45</td></tr>
<tr><td>丁、戊</td><td colspan="5">15</td><td>20</td></tr>
<tr><td rowspan="3">民用建筑</td><td colspan="2">住宅</td><td colspan="6">15</td></tr>
<tr><td rowspan="2">公共建筑</td><td>单层及多层</td><td colspan="3">15</td><td>25</td><td>30</td><td>40</td></tr>
<tr><td>高层</td><td colspan="3">—</td><td>25</td><td>30</td><td>40</td></tr>
<tr><td colspan="3" rowspan="2">地下建筑(包括地铁)、平战结合的人防工程</td><td colspan="3" rowspan="2">15</td><td rowspan="2">20</td><td rowspan="2">25</td><td rowspan="2">30</td></tr>
<tr></tr>
<tr><td rowspan="3">三级</td><td colspan="2" rowspan="2">工业建筑</td><td>乙、丙</td><td>15</td><td>20</td><td>30</td><td>40</td><td>45</td><td>—</td></tr>
<tr><td>丁、戊</td><td colspan="3">15</td><td>20</td><td>25</td><td>35</td></tr>
<tr><td colspan="3">单层及多层民用建筑</td><td colspan="2">15</td><td>20</td><td>25</td><td>30</td><td>—</td></tr>
<tr><td rowspan="2">四级</td><td colspan="3">丁、戊类工业建筑</td><td colspan="2">15</td><td>20</td><td>25</td><td>—</td><td></td></tr>
<tr><td colspan="3">单层及多层民用建筑</td><td colspan="2">15</td><td>20</td><td>25</td><td>—</td><td></td></tr>
</table>

注:1. 成组布置的建筑物应按消火栓设计流量较大的相邻两座建筑物的体积之和确定。

2. 火车站、码头和机场的中转库房，其室外消火栓设计流量应按相应耐火等级的丙类物品库房确定。

3. 国家级文物保护单位的重点砖木、木结构的建筑物室外消火栓设计流量，按三级耐火等级民用建筑物消火栓设计流量确定。

4. 当单座建筑的总建筑面积大于500000 m²时，建筑物室外消火栓设计流量应按本表规定的最大值增加一倍。

5. 宿舍、公寓等非住宅类居住建筑的室外消火栓设计流量，应按表中的公共建筑确定。

三、室内消火栓设计流量

建筑物室内消火栓设计流量，应根据建筑物的用途功能、体积、高度、耐火极限、火灾危险性等因素综合确定。建筑物室内消火栓设计流量不应小于表1.2的规定。

表 1.2 建筑物室内消火栓设计流量

建筑物名称			高度 h/m、体积 V/m^3、座位数 n/个、火灾危险类别			消火栓设计流量/(L/s)	同时使用消防水枪数/支	每根竖管最小流量/(L/s)
工业建筑	厂房		$h\leqslant 24$	甲、乙、丁、戊		10	2	10
				丙	$V\leqslant 5000$	10	2	10
					$V>5000$	20	4	15
			$24<h\leqslant 50$	乙、丁、戊		25	5	15
				丙		30	6	15
			$h>50$	乙、丁、戊		30	6	15
				丙		40	8	15
	仓库		$h\leqslant 24$	甲、乙、丁、戊		10	2	10
				丙	$V\leqslant 5000$	15	3	15
					$V>5000$	25	5	15
			$h>24$	丁、戊		30	6	15
				丙		40	8	15
民用建筑	单层及多层	科研楼、试验楼	$V\leqslant 10000$			10	2	10
			$V>10000$			15	3	10
		车站、码头、机场的候车（船、机）楼和展览建筑（包括博物馆）等	$5000<V\leqslant 25000$			10	2	10
			$25000<V\leqslant 50000$			15	3	10
			$V>50000$			20	4	15
		剧场、电影院、会堂、礼堂、体育馆等	$800<n\leqslant 1200$			10	2	10
			$1200<n\leqslant 5000$			15	3	10
			$5000<n\leqslant 10000$			20	4	15
			$n>10000$			30	6	15
		旅馆	$5000<V\leqslant 10000$			10	2	10
			$10000<V\leqslant 25000$			15	3	10
			$V>25000$			20	4	15
		商店、图书馆、档案馆等	$5000<V\leqslant 10000$			15	3	10
			$10000<V\leqslant 25000$			25	5	15
			$V>25000$			40	8	15
		病房楼、门诊楼等	$5000<V\leqslant 25000$			10	2	10
			$V>25000$			15	3	10
		办公楼、教学楼、公寓、宿舍等其他建筑	$h>15$ 或 $V>10000$			15	3	10
		住宅	$21<h\leqslant 27$			5	2	5
	高层	住宅	$27<h\leqslant 54$			10	2	10
			$h>54$			20	4	10
		二类公共建筑	$h\leqslant 50$			20	4	10
		一类公共建筑	$h\leqslant 50$			30	6	15
			$h>50$			40	8	15

续表

建筑物名称	高度 h/m、体积 V/m³、座位数 n/个、火灾危险类别	消火栓设计流量/(L/s)	同时使用消防水枪数/支	每根竖管最小流量/(L/s)
国家级文物保护单位的重点砖木或木结构的古建筑	$V \leqslant 10000$	20	4	10
	$V > 10000$	25	5	15
地下建筑	$V \leqslant 5000$	10	2	10
	$5000 < V \leqslant 10000$	20	4	15
	$10000 < V \leqslant 25000$	30	6	15
	$V > 25000$	40	8	20

注：1. 丁、戊类高层厂房（仓库）室内消火栓的设计流量可按本表减少 10 L/s，同时使用消防水枪数量可按本表减少 2 支。

2. 消防软管卷盘、轻便消防水龙及多层住宅楼梯间中的干式消防竖管，其消防给水设计流量可不计入室内消防给水设计流量。

3. 当一座多层建筑有多种使用功能时，室内消火栓设计流量应分别按本表中不同功能计算，且应取最大值。如某综合楼内设有地下车库、商业、办公、酒店 4 种功能，该建筑的室内消防用水量应分别以地下车库、商业、办公、酒店 4 种功能按照总体积查表 1.2，其中最大者为本综合楼室内消防用水量。

4. 当建筑物室内设有自动喷水灭火系统、水喷雾灭火系统、泡沫灭火系统或固定消防炮灭火系统等一种及其以上自动水灭火系统全保护时，高层建筑高度不超过 50 m 且室内消火栓设计流量超过 20 L/s 时，其室内消火栓设计流量可按本表减少 5 L/s；多层建筑室内消火栓系统设计流量可减少 50%，但不应小于 10 L/s。

5. 宿舍、公寓等非住宅类居住建筑的室内消火栓设计流量，当为多层建筑时，应按表中宿舍、公寓确定；当为高层建筑时应按本表中的公共建筑确定。

四、一起火灾消防灭火用水量

消防给水设计首先要确定消防用水指标，即用水参数。主要是：同一时间的火灾起数，一次消防用水的流量、压力、用水量等。消防用水(流)量等于同一时间内的火灾起数×一起火灾消防用水量。一起火灾消防用水量等于一起火灾消防设计流量×一次灭火时间。一起火灾灭火所需的消防用水设计流量应由建筑的室外消火栓系统、室内消火栓系统、自动喷水灭火系统、泡沫灭火系统、水喷雾灭火系统、固定消防炮灭火系统、固定冷却水系统等需要同时作用的各种水灭火系统的设计流量组成；当为二次火灾时，应分别计算确定。计算时应符合下列规定：

(1)应按需要同时作用的各种水灭火系统最大设计流量之和确定。如一室外油罐区有室外消火栓、固定冷却系统、泡沫灭火系统等 3 种水灭火设施，其消防给水的设计流量为这 3 种灭火设施的设计流量之和。

(2)当一个系统防护多个建筑或构筑物时，需要以各建筑或构筑物为单位分别计算消防用水量，取其中的最大者为消防系统的用水量。注意这不等同于室内最大用水量和室外最大用水量的叠加。但如一民用建筑，有办公、商场、机械车库，其自动喷水的设计流量应根据办公、商场和机械车库 3 个不同消防对象分别计算，取其中的最大值作为消防给水设计流量的自动喷水子项的设计流量。

(3)室内一个防护对象或防护区的消防用水量为消火栓用水、自动灭火用水、水幕或冷却分隔用水之和(三者同时开启)。当室内有多个防护对象或防护区时,需要以各防护对象或防护区为单位分别计算消防用水量,取其中的最大者为建筑物的室内消防用水量。注意这不等同于室内消火栓最大用水量、自动灭火最大用水量、防火分隔或冷却最大用水量的叠加。如图 1.1 所示,各系统设计流量应按各系统的技术规范确定。按不同功能区分别确定同时开启的系统,并计算水量,取不同功能区用水量最大者作为消防用水量。因此,该建筑室内消防用水量为 V_A、V_B 中较大值。

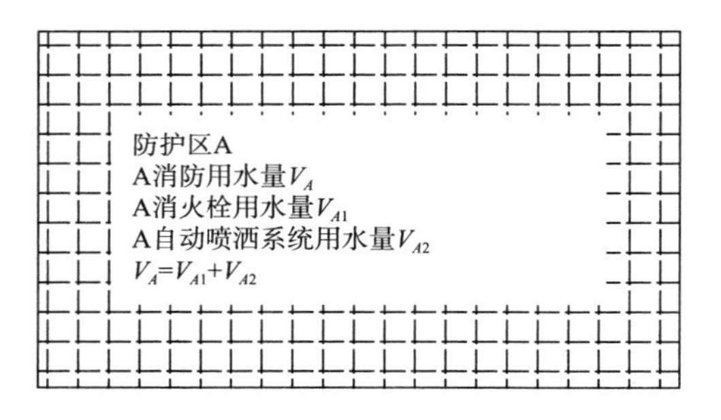

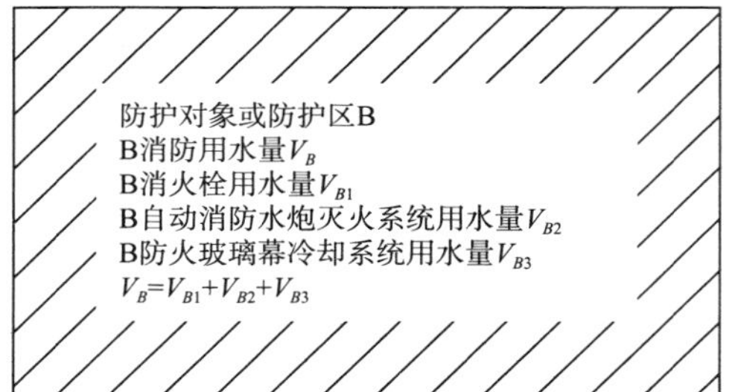

图 1.1 室内消防用水量计算

上述自动灭火系统包括自动喷水灭火、水喷雾灭火、自动消防水炮灭火等系统,一个防护对象或防护区的自动灭火系统的用水量按其中用水量最大的一个系统确定。

(4)当消防给水与生活、生产给水合用时,合用系统的给水设计流量应为消防给水设计流量与生活、生产用水最大小时流量之和。计算生活用水量最大小时流量时,淋浴用水量宜按 15%计,浇洒及洗刷等火灾时能停用的用水量可不计。自动喷水灭火系统、泡沫灭火系统、水喷雾灭火系统、固定消防炮灭火系统等水灭火系统的设计流量,应分别按现行国家标准《自动喷水灭火系统设计规范》(GB 50084)、《泡沫灭火系统设计规范》(GB 50151)、《水喷雾灭火系统设计规范》(GB 50219)和《固定消防炮灭火系统设计规范》(GB 50338)等的有关规定执行。

$$V = V_1 + V_2 \tag{1.1}$$

$$V_1 = 3.6\sum_{i=1}^{n} q_{1i}t_{1i} \tag{1.2}$$

$$V_2 = 3.6\sum_{i=1}^{m} q_{2i}t_{2i} \tag{1.3}$$

式中:V——建筑消防给水一起火灾灭火用水总量(m^3);

V_1——室外消防给水一起火灾灭火用水量(m^3);

V_2——室内消防给水一起火灾灭火用水量(m^3);

q_{1i}——室外第 i 种水灭火系统的设计流量(L/s);

t_{1i}——室外第 i 种水灭火系统的火灾延续时间(h);

n——建筑需要同时作用的室外水灭火系统数量；

q_{2i}——室内第 i 种水灭火系统的设计流量(L/s)；

t_{2i}——室内第 i 种水灭火系统的火灾延续时间(h)；

m——建筑需要同时作用的室内水灭火系统数量。

火灾延续时间是水灭火设施达到设计流量的供水时间。以前认为火灾延续时间是从消防车到达火场开始出水时起，至火灾被基本扑灭止的这段时间，这一般是指室外消火栓的火灾延续时间，随着各种水灭火设施的普及，其概念也在发展，现在普遍认为是设计流量的供水时间。

火灾延续时间是根据火灾统计资料、国民经济水平以及消防力量等情况综合权衡确定的。根据火灾统计，城市、居住区、工厂、丁戊类仓库的火灾延续时间较短，绝大部分在2 h之内(在统计数据中，北京市占95.1%；上海市占92.9%；沈阳市占97.2%)。因此，民用建筑、城市、居住区、工厂、丁戊类厂房、仓库的火灾连续时间采用2 h。

甲、乙、丙类仓库内大多储存着易燃易爆物品或大量可燃物品，其火灾燃烧时间一般均较长，消防用水量较大，且扑救也较困难。因此，甲、乙、丙类仓库、可燃气体储罐的火灾延续时间采用3 h；直径小于20 m的甲、乙、丙类液体储罐火灾延续时间采用4 h，而直径大于20 m的甲、乙、丙类液体储罐和发生火灾后难以扑救的液化石油气罐的火灾延续时间采用6 h。易燃、可燃材料的露天堆场起火，有的可延续灭火数天之久，经综合考虑，规定其火灾延续时间为6 h。自动喷火灭火设备是扑救中初期火灾效果很好的灭火设备，考虑到二级建筑物的楼板耐火极限为1 h，因此，灭火延续时间采用1 h。如果在1 h内还未扑灭火灾，自动喷水灭火设备将可能因建筑物的倒坍而损坏，失去灭火作用。不同场所消火栓系统和固定冷却水系统的火灾延续时间不应小于表1.3的规定。

表1.3 不同场所的火灾延续时间

<table>
<tr><th colspan="3">建筑</th><th>场所与火灾危险性</th><th>火灾延续时间/h</th></tr>
<tr><td rowspan="10">建筑物</td><td rowspan="4">工业建筑</td><td rowspan="2">仓库</td><td>甲、乙、丙类仓库</td><td>3.0</td></tr>
<tr><td>丁、戊类仓库</td><td>2.0</td></tr>
<tr><td rowspan="2">厂房</td><td>甲、乙、丙类厂房</td><td>3.0</td></tr>
<tr><td>丁、戊类厂房</td><td>2.0</td></tr>
<tr><td rowspan="3">民用建筑</td><td rowspan="2">公共建筑</td><td>高层建筑中的商业楼、展览楼、综合楼，建筑高度大于50 m的财贸金融楼、图书馆、书库、重要的档案楼、科研楼和高级宾馆等</td><td>3.0</td></tr>
<tr><td>其他公共建筑</td><td rowspan="2">2.0</td></tr>
<tr><td colspan="2">住宅</td></tr>
<tr><td colspan="2" rowspan="2">人防工程</td><td>建筑面积小于3000 m²</td><td>1.0</td></tr>
<tr><td>建筑面积大于等于3000 m²</td><td rowspan="2">2.0</td></tr>
<tr><td colspan="3">地下建筑、地铁车站</td></tr>
</table>

自动喷水灭火系统、泡沫灭火系统、水喷雾灭火系统、固定消防炮灭火系统、自动跟踪定位射流灭火系统等水灭火系统的火灾延续时间，应分别按现行国家标准《自动喷水灭火系统设计规范》(GB 50084)、《泡沫灭火系统设计规范》(GB 50151)、《水喷雾灭火系统设计规范》(GB 50219)和《固定消防炮灭火系统设计规范》(GB 50338)的有关规定执行。

第四节　消防水源

消防水源，是向水灭火设施、车载或手抬等移动消防水泵、固定消防水泵、消防水池等提供消防用水的给水设施或天然水源。建筑消防给水系统的消防水源有天然水源、市政给水管网和消防水池3类。它是为建筑灭火设备提供所需消防用水的储水仓库，对确保成功灭火起着重要的作用。

一、消防水源的分类

(一)天然水源

天然水源指利用江、河、湖、泊、池塘、水库及泉井等作为消防水源。在一些城镇，当天然水源较丰富，且建筑物紧靠天然水源地时，为节省投资，可优先利用天然水源作为建筑消防给水系统的消防水源。

(二)市政给水管网

市政给水管网是城市和建筑物的主要消防水源。因此，设置完善的市政消防给水管网，对提高整个城市的火灾预防能力非常重要。

(三)消防水池

消防水池是人工建造的消防水源，是天然水源或市政给水管网的一种重要补充手段。消防用水宜与生活、生产用水合用水池，亦可建成独立的消防水池。

二、消防水源应符合的规定

(1)市政给水、消防水池、天然水源等可作为消防水源，并宜采用市政给水；

(2)池塘、游泳池等还受其他因素，如季节和维修等的影响，间歇供水的可能性大，因此，雨水清水池、中水清水池、水景和游泳池可作为备用消防水源，首先应取之于最方便的市政给水管网；

(3)消防给水管道内平时所充水的pH应为6.0～9.0；

(4)严寒、寒冷等冬季结冰地区的消防水池、水塔和高位消防水池等应采取防冻措施，如采取保温、采暖或深埋在冰冻线以下等措施，对于企业室外钢结构水池也可采用蒸汽余热伴热防冻；

(5)由于在非雨季可能没有水，水景池、游泳池在检修和清洗期可能无水，而增加了消防给水系统无水的风险，因此，雨水清水池、中水清水池、水景和游泳池必须作为消防水源时，应有保证在任何情况下均能满足消防给水系统所需的水量和水质的技术措施，如图 1.2 所示。

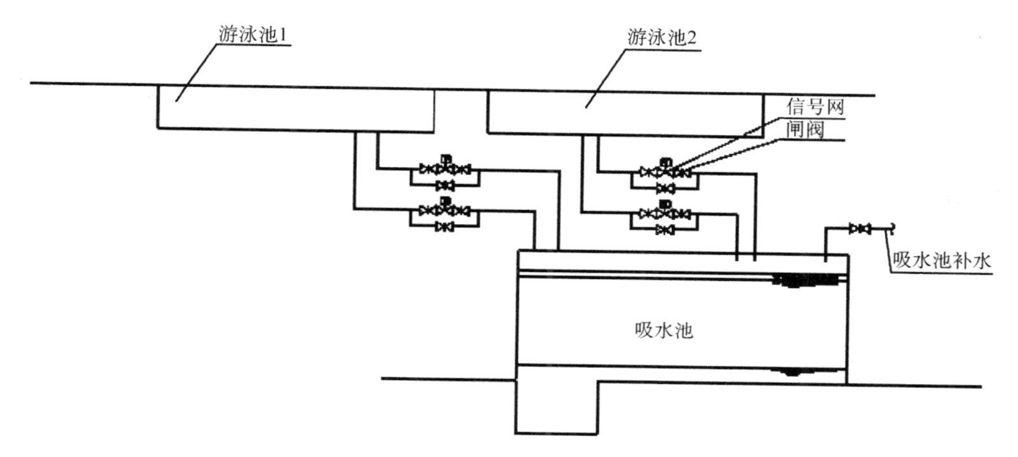

图 1.2 游泳池等作为消防水源示意图

三、消防水池的设置

(一)消防水池的设置范围

具有下列情况之一者应设消防水池：

(1)当生产、生活用水量达到最大时，市政给水管网或入户引入管不能满足室内、室外消防给水设计流量；

(2)当采用一路消防供水或只有一条入户引入管，且室外消火栓设计流量大于 20 L/s 或建筑高度大于 50 m；

(3)市政消防给水设计流量小于建筑室内外消防给水设计流量。

(二)消防水池的有效容量

(1)当市政给水管网能保证室外消防给水设计流量时，消防水池的有效容积应满足在火灾延续时间内室内消防用水量的要求(图 1.3)。

(2)当市政给水管网不能保证室外消防给水设计流量时，消防水池的有效容积应满足火灾延续时间内室内消防用水量和室外消防用水量不足部分之和的要求。

(3)火灾时消防水池连续补水应符合下列规定：

①消防水池应采用两路消防给水；

②火灾延续时间内的连续补水流量应按消防水池最不利进水管供水量计算，并

可按下式计算：

$$q_f = 3600\ A \cdot v \tag{1.4}$$

式中：q_f——火灾时消防水池的补水流量(m^3/h)；

A——消防水池进水管道断面面积(m^2)；

v——管道内水的平均流速(m/s)。

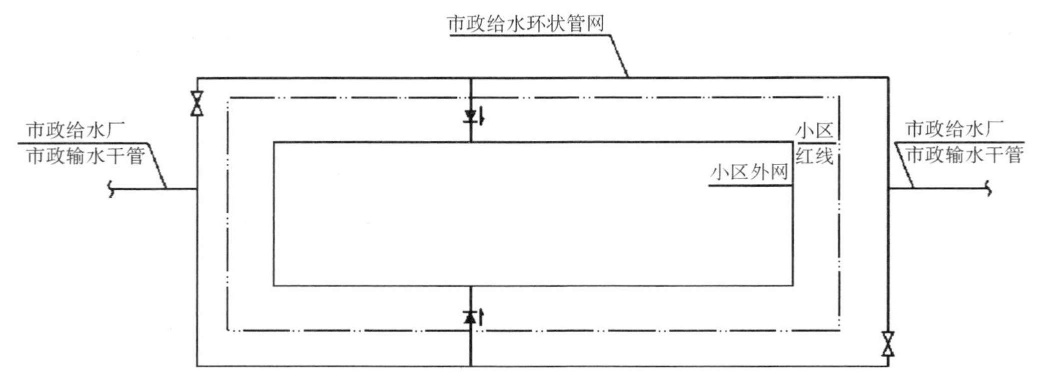

图 1.3　市政给水管网消防给水系统供水示意图

消防水池进水管流量应根据市政给水管网或其他给水管内的压力、入户引入管公称直径、消防水池进水管公称直径，以及火灾时其他用水量等经水力计算确定，当计算条件不具备时，给水管的平均流速不宜大于 1.5 m/s。

（三）消防水池设置要求

(1)消防水池进水管应根据其有效容积和补水时间确定，补水时间不宜大于 48 h，但当消防水池有效总容积大于 2000 m^3时，不应大于 96 h。消防水池进水管公称直径应经计算确定，且不应小于 DN100。

(2)当消防水池采用两路消防供水且在火灾情况下连续补水能满足消防要求时，消防水池的有效容积应根据计算确定，但不应小于 100 m^3，当仅设有消火栓系统时不应小于 50 m^3，目的是保证消防给水的安全可靠性，如图 1.4 所示。图中 q_f 为火灾时消防水池的补水量，补水量应大于消防给水一起火灾灭火流量。

(3)消防水池的总蓄水有效容积大于 500 m^3时，宜设两格能独立使用的消防水池；但当大于 1000 m^3时，应设置能独立使用的两座消防水池。每格(或座)消防水池应设置独立的出水管，并应设置满足最低有效水位的连通管，且其公称直径应能满足消防给水设计流量的要求，以便水池检修、清洗时仍能保证消防用水的供给，如图 1.5 所示。两座或两格消防水池可设置共用吸水管，但应注意每座水池应有独立的池壁，不可共用池壁。当为装配水池时，两相邻池壁之间的距离不应小于 0.7 m，用于检修操作，而且当最低有效水位低于穿水池壁的吸水管中心线时，应加设连通管。

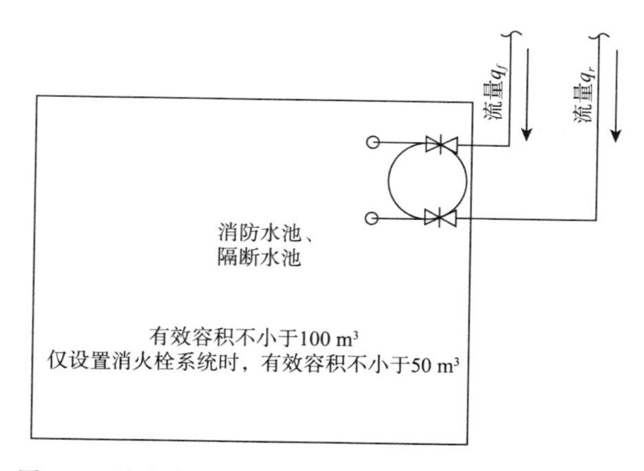

图 1.4 消防水池采用两路消防供水时有效容积示意图

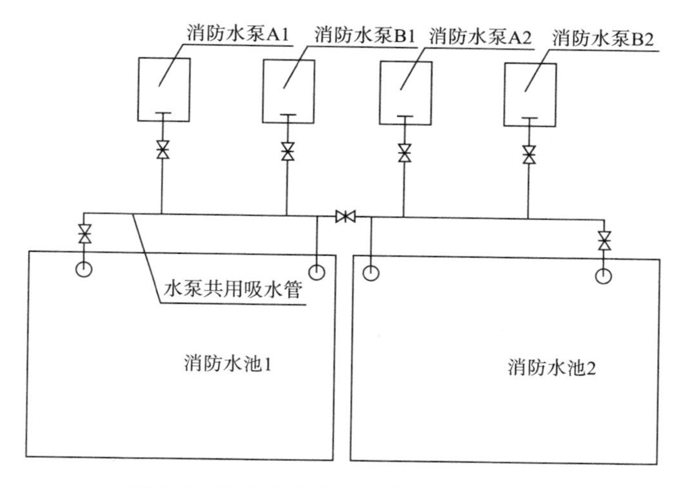

图 1.5 独立使用的两座消防水池示意图

(4)消防用水与其他用水共用的水池，应采取确保消防用水量不作他用的技术措施，如生产、生活用水的出水管设在消防水面之上，见图 1.6。

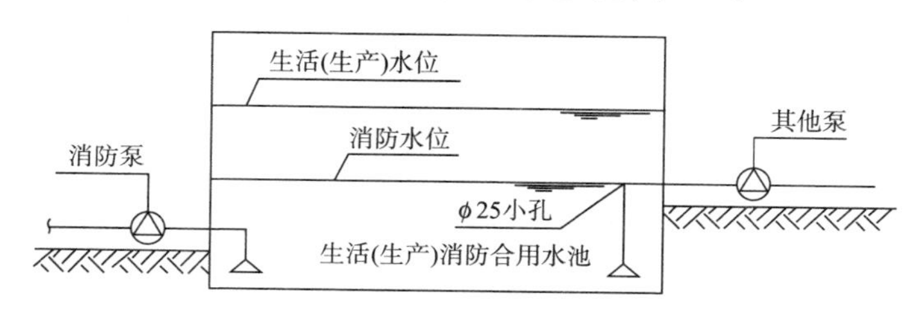

图 1.6 合用水池保证消防水不被动用的技术措施

(5)消防水池的出水、排水和水位应符合下列要求：

①消防水池的出水管应保证消防水池的有效容积能被全部利用；

②消防水池应设置就地水位显示装置，并应在消防控制中心或值班室等地点设置显示消防水池水位的装置，同时应有最高和最低报警水位；

③消防水池应设置溢流水管和排水设施，并应采用间接排水。

消防水池(箱)的有效水深是设计最高水位至消防水池(箱)最低有效水位之间的距离。消防水池(箱)最低有效水位是消防水泵吸水管喇叭口或出水管喇叭口以上0.6 m水位，当消防水泵吸水管或消防水箱出水管上设置防止旋流器时，最低有效水位为防止旋流器顶部以上0.2 m，见图1.7。

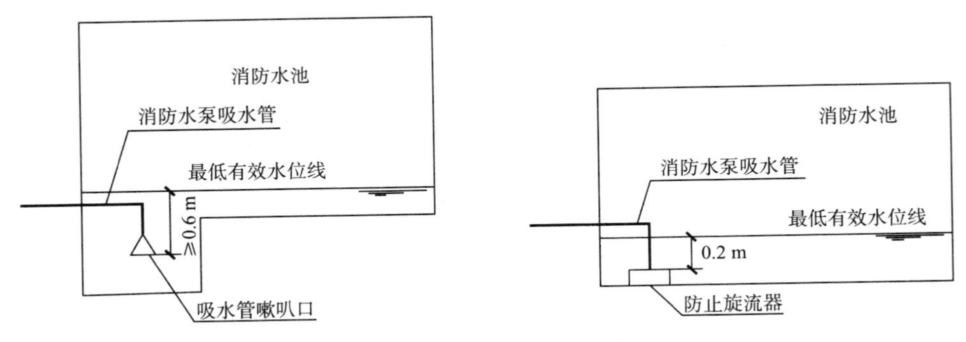

图1.7　消防水池最低水位

(四)高位消防水池设置要求

高位消防水池布置，如图1.8所示。高位消防水池的最低有效水位应能满足其所服务的水灭火设施所需的工作压力和流量，且其有效容积应满足火灾延续时间内所需消防用水量，并应符合下列规定：

(1)高位消防水池有效容积、出水、排水和水位，应符合《消防给水及消火栓系统技术规范》(GB 50974)第4.3.8条和第4.3.9条的有关规定。

(2)高位消防水池的通气管和呼吸管等应符合《消防给水及消火栓系统技术规范》(GB 50974)第4.3.10条的有关规定。

(3)除可一路消防供水的建筑物外，向高位消防水池供水的给水管不应少于两条。

(4)当高层民用建筑采用高位消防水池供水的高压消防给水系统时，高位消防水池储存室内消防用水量确有困难，但火灾时补水可靠，其总有效容积不应小于室内消防用水量的50%。

(5)高层民用建筑高压消防给水系统的高位消防水池总有效容积大于200 m³时，宜设置蓄水有效容积相等且可独立使用的两格；当建筑高度大于100 m时应设置独立的两座。每格或每座消防水池应有一条独立的出水管向消防给水系统供水。

(6)高位消防水池设置在建筑物内时，应采用耐火极限不低于2.00 h的隔墙和1.50 h的楼板与其他部位隔开，并应设甲级防火门；且消防水池及其支承框架与建筑构件应连接牢固(图1.8)。

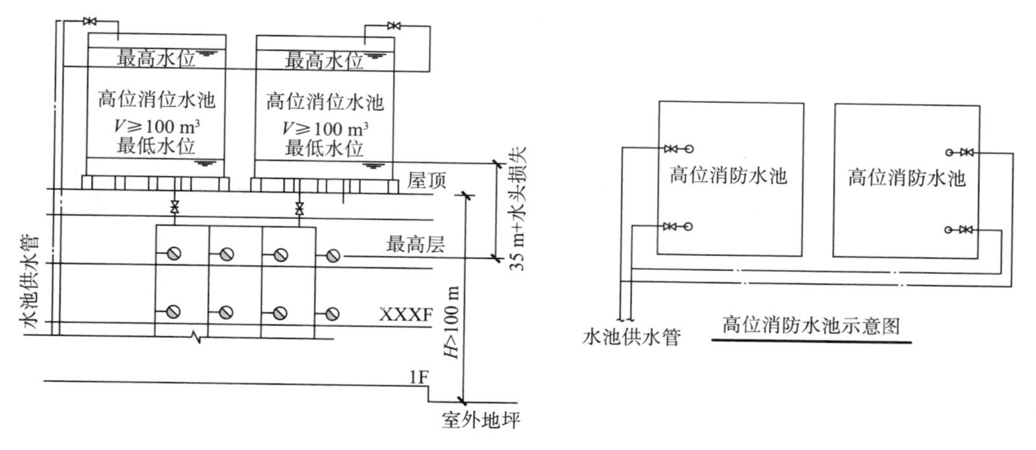

图 1.8 高位消防水池示意图

第二章　建筑消防给水设施

第一节　消防水泵

消防水泵主要指水灭火系统中的消防给水泵，如消火栓泵、喷淋泵、消防转输泵等。消防水泵的外壳宜为球墨铸铁材料，叶轮宜为青铜或不锈钢。消防水泵是通过叶轮的旋转将能量传递给水，从而增加了水的动能、压能，并将其输送到灭火设备处，以满足各种灭火设备的水量、水压要求。

一、设置要求

消防水泵是指在消防给水系统中（包括消火栓系统、喷淋系统和水幕系统等）用于保证系统给水压力和水量的给水泵。消防转输泵是指在串联消防泵给水系统和重力消防给水系统中用于提升水源至中间水箱或消防高位水箱的给水泵。

在临时高压消防给水系统、稳高压消防给水系统中均需设置消防泵。在串联消防给水系统和重力消防给水系统中，除了需设置消防泵外，还需设置消防转输泵。消火栓给水系统与自动喷水灭火系统宜分别设置消防泵。

消防水泵和消防转输泵的设置均应设置备用泵。备用量的工作能力不应小于最大一台消防工作泵，其性能应与工作泵性能一致。自动喷水灭火系统可按用一备一或用二备一的比例设置备用泵。

根据《建筑设计防火规范》的规定，下列情况下可不设备用泵：

（1）建筑高度小于 54 m 的住宅和室外消防给水设计流量小于等于 25 L/s 的建筑；

（2）室内消防给水设计流量小于等于 10 L/s 的建筑。

二、消防泵的选用

1. 水泵的性能参数

（1）流量 Q。水泵单位时间内所输送的液体体积，常用的单位是 m^3/h 或 L/s。

(2)扬程 H。水泵对单位重量液体所作之功,即单位重量液体通过水泵后其能量的增值,表现为其使水泵能够扬水的高度,单位为 m。

(3)轴功率 N 与有效功率 N_e。轴功率是原动机输送给水泵的功率,单位是 kW;有效功率是单位时间内通过水泵的液体从水泵那里得到的能量。

(4)效率 η。水泵的有效功率与轴功率之比值。由于水泵不可能将原动机输入的功率完全传递给液体,在水泵内部有损失,这个损失通常就以效率来衡量。

(5)转速 n。单位时间内水泵叶轮转动的次数,常用的单位为 r/min。各种水泵都是按一定的转速来设计的,当实际转速发生改变时,水泵的性能参数值将会改变。

(6)允许吸上真空高度 H_s。水泵在标准状态下(即水温为 20 ℃、表面压力为一个标准大气压)运转时,水泵所允许的最大真空高度,单位为 m。该值反映了水泵的吸水效能,决定着水泵的安装高度。

2. 水泵型号编制与水泵铭牌

水泵的型号种类很多,各种水泵的型号都有其特定的含义,从水泵的型号就可知道水泵的性能。消防泵组型号由泵特征代号、泵组特征代号、主参数、用途特征代号、辅助特征代号及企业自定义代号等六个部分组成。例如,XB7.8/20 代表工程用消防泵,额定压力为 0.78 MPa,额定流量为 20 L/s。水泵的铭牌上所列出的性能参数是该水泵在设计转速下运转时,效率为最高时的数值。

3. 水泵性能曲线

水泵的主要性能参数(流量 Q、扬程 H、转速 n、功率 N、效率 η 等)之间有一定的内在的关系,通常是用曲线的方法给出,这就是泵的性能曲线,如图 2.1 所示。流量—扬程曲线(Q—H 曲线)是一条不规则的曲线,扬程随流量的增大而减小。流量—轴功率曲线(Q—N 曲线)反映出离心泵的轴功率随着流量增大而逐渐增加。当流量为零时,轴功率最小,所以水泵启动一般采用"关闸启动",以减少电机的启动电流,待水泵正常运转后,再开启闸阀。这种运行短时间可以,长时间运行将损坏水泵。流量—效率曲线(Q—η 曲线)反映每台水泵都有一个高效段,应使水泵在高效段运行。

图 2.2 所示为两种不同型号水泵的性能试验曲线。以离心式水泵为例,水泵性能曲线图包含有 Q—H(流量—扬程)、Q—N(流量—功率)、Q—η(流量—效率)及 Q—H_s(流量—允许吸上真空高度)。每一个流量 Q 都对应于一定的扬程 H、轴功率 N、效率 η 和允许吸上真空高度 H_s。Q—H(流量—扬程)是一条不规则的曲线。对应于效率最高值的点的参数,即为水泵铭牌上所列的各数据。它将是该水泵最经济工作的一个点。在该点左右的一定范围内(一般不低于最高效率点的 10%左右)都属于效率较高的区段,称为水泵的高效段。在选泵时,应使泵站设计所要求的流量和扬程能落在高效段范围内。另外,功率(轴功率)曲线,其一般随流量增加而增加,注意其轴功率不应超过电机功率。

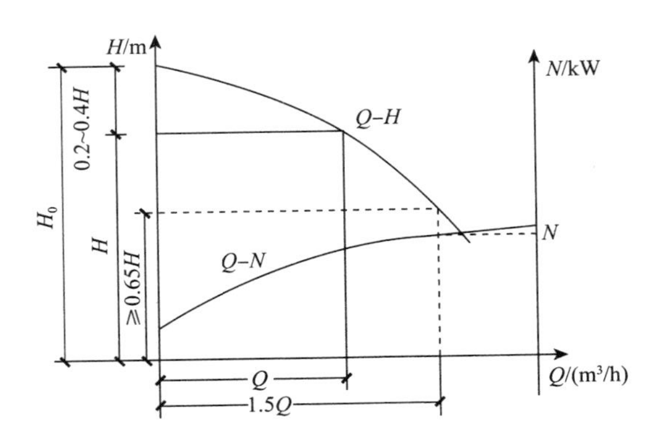

图 2.1　消防泵特性曲线

Q—设计消防流量；H—设计消防流量时的水泵扬程；H_0—零流量时的水泵扬程；N—功率

4. 选择消防水泵的依据

选择消防水泵的依据主要是流量、扬程及其变化规律。选择和应用应符合下列规定：

(1)消防水泵的性能应满足消防给水系统所需流量和压力的要求。

(2)消防水泵所配驱动器的功率应满足所选水泵流量扬程性能曲线上任何一点运行所需功率的要求。

(3)当采用电动机驱动的消防水泵时，应选择电动机干式安装的消防水泵。

(4)消防水泵的运行可能在水泵性能曲线的任何一点，要求其流量—扬程性能曲线应平缓无驼峰，这样可能避免水泵喘振运行。消防水泵零流量时的压力不应超过额定设计压力的 140%，以防止系统在小流量运行时压力过高，造成系统管网投资过大，或者系统超压过高。消防给水系统的控制和防止超压等都是通过压力来实现的，如果消防水泵的性能曲线没有一定的坡度，实现压力和水力控制有一定难度，因此，同时规定零流量时的压力不宜小于额定压力的 120%。

(5)消防水泵所配驱动器的功率应满足所选水泵流量—扬程性能曲线上任何一点运行时的功率要求。当出流量为设计流量的 150%时，其出口压力不应低于设计工作压力的 65%。

(6)泵轴的密封方式和材料应满足消防水泵在低流量时运转的要求。

(7)消防给水同一泵组的消防水泵型号宜一致，且工作泵不宜超过 3 台。

(8)多台消防水泵并联时，应校核流量叠加对消防水泵出口压力的影响。

试 验 曲 线

共 页 第 页

水泵性能试验曲线						试验日期：2013-01-16 试验编号：175QJ40-130
水泵型号：175QJ40-130	产品编号：P_TSP001					
	流量/(m^3/h)	扬程/m	轴功率/kW	转速/(r/min)	效率/%	H-Q判定
额定值：	40	130	19.7	2850	72	
实测值：	38.9	126.42	19.96	2850.0	67.08	合格

备 注	试验电压：380 V

共　页第　页

试　验　曲　线

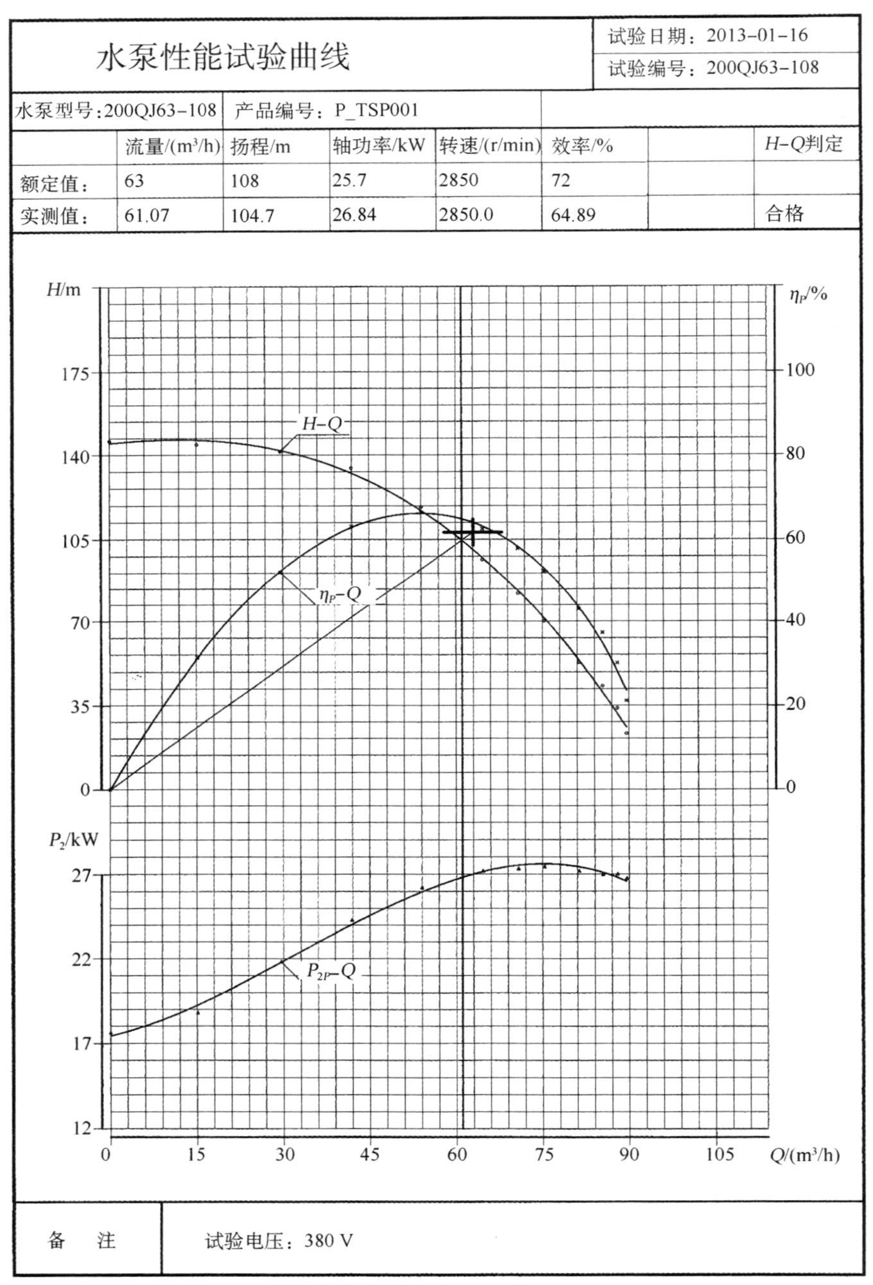

水泵性能试验曲线

试验日期：2013-01-16

试验编号：200QJ63-108

水泵型号:200QJ63-108	产品编号：P_TSP001					
	流量/(m³/h)	扬程/m	轴功率/kW	转速/(r/min)	效率/%	H-Q判定
额定值：	63	108	25.7	2850	72	
实测值：	61.07	104.7	26.84	2850.0	64.89	合格

备　注	试验电压：380 V

图 2.2　水泵性能实验曲线示例

三、消防泵的串联和并联

1. 消防泵的串联

消防泵的串联是将一台泵的出水口与另一台泵的吸水管直接连接且两台泵同时运行，如图 2.3 所示。消防泵的串联在流量不变时可增加扬程，故当单台消防泵的扬程不能满足最不利点喷头的水压要求时，系统可采用串联消防给水系统。消防泵的串联宜采用相同型号、相同规格的消防泵。在控制上，应先开启前面的消防泵，后开启后面（按水流方向）的消防泵。在有条件的情况下，尽量选用多级泵。

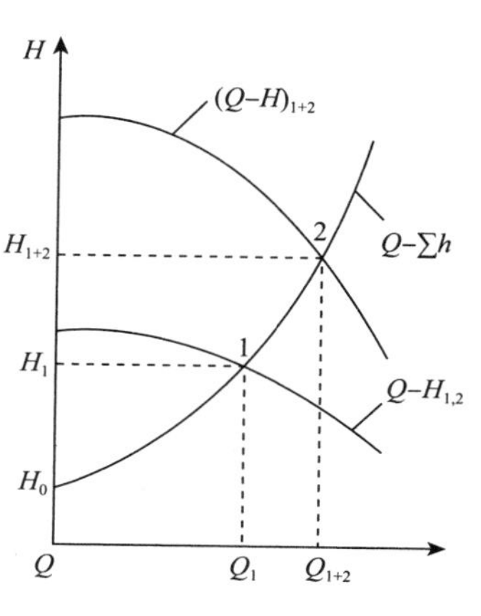

图 2.3 水泵串联工作

2. 消防泵的并联

消防泵的并联是通过两台和两台以上的消防泵同时向消防给水系统供水，如图 2.4 所示。图中$\sum h$为管道水头损失之总和；H_{ST}为供水几何高度；M为泵组设计工作点；M_S为单泵实际工作点，只有一台泵运行时工况点是 S。消防泵的并联主要在于增加流量，在流量叠加时，系统的流量有所下降。在选泵时应考虑这种因素，也就是说，并联工作的总流量增加了，但单台消防泵的流量有所下降，故应适当加大单台消防泵的流量。实际中，两台水泵并联时按消防设计流量的 1/2 选泵，三台并联时按消防设计流量的 1/3 选泵。并联时，消防泵也宜选用相同的型号和相同的规格，以使消防泵的出水压力相等、工作状态稳定。

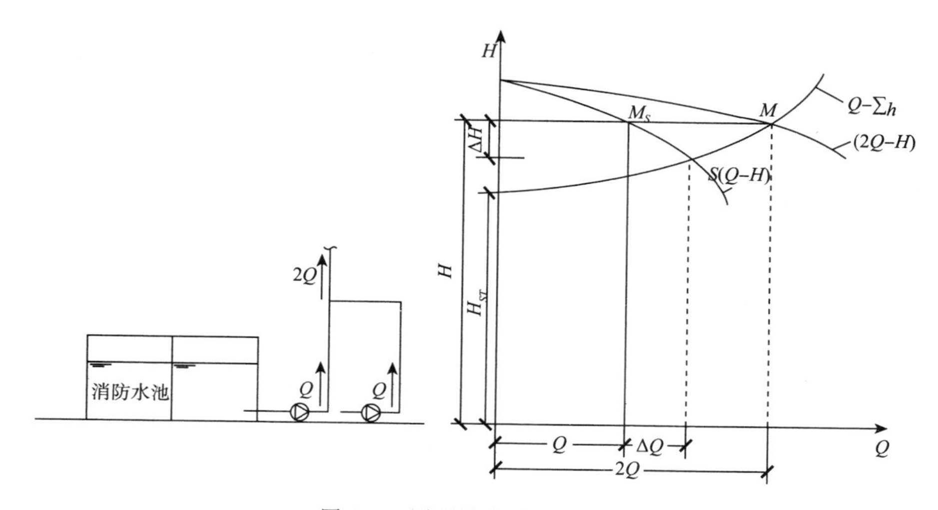

图 2.4 同型号水泵并联工作

3. 水泵工况点

水泵本身的性能曲线只反映了水泵的潜在工作能力，而水泵要发挥这种能力还必须与管路系统结合起来。水泵与管路系统连接后的实际工作状态就是水泵工况点，即水泵装置在某瞬时的实际出水量、扬程、轴功率、效率以及吸上真空高度等。

(1)管路系统特性曲线。管路系统输送水的流量(Q)与所需要的能量(H)可由下式表示：

$$H = H_{ST} + SQ^2 \tag{2.1}$$

式中，SQ^2 是通过管路系统时的水头损失；H_{ST} 是管路系统中的水所需的提升高度，也就是水泵的静扬程。按此方程绘制的就是管道系统特性曲线，如图 2.5 所示。其中 H_K 表示管路系统输送流量 Q_K，将水提升高度为 H_{ST} 时，管道中每单位重量液体需消耗的能量值。

(2)水泵工况点的确定。水泵工作点是水泵实际工作点，此时水泵所提供的能量与管路系统所消耗的能量相等，因此，水泵工况点就是水泵性能曲线和管路特性曲线的交点，在工程上多用图解法来求得。具体方法是：首先画出水泵的 $Q—H$ 曲线，然后按照公式(2.1)画出管路系统特性曲线，两条曲线的交点 M 即为水泵的工况点，如图 2.6 所示。

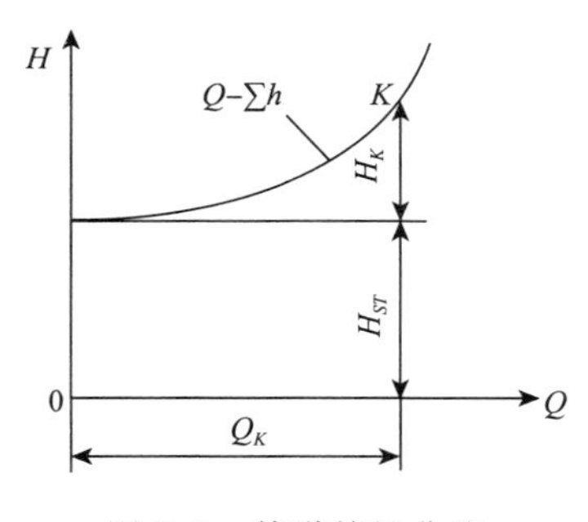

图 2.5 管道特性曲线

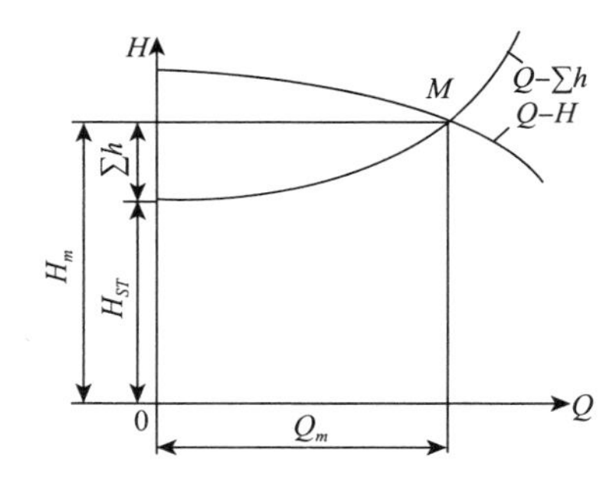

图 2.6 水泵工况点的确定

四、消防水泵的吸水

(1)消防水泵应采取自灌式吸水。火灾的发生是不定时的，为保证消防水泵随时启动并可靠供水，消防水泵应经常充满水，以保证及时启动供水，所以消防水泵应自灌吸水。非自灌吸水有灌水的时间，会延误消防；根据离心泵的特性，启动时水泵叶轮必须浸没在水中。为保证消防泵及时可靠启动，吸水管宜采用自灌式吸水，如图 2.7 所示。即泵轴的标高要低于水源的可用最低水位。在自灌方式吸水时，吸水管上应装设阀门，以便于检修。自灌式吸水常用的设备有自灌水箱和真空泵。如果受条件限制，水池水位低于泵轴线，启动水泵时需要引水，成为非自灌式吸水。非自灌式吸水的消防泵吸水管上除了设阀门外，还应设置底阀。如图 2.8 所示。

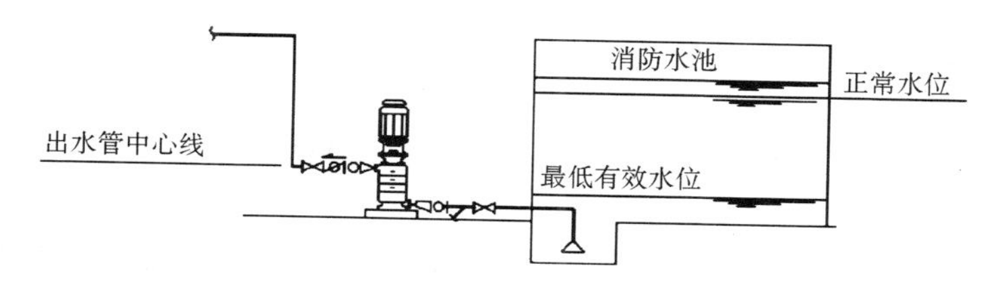

图 2.7 消防水泵自灌式吸水安装示意图

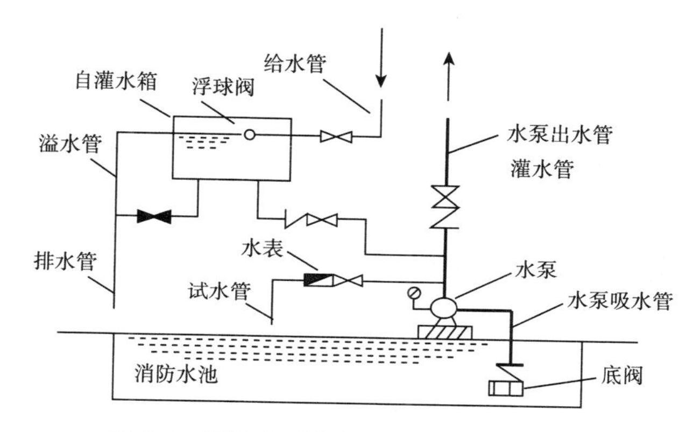

图 2.8 消防水泵非自灌式吸水安装示意图

(2)消防水泵从市政管网直接抽水时,应在消防水泵出水管上设置有空气隔断的倒流防止器;

(3)当吸水口处无吸水井时,吸水口处应设置旋流防止器。

五、离心式消防水泵吸水管、出水管和阀门等的布置要求

(1)一组消防水泵,吸水管不应少于两条,当其中一条损坏或检修时,其余吸水管应仍能通过全部消防给水设计流量。

(2)消防水泵吸水管布置应避免形成气囊。

(3)一组消防水泵应设不少于两条的输水干管与消防给水环状管网连接,当其中一条输水管检修时,其余输水管应仍能供应全部消防给水设计流量。

(4)消防水泵吸水口的淹没深度应满足消防水泵在最低水位运行安全的要求,吸水管喇叭口在消防水池最低有效水位下的淹没深度应根据吸水管喇叭口的水流速度和水力条件确定,但不应小于 600 mm,当采用旋流防止器时,淹没深度不应小于 200 mm。

(5)消防水泵的吸水管上应设置明杆闸阀或带自锁装置的蝶阀,当设置暗杆阀门时应设有开启刻度和标志;当公称直径超过 DN300 时,宜设置电动阀门。

(6)消防水泵的出水管上应设止回阀、明杆闸阀;当采用蝶阀时,应带有自锁装置;当公称直径大于 DN300 时,宜设置电动阀门。

(7)消防水泵吸水管的直径小于DN250时,其流速宜为1.0～1.2 m/s;直径大于DN250时,宜为1.2～1.6 m/s。

(8)消防水泵出水管的直径小于DN250时,其流速宜为1.5～2.0 m/s;直径大于DN250时,宜为2.0～2.5 m/s。

(9)吸水井的布置应满足井内水流顺畅、流速均匀、不产生涡漩的要求,并应便于安装施工。

(10)消防水泵的吸水管道、出水管道穿越外墙时,应采用防水套管;消防给水管穿过墙体或楼板时应加设套管,套管长度不应小于墙体厚度,或应高出楼面或地面50 mm;套管与管道的间隙应采用不燃材料填塞,管道的接口不应位于套管内。

(11)消防水泵的吸水管穿越消防水池时,应采用柔性套管;采用刚性防水套管时应在水泵吸水管上设置柔性接头,且公称直径不应大于DN150。

六、消防水泵的启动及动力装置

(1)消防水泵的启动装置。消防水泵的启动有自动启动和手动启动两种方式。采用自动启动方式时,应同时设有手动启动方式。手动启动常用消防按钮;自动启动装置一般有压力开关、稳压泵、变频调速水泵等。

(2)消防水泵的动力装置。消防水泵的供电应按现行的国家标准《工业与民用供电系统设计规范》的规定进行设计。消防转输泵的供电应符合消防水泵的供电要求。消防水泵、消防稳压泵及消防转输泵应有不间断的动力供应,也可采用内燃机作动力。

七、通信报警设备

消防水泵房应设有直通本单位消防控制中心或消防队的联络通信设备,以便于发生火灾后及时与消防控制中心或消防队联络。

八、轴流深井泵

在我国,这种泵常称为深井泵,是一种电机干式安装的水泵,在国际上称为轴流泵,因其出水管内含有水泵的轴而得名,如图2.9所示,有电动机驱动和柴油机驱动两种型式。其可在水井和消防水池上面安装,以节省平面面积。当消防水池最低水位低于离心水泵出水管中心线或水源水位不能保证离心水泵吸水时,可采用轴流深井泵,并应采用湿式深坑的安装方式安装于消防水池等消防水源上。轴流深井泵宜安装于水井、消防水池和其他消防水源上,应符合下列规定:

(1)水井在水泵抽水时会产生漏斗效应,因此,轴流深井泵安装于水井时,其淹没深度应满足其可靠运行的要求,在水泵出流量为150%额定流量时,其最低淹没深度应在第一个水泵叶轮底部水位线以上不少于3.2 m。由于海拔高度越高,水泵的吸上高度就相应减小，水泵发生气蚀的可能增加，因此，海拔高度每增加 300 m，深井泵的最低淹没深度应至少增加 0.3 m，安装方式如图 2.9 所示。

（2）轴流深井泵安装在消防水池等消防水源上时，其第一个水泵叶轮底部应低于消防水池的最低有效水位线，且淹没深度应根据水力条件经计算确定，并应满足消防水池等消防水源有效储水量或有效水位能全部被利用的要求；当水泵额定流量大于 125 L/s 时，应根据水泵性能确定淹没深度，并应满足水泵气蚀余量的要求。

（3）轴流深井泵的出水管与消防给水管网的连接、阀门设置要求同离心式消防水泵。

（4）当轴流深井泵的电动机露天设置时，应有防雨功能。

（5）其他方面应符合现行国家标准《室外给水设计规范》（GB 50013）的有关规定。

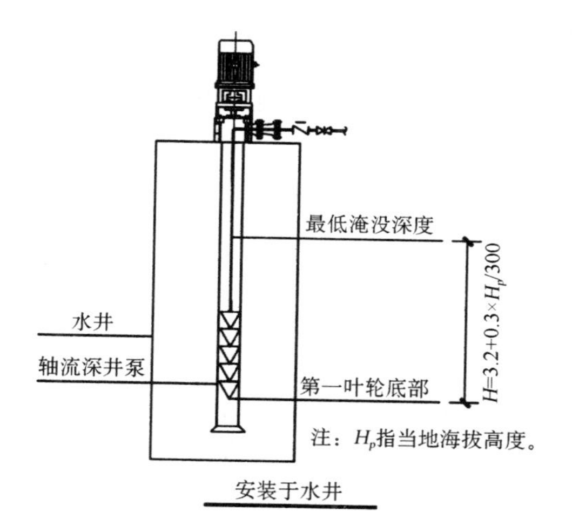

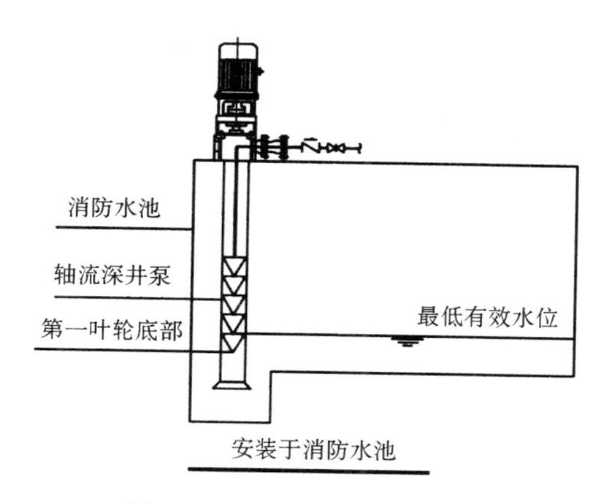

图 2.9　立式轴流泵干式安装

第二节　高位消防水箱

一、高位消防水箱的作用

消防水箱的主要作用是供给建筑初期火灾时的消防用水水量，并保证相应的水压要求。水箱压力的高低对于扑救建筑物顶层或附近几层的火灾关系很大，压力低可能出不了水或达不到要求的充实水柱，也不能启动自动喷水系统报警阀压力开关，影响灭火效率，因此，高位消防水箱应规定其最低有效压力或者高度。

二、高位消防水箱的有效容积

临时高压消防给水系统的高位消防水箱的有效容积应满足初期火灾消防用水量的要求，并应符合下列规定：

(1)一类高层公共建筑不应小于 36 m^3，但当建筑高度大于 100 m 时不应小于 50 m^3，当建筑高度大于 150 m 时不应小于 100 m^3。

(2)多层公共建筑、二类高层公共建筑和一类高层住宅，不应小于 18 m^3；当一类高层住宅建筑高度超过 100 m 时，不应小于 36 m^3。

(3)二类高层住宅，不应小于 12 m^3。

(4)建筑高度大于 21 m 的多层住宅建筑，不应小于 6 m^3。

(5)工业建筑室内消防给水设计流量当小于或等于 25 L/s 时，不应小于 12 m^3；大于 25 L/s 时，不应小于 18 m^3。

(6)总建筑面积大于 10000 m^2 且小于 30000 m^2 的商店建筑，不应小于 36 m^3；总建筑面积大于 30000 m^2 的商店，不应小于 50 m^3；当与第(1)条规定不一致时应取其较大值。

三、高位消防水箱的设置位置

高位消防水箱的设置位置应高于其所服务的水灭火设施，且最低有效水位应满足水灭火设施最不利点处的静水压力，如图 2.10 所示，并应符合下列规定：

(1)一类高层民用公共建筑不应低于 0.10 MPa，但当建筑高度超过 100 m 时不应低于 0.15 MPa；

(2)高层住宅、二类高层公共建筑、多层公共建筑不应低于 0.07 MPa，多层住宅不宜低于 0.07 MPa；

(3)工业建筑不应低于 0.10 MPa，当建筑体积小于 20000 m^3 时，不宜低于 0.07 MPa；

(4)自动喷水灭火系统等自动水灭火系统应根据喷头灭火需求压力确定,但最小不应小于 0.10 MPa;

(5)当高位消防水箱不能满足第 1～4 条的静压要求时,应设稳压泵。

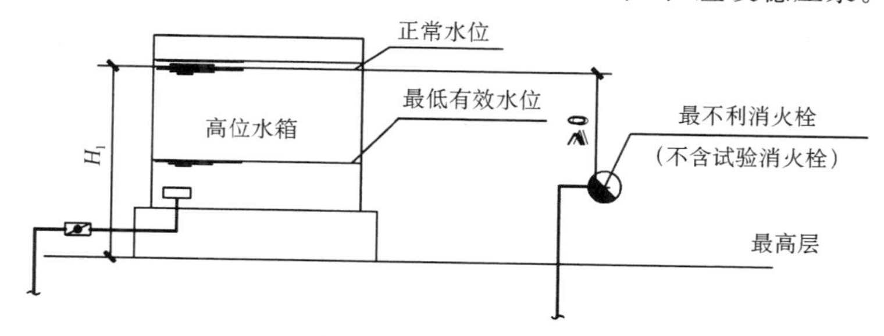

图 2.10 水箱设置位置

四、高位消防水箱的基本设置要求

(1)当高位消防水箱在屋顶露天设置时,水箱的人孔以及进出水管的阀门等应采取锁具或阀门箱等保护措施。

(2)高位消防水箱间应通风良好,不应结冰,当必须设置在严寒、寒冷等冬季结冰地区的非采暖房间时,应采取防冻措施,环境温度或水温不应低于 5 ℃。

(3)高位消防水箱的最低有效水位应根据出水管喇叭口和防止旋流器的淹没深度确定。当采用出水管喇叭口的淹没深度满足消防水泵在最低水位运行安全的要求时,吸水管喇叭口在消防水箱最低有效水位下的淹没深度应根据吸水管喇叭口的水流速度和水力条件确定,但不应小于 600 mm;但采用防止旋流器时,应根据产品确定,不应小于 150 mm 的保护高度,如图 2.11 所示。

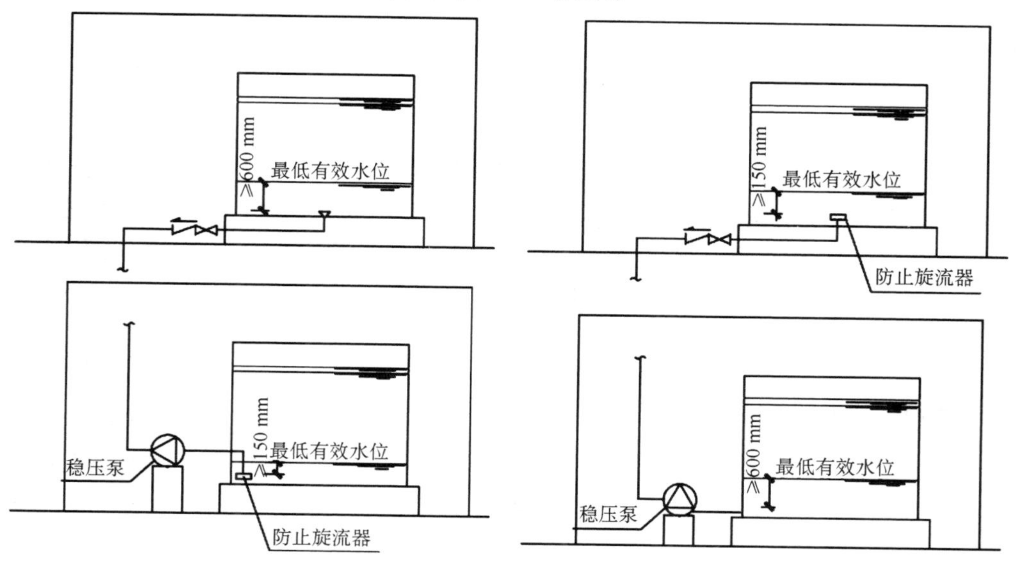

图 2.11 高位水箱最低水位设置示意图

第三节 稳压泵

对于采用临时高压消防给水系统的高层或多层建筑，当消防水箱设置高度不能满足系统最不利点灭火设备所需的水压要求时，应设置增压稳压设备。增压稳压设备一般由隔膜式气压罐、稳压泵、管道附件及控制装置组成，如图2.12所示。稳压泵是指在消防给水系统中用于稳定平时最不利点水压的给水泵。稳压泵通常选用小流量、高扬程的水泵。消防稳压泵也应设置备用泵，通常可按一用一备选用。

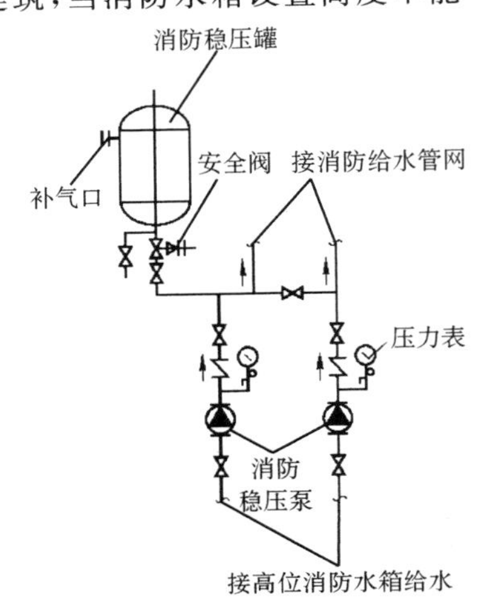

图2.12 增(稳)压设备的组成

一、稳压泵的工作原理

稳压泵是由3个压力控制点(P_2，P_3，P_4)分别和压力继电器相连接，用来控制稳压泵的工作。当它向管网中持续充水时，管网内压力升高，当达到设定的压力值P_4(稳压上限)时，稳压泵停止工作。由于管网存在渗漏或其他原因导致管网压力逐渐下降，当降到设定压力值P_3(稳压下限)时，则稳压泵再次启动。周而复始，从而使管网的压力始终保持在$P_3 \sim P_4$之间。当稳压泵启动持续给管网补水，但管网压力还继续下降，则可认为有火灾发生，管网内的消防水正在被使用，因此，当压力继续降到设定压力值P_2(消防主泵启动压力点)时，连锁启动消防主泵，同时稳压泵停止工作。

二、稳压泵流量的确定

稳压泵的设计流量不应小于消防给水系统管网的正常泄漏量和系统自动启动流量。消防给水系统管网的正常泄漏量应根据管道材质、接口形式等确定；当没有管网泄漏量数据时，稳压泵的设计流量宜按消防给水设计流量的1%～3%计，且不宜小于1 L/s。消防给水系统所采用的报警阀压力开关等自动启动流量应根据产品确定。

三、稳压泵扬程的确定

稳压泵的设计压力应满足系统自动启动和管网充满水的要求：稳压泵的设计压力应保持系统自动启泵压力设置点处的压力在准工作状态时大于系统设置自动启泵压力值，且增加值宜为0.07～0.10 MPa；稳压泵的设计压力应保持系统最不利点处水灭火设施在准工作状态时的静水压大于 0.15 MPa，如图 2.13～图 2.14 所示。

在图 2.13 中，稳压泵启泵压力 $P_1>15-H_1$，且 $P_1\geqslant H_2+7$。稳压泵停泵压力 $P_2=P_1/0.80$，消防泵启泵压力 $P=P_1+H_1+H-7$，图中压力单位为米水柱(mH_2O)。

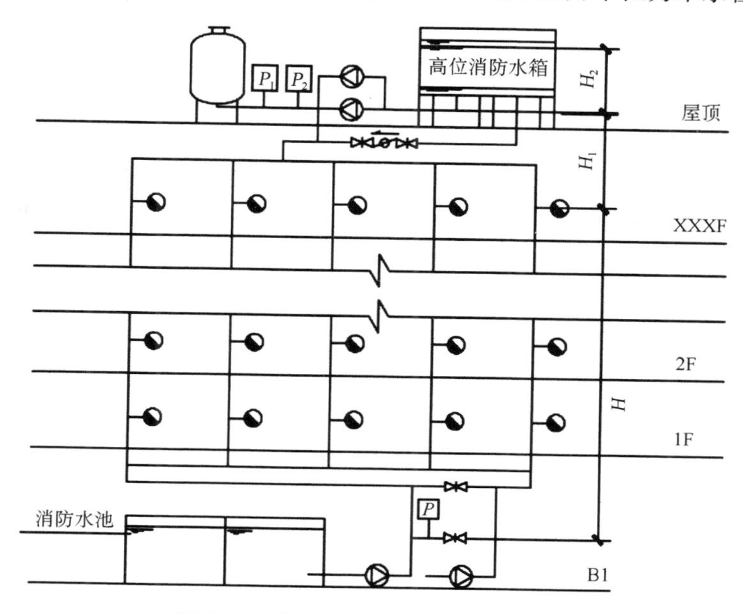

图 2.13 稳压泵设计压力的确定(一)

在图 2.14 中，稳压泵启泵压力 $P_1>15+H$，且 $P_1\geqslant H_1+10$。稳压泵停泵压力 $P_2=P_1/0.85$，消防泵启泵压力为 $P=P_1-(7\sim10)$。当稳压泵从高位水箱吸水时，上述方法仍适用，但稳压泵的承压能力应不小于停泵压力 P_2 的 1.5 倍。

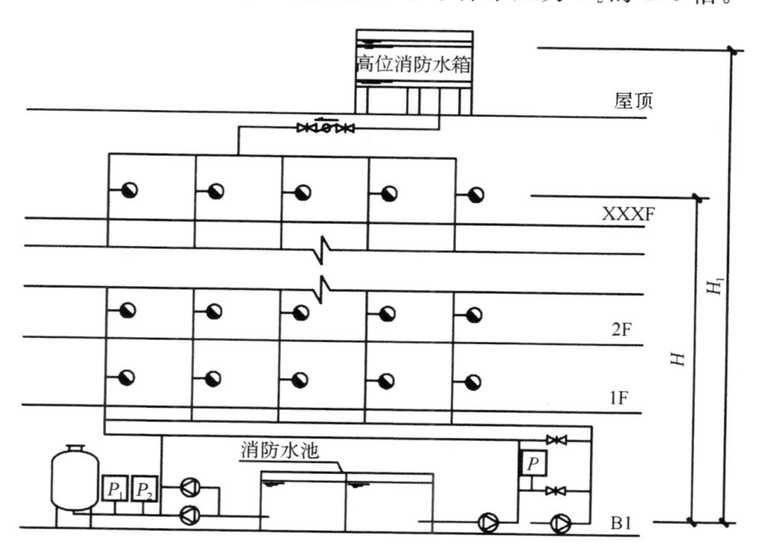

图 2.14 稳压泵设计压力的确定(二)

四、稳压泵的供电要求

消防稳压泵的供电要求与消防水泵的供电要求相同，并应设置备用泵。

五、气压罐

1. 气压罐的工作原理

实际运行中，由于各种原因，稳压泵常常频繁启动，不但泵易损，且对整个管网系统和电网系统不利，因此，稳压泵常与小型气压罐配合使用。

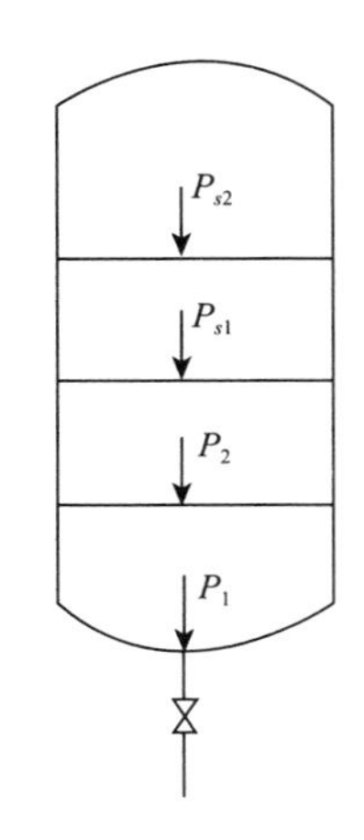

图 2.15 气压罐工作原理

如图 2.15 所示，在气压罐内设定的 P_1、P_2、P_{s1}、P_{s2} 四个压力控制点中，P_1 为气压罐的设计最小工作压力，P_2 为水泵启动压力，P_{s1} 为稳压泵启动压力。当罐内压力为 P_{s2} 时，消防给水管网处于较高工作压力状态，稳压泵和消防水泵均处于停止状态；随着管网渗漏或其他原因泄压，罐内压力从 P_{s2} 降至 P_{s1} 时，便自动启动稳压泵，向气压罐补水，直到罐内压力增加到 P_{s2} 时，稳压泵停止，从而保证了气压罐内消防储水的常备储存。若建筑发生火灾，随着灭火设备出水，气压罐内储水减少，压力下降，当压力从 P_{s2} 降至 P_{s1} 时，稳压泵启动，但稳压泵流量较小，其供水全部用于灭火设备，气压罐内的水得不到补充，罐内压力继续下降到 P_2 时，消防泵启动向管网供水，同时向控制中心报警。当消防泵启动后，稳压泵停止运转，消防增压稳压工作完成。

2. 气压罐工作压力

气压罐最小设计工作压力应满足系统最不利点灭火设备所需的水压要求。

3. 气压罐容积

气压罐容积包括四部分：消防储存水容积、缓冲水容积、稳压调节水容积和压缩空气容积，如图 2.16 所示。

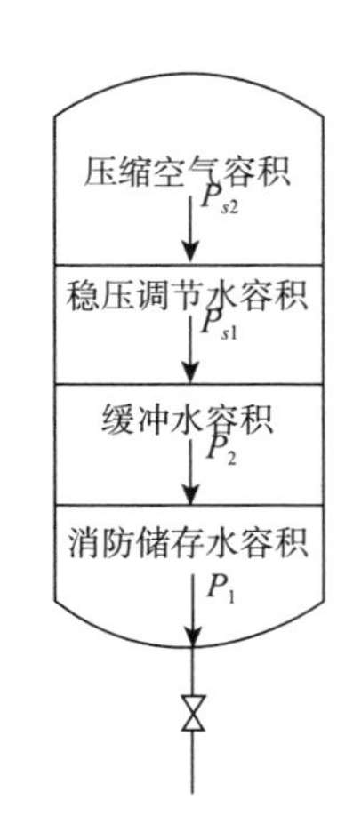

图 2.16 稳压泵与气压罐联合工作原理

设置稳压泵的临时高压消防给水系统应设置防止稳压泵频繁启停的技术措施，当采用气压水罐时，其调节容积应根据稳压泵启泵次数不大于 15 次/h 计算确定，但有效储水容积不宜小于 150 L（图 2.17）。

4. 气压罐工作压力确定

当气压罐低置、放置于消防泵房时，$P_1 > 0.15 + 0.01H$，且 $P_1 \geqslant 0.01H_2 + 0.1$(MPa)，$P_2 = P_1/0.85$(MPa)；

当气压罐高置、放置于高位消防水箱间时，$P_1 > 0.15 - 0.01H_1$，且$\geqslant 0.01H_2 + 0.07$(MPa)，$P_2 = P_1/0.8$(MPa)；

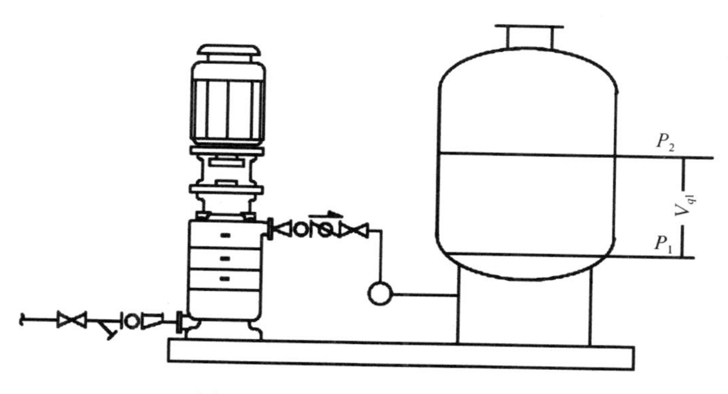

图 2.17 气压罐有效容积要求

气压罐调节容积有效储水容积 $V_{q1}=\frac{\alpha_a q_b}{4n}$；

气压罐总容积 $V_q=\frac{\beta V_{q1}}{1-\alpha_b}$，$\alpha_b=\frac{P_1+0.1}{P_2+0.1}$。

式中：V_{q1}——气压罐有效储水容积（m^3）；

V_q——气压罐总容积（m^3）；

β——气压罐容积系数，隔膜式气压罐取 1.05；

α_b——气压罐内工作压力比，宜采用 0.65～0.85；

n——每小时启泵次数；

P_1——稳压泵启泵压力（MPa）；

P_2——稳压泵停泵压力（MPa）；

q_b——稳压泵设计流量（m^3/h）；

α_a——安全系数，取值 1.1～1.3。

第四节 消防水泵接合器

消防水泵接合器是供消防车向消防给水管网输送消防用水的预留接口。它既可用以补充消防水量，也可用于提高消防给水管网的水压。在火灾情况下，当建筑物内消防水泵发生故障或室内消防用水不足时，消防车从室外取水通过水泵接合器将水送到室内消防给水管网，供灭火使用。

一、组成

消防水泵接合器是由阀门、安全阀、止回阀、栓口放水阀以及连接弯管等组成。在室外从水泵接合器栓口给水时，安全阀起到保护系统的作用，以防补水的压力超过系统的额定压力；水泵接合器设止回阀，以防止系统的给水从水泵接合器流出；考虑安全阀和止回阀的检修需要，还应设置阀门。放水阀具有泄水的作用，用于防冻时使用。故水泵接合器的组件排列次序应合理，从水泵接合器给水的方向，依次是止回阀、安全阀、阀门。

二、设置范围

下列场所的室内消火栓给水系统应设置消防水泵接合器：

(1)高层民用建筑；

(2)设有消防给水的住宅，超过五层的其他多层民用建筑；

(3)超过 2 层或建筑面积大于 10000 m^2 的地下或半地下建筑(室)，室内消火栓设计流量大于 10 L/s 平战结合的人防工程；

(4)高层工业建筑和超过四层的多层工业建筑；

(5)城市交通隧道。

自动喷水灭火系统、水喷雾灭火系统、泡沫灭火系统和固定消防炮灭火系统等水灭火系统，均应设置消防水泵接合器。

三、设置要求

(1)消防水泵接合器的给水流量宜按每个 10～15 L/s 计算。每种水灭火系统的消防水泵接合器设置的数量应按系统设计流量经计算确定，但当计算数量超过 3 个时，可根据供水可靠性适当减少。

(2)墙壁消防水泵接合器的安装高度距地面宜为 0.7 m；与墙面上的门、窗、孔、洞的净距离不应小于 2.0 m，且不应安装在玻璃幕墙下方，如图 2.18 所示；地下消防水泵接合器的安装，应使进水口与井盖底面的距离不大于 0.4 m，且不应小于井盖的半径，如图 2.19 所示。

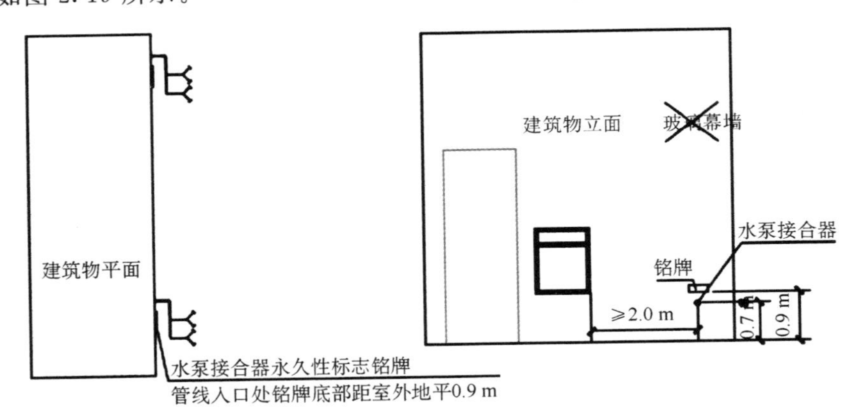

图 2.18 墙壁消防水泵接合器示意图

(3)水泵接合器处应设置永久性标志铭牌,并应标明供水系统、供水范围和额定压力,如图 2.20 所示。

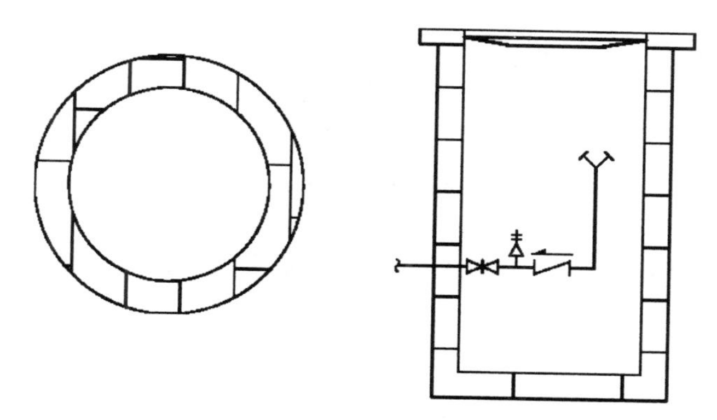

图 2.19 地下式消防水泵接合器示意图

工程名称:XXXXXX
供水系统:低区消火栓系统
供水范围:地下三层至地上十层
接合器额定压力:1.6 MPa
系统设计流量:30 L/s
系统工作压力:0.92 MPa

图 2.20 水泵接合器永久性标志铭牌样式

第五节 消防水泵房

一、采暖、通风和排水设置要求

消防水泵房的设计应根据具体情况设计相应的采暖、通风和排水设施,并应符合下列规定:

(1)严寒、寒冷等冬季结冰地区采暖温度不应低于 10 ℃,但当无人值守时不应低于 5 ℃;

(2)消防水泵房的通风宜按 6 次/h 设计;

(3)消防水泵房应设置排水设施。

二、防火设计要求

消防水泵房应符合下列规定：

(1)独立建造的消防水泵房耐火等级不应低于二级。

(2)附设在建筑物内的消防水泵房，不应设置在地下三层及以下，或室内地面与室外出入口地坪高差大于10 m的地下楼楼层；

(3)附设在建筑物内的消防水泵房，应采用耐火极限不低于2.0 h的隔墙和1.5 h的楼板与其他部位隔开，其疏散门应直通安全出口，且开向疏散走道的门应采用甲级防火门。

第三章　室内外消火栓系统

第一节　市政消火栓系统

市政消火栓是城乡消防水源的供水点，除提供其保护范围内灭火用的消防水源外，还要担负消防车加压接力供水对其保护范围外的火灾扑救提供水源支持的任务。

一、设置范围

为保证消防车在灭火时能便于从市政管网中取水，要求沿城镇中可供消防车通行的街道设置市政消火栓系统，以保证市政基础消防设施能满足灭火需要。这里的街道是在城市或镇范围内，全路或大部分地段两侧建有或规划有建筑物，一般指设有人行道和各种市政公用设施的道路，不包括城市快速路、高架路、隧道等。

二、设置要求

(1)市政消火栓是城乡消防水源的供水点，除提供其保护范围内灭火用的消防水源外，还要担负消防车加压接力供水对其保护范围外的火灾扑救提供水源支持的任务，因此，市政消火栓宜采用直径 DN150 的室外消火栓。

(2)室外地上式消火栓应有一个直径为 150 mm(或 100 mm)和两个直径为65 mm的栓口。

(3)室外地下式消火栓应有直径为 100 mm 和 65 mm 的栓口各一个。

(4)市政消火栓宜在道路的一侧设置，并宜靠近十字路口，但当市政道路宽度超过 60 m 时，应在道路的两侧交叉错落设置市政消火栓。

(5)市政消火栓的保护半径不应超过 150 m，且间距不应大于 120 m。

(6)为便于消防车从消火栓取水和保证市政消火栓自身和使用时人身安全，市政消火栓距路边不宜小于 0.5 m，并不应大于 2 m；距建筑外墙或外墙边缘不宜小于 5 m。

(7)当市政给水管网设有市政消火栓时，其平时运行工作压力不应小于 0.14 MPa，火灾时水力最不利消火栓的出流量不应小于 15 L/s，且供水压力从地面算起不应小于 0.10 MPa。

第二节　室外消火栓系统

建筑室外消火栓系统包括水源、水泵接合器、室外消火栓、供水管网和相应的控制阀门等。室外消火栓是设置在建筑物外消防给水管网上的供水设施，也是消防队到场后需要使用的基本消防设施之一，主要供消防车从市政给水管网或室外消防给水管网取水向建筑室内消防给水系统供水，也可以经加压后直接连接水带、水枪出水灭火。

一、系统组成

室外消火栓给水系统通常是指室外消防给水系统，是设置在建筑物外墙外的消防给水系统，主要承担城市、集镇、居住区或工矿企业等室外部分的消防给水任务的工程设施。

室外消火栓给水系统由消防水源、消防供水设备、室外消防给水管网和室外消火栓灭火设施组成。室外消防给水管网包括进水管、干管和相应的配件、附件。室外消火栓灭火设施包括室外消火栓、水带、水枪等。

二、系统类型

室外消火栓与市政消火栓相同，按其安装场合不同可分为地上式、地下式和折叠式；按进水口不同可分为法兰式和承插式；按进水口公称直径不同可分为 100 mm 和 150 mm。

1. 地上式消火栓

地上式消火栓由本体、进水弯管、阀塞、出水口、排水口等组成，如图 3.1 所示。其阀体大部分露出地面，具有目标明显、易于寻找、出水操作方便等特点，适用于气候温暖地区安装使用。以型号 SSF 150/80 - 1.6 为例，代表公称直径为 150 mm、公称压力为 1.6 MPa、吸水管连接口为 150 mm、水带连接口为 80 mm 的防撞型地上消火栓；型号为 SSFW 100/65 - 1.6，代表公称直径为 100 mm、公称压力为 1.6 MPa、吸水管连接口为 100 mm、水带连接口为 65 mm 的防撞减压稳压型地上消火栓。

2. 地下式消火栓

地下式消火栓如图 3.2 所示。以型号 SA 100/65 - 1.6 为例，代表公称直径为 100 mm、公称压力为 1.6 MPa、吸水管连接口为 100 mm、水带连接口为 65 mm 的地下消火栓。地下消火栓一般设置在专用井内，具有防冻、不易遭到人为损坏、便利交通等优点，适用于气候寒冷地区。但该类消火栓目标不明显、操作不便，一般要求在附近地面上设有明显的固定标志，以便于寻找消火栓。

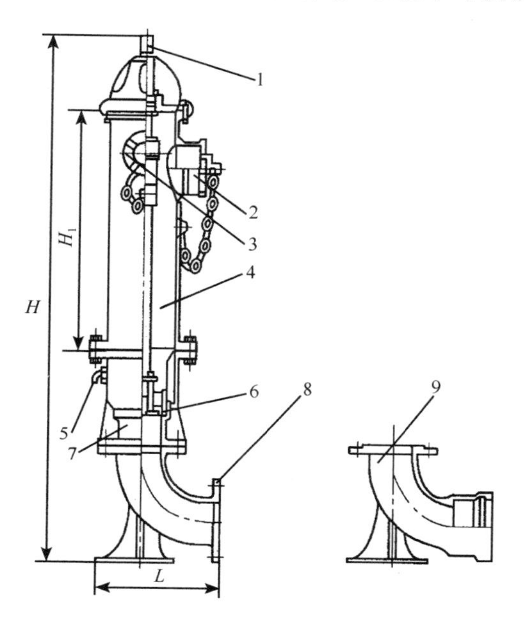

图 3.1 地上式消火栓结构图

1. 阀杆；2. 65 mm 出水口；3. 100 mm 出水口；4. 本体；5. 排水阀；6. 阀座；7. 阀体；8. 法兰弯座；9. 承插弯座

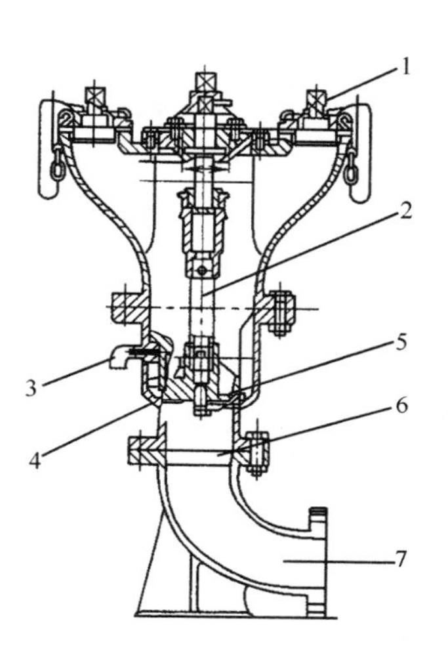

图 3.2 地下式消火栓结构图

1. 接口；2. 阀杆；3. 排水阀；4. 阀体；5. 阀座；6. 连接法兰；7. 进水口

三、系统工作原理

1. 常高压消防给水系统

常高压消防给水系统管网内经常保持足够的压力和消防用水量。当火灾发生后，现场的人员可从设置在附近的消火栓箱内取出水带和水枪，将水带与消火栓栓口连接，接上水枪，打开消火栓的阀门，直接出水灭火。

2. 临时高压消防给水系统

临时高压消防给水系统中设有消防泵，平时管网内压力较低。当火灾发生后，现场的人员可从设置在附近的消火栓箱内取出水带和水枪，将水带与消火栓栓口连接，接上水枪，打开消火栓的阀门，通知水泵房启动消防泵，使管网内的压力达到高压给水系统的水压要求，从而使消火栓可投入使用。

3. 低压消防给水系统

低压消防给水系统管网内的压力较低，当火灾发生后，消防队员打开最近的室外消火栓，将消防车与室外消火栓连接，从室外管网内吸水加入到消防车内，然后再利用消防车直接加压灭火，或者消防车通过水泵接合器向室内管网内加压供水。

四、系统设置要求

1. 设置范围

当建筑物的耐火等级为一、二级且建筑体积较小，或建筑物内无可燃物或可燃物较少时，灭火用水量较小，可直接依靠消防车所带水量实施灭火，而不需设置室外消火栓系统。

(1)民用建筑、厂房(仓库)、储罐(区)、堆场周围应设置室外消火栓；

(2)用于消防救援和消防车停靠的屋面上，应设置室外消火栓。

耐火等级不低于二级且建筑物体积不大于 3000 m^3 的戊类厂房，居住区人数不超过 500 人且建筑物层数不超过两层的居住区，可不设置室外消防给水。

2. 设置要求

(1)建筑室外消火栓的数量应根据室外消火栓设计流量和保护半径经计算确定，保护半径不应大于 150 m，每个室外消火栓的出流量宜按 10～15 L/s 计算。

室外消火栓是供消防车使用的，其用水量应是每辆消防车的用水量。按一辆消防车出 2 支喷嘴 19 mm 的水枪考虑，当水枪的充实水柱长度为 10～17 m 时，1 支水枪用水量为 4.6～7.5 L/s，2 支水枪的用水量为 9.2～15 L/s。故每个室外消火栓的出流量按 10～15 L/s 计算。

例如，一建筑物室外消火栓设计流量为 40 L/s，则该建筑物室外消火栓的数量为 40/(10～15)＝3～4 个，此时如果按保护半径 150 m 布置是 2 个，但设计应按 4 个进行布置，这时消火栓的间距可能远小于规范规定的 120 m。

又如，一工厂有多栋建筑，其建筑物室外消火栓设计流量为 15 L/s，则该建筑物室外消火栓的数量为 15/(10～15)＝1～1.5 个。但该工程占地面积很大，其消火栓布置应仍然遵循消火栓的保护半径 150 m 和最大间距 120 m 的原则，若按保护半径计算的数量是 4 个，则应按 4 个进行布置。

(2)室外消火栓宜沿建筑周围均匀布置，且不宜集中布置在建筑一侧；建筑消防扑救面一侧的室外消火栓数量不宜少于 2 个。

(3)人防工程、地下工程等建筑应在出入口附近设置室外消火栓，且距出入口的距离不宜小于 5 m，并不宜大于 40 m。这个室外消火栓相当于建筑物消防电梯前室的消火栓，消防队员来时作为首先进攻、火灾侦查和自我保护之用。

(4)停车场的室外消火栓宜沿停车场周边设置，且与最近一排汽车的距离不宜小于 7 m，距加油站或油库不宜小于 15 m。

(5)甲、乙、丙类液体和液化石油气等罐区发生火灾，火场温度高，人员很难接近，同时还有可能发生泄漏和爆炸。因此，要求甲、乙、丙类液体储罐区和液化烃罐区等构筑物的室外消火栓，应设在防火堤或防护墙外，数量应根据每个罐的设计流量经计算确定，但距罐壁 15 m 范围内的消火栓，不应计算在该罐可使用的数量内。

(6)工艺装置区等采用高压或临时高压消防给水系统的场所，其周围应设置室外消火栓，数量应根据设计流量经计算确定，且间距不应大于 60 m。当工艺装置区宽度大于 120 m 时，宜在该装置区内的路边设置室外消火栓。

(7)当工艺装置区、罐区、堆场、可燃气体和液体码头等构筑物的面积较大或高度较高，室外消火栓的充实水柱无法完全覆盖时，宜在适当部位设置室外固定消防炮。

(8)当工艺装置区、罐区、堆场等构筑物采用高压或临时高压消防给水系统时，消火栓的设置应符合下列规定：

①室外消火栓处宜配置消防水带和消防水枪；

②工艺装置休息平台等处需要设置消火栓的场所应按室内消火栓要求进行设置。

(9)倒流防止器的水头损失较大。当采用减压型倒流防止器时，因该阀在正常设计流量时的供水压力在 0.04～0.10 MPa，消防时因流量大增，水头损失会剧增，致使室外消火栓的供水压力有可能满足 0.10 MPa 的要求(图 3.3)。为保证消防给水的可靠性，要求室外消防给水引入管设有倒流防止器，且火灾时因其水头损失导致室外消火栓不能满足其平时运行的工作压力不应小于 0.14 MPa，火灾时水力最不利消火栓的出流量不应小于 15 L/s，且供水压力从地面算起不应小于 0.10 MPa 的要求时，应在该倒流防止器前设置一个室外消火栓，如图 3.4 所示。

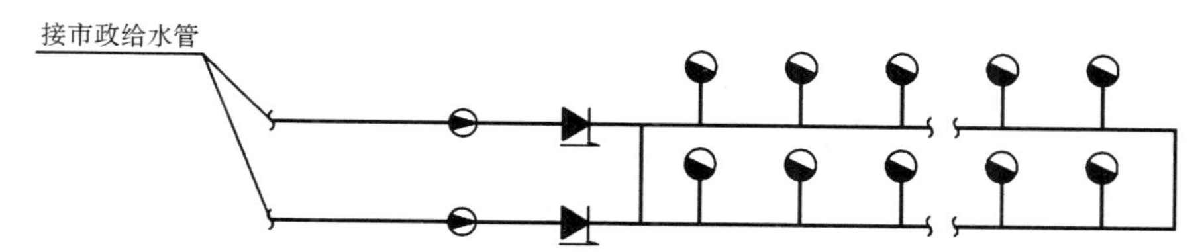

图 3.3　符合水压要求时室外消火栓安装位置示意图

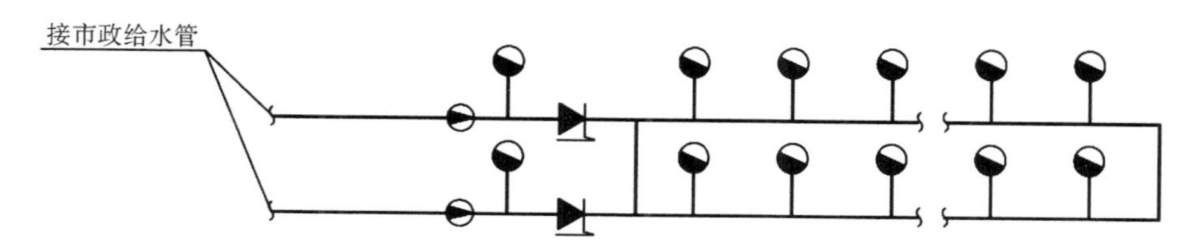

图 3.4　不符合水压要求时室外消火栓安装位置示意图

第三节　室内消火栓系统

室内消火栓是供人员，特别是受过训练的专业或专职人员控制建筑内初期火灾的主要灭火、控火设备，一般需要专业人员或受过训练的人员才能较好地使用和发挥作用。

一、系统组成

室内消火栓给水系统是由消防给水基础设施、消防给水管网、室内消火栓设备、报警控制设备及系统附件等组成，如图 3.5 所示。

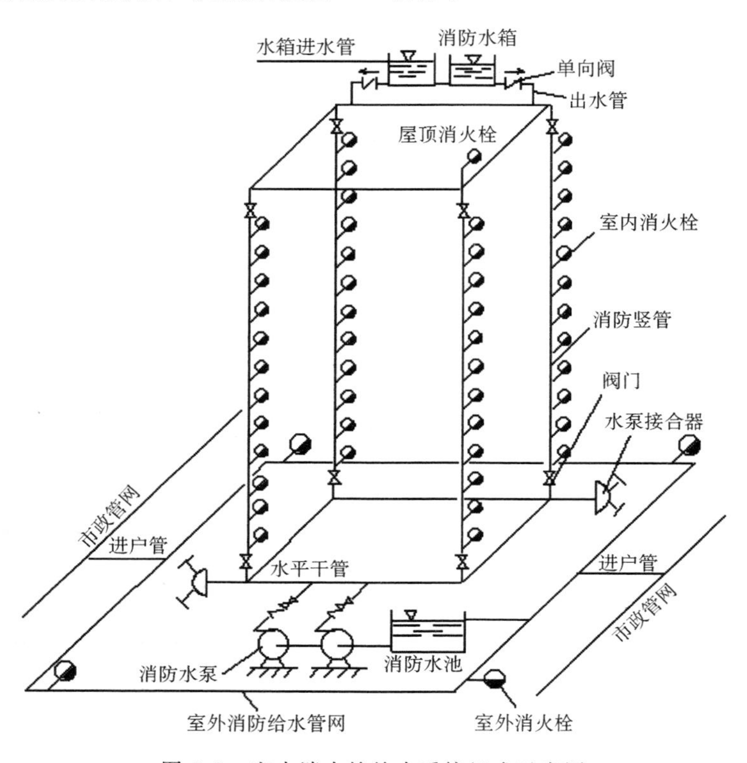

图 3.5 室内消火栓给水系统组成示意图

其中消防给水基础设施包括市政管网、室外消防给水管网及室外消火栓、消防水池、消防水泵、消防水箱、水泵接合器等，该设施的主要任务是为系统储存并提供灭火用水。消防给水管网包括水箱进水管、水平干管、消防竖管等，其任务是向室内消火栓设备输送灭火用水。室内消火栓包括水带、水枪、水喉等，是供人员灭火使用的主要工具。系统附件指各种阀门、屋顶消火栓等。报警控制设备用于启动消防水泵。

室内消火栓箱，如图 3.6 所示。箱体有明装式、暗装式和半暗装式三种。通常消火栓安装在箱体下部，出水口面向前方。水带可采用挂置式、卷盘式、卷置式和托架式安装。水枪安装于水带转盘旁边的弹簧卡上。消火栓箱门可采用钢质、铝合金和钢框镶玻璃等材质，应便于打开。

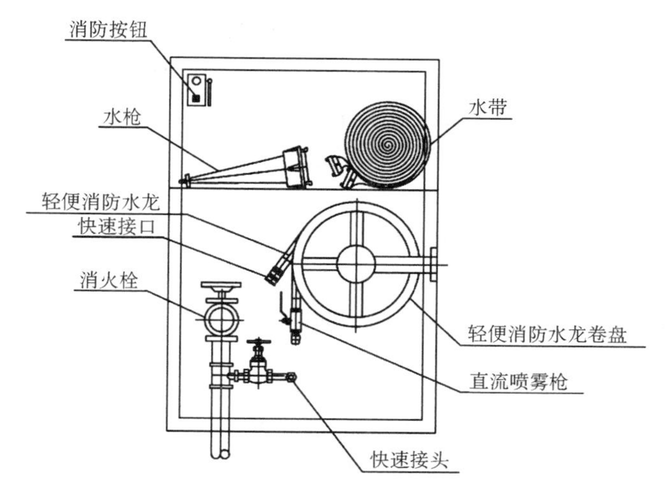

图 3.6 室内消火栓箱示意图

(1)室内消火栓。室内消火栓是指消防给水管网上用于连接水带的专用阀门。消火栓的栓口直径有 50 mm 和 65 mm 两种,当水枪出流量小于 5 L/s 时,可选用直径为 50 mm 的栓口;当水枪出流量大于等于 5 L/s 时,宜选用直径为 65 mm 的栓口。

(2)水带。室内消火栓目前多配套使用直径为 65 mm 或 50 mm 的胶里水带,水带两头为内扣式标准接头,每条水带的长度多为 20 m,不宜超过 25 m。水带一头与消火栓出口连接,另一头与水枪连接。

(3)水枪。室内消火栓一般配备直流水枪。水枪当量喷嘴直径有 13 mm、16 mm、19 mm 三种,通常当量喷嘴直径 13 mm 的水枪与 50 mm 的水带配套,当量喷嘴直径 16 mm 的水枪与 50 mm 或 65 mm 的水带配套,当量喷嘴直径 19 mm 的水枪与 65 mm 的水带配套。当消火栓系统设计流量为 2.5 L/s 时,宜配置当量喷嘴直径为 11 mm 或 13 mm 的消防水枪。

二、系统工作原理

室内消火栓给水系统的工作原理与系统的给水方式有关。通常针对建筑消防给水系统采用的是临时高压消防给水系统。

在临时高压消防给水系统中,系统设有消防泵和高位消防水箱。当火灾发生后,现场的人员可打开消火栓箱,将水带与消火栓栓口连接,打开消火栓的阀门,按下消火栓箱内的启动按钮,从而使消火栓可投入使用。消火栓箱内的按钮直接启动消火栓泵,并向消防控制中心报警。在供水的初期,由于消火栓泵的启动有一定的时间,其初期由高位消防水箱来供水(储存 10 min 的消防水量)。对于消火栓泵的启动,还可由消防泵现场、消防控制中心启动,消火栓泵一旦启动后不得自动停泵,其停泵只能由现场手动控制。

室内消火栓的配置应符合下列要求:

(1)应采用 DN65 的室内消火栓,并可与消防软管卷盘或轻便水龙设置在同一箱体内。

(2)应配置公称直径 65 有内衬里的消防水带,长度不宜超过 25 m;消防软管卷盘应配置内径不小于 ϕ19 的消防软管,其长度宜为 30 m;轻便水龙应配置公称直径 25 有内衬里的消防水带,长度宜为 30 m。

(3)宜配当量喷嘴直径 16 mm 或 19 mm 的消防水枪,但当消火栓设计流量为 2.5 L/s 时宜配当量喷嘴直径 11 mm 或 13 mm 的消防水枪;消防软管卷盘和轻便水龙(图 3.7)应配当量喷嘴直径 6 mm 的消防水枪。

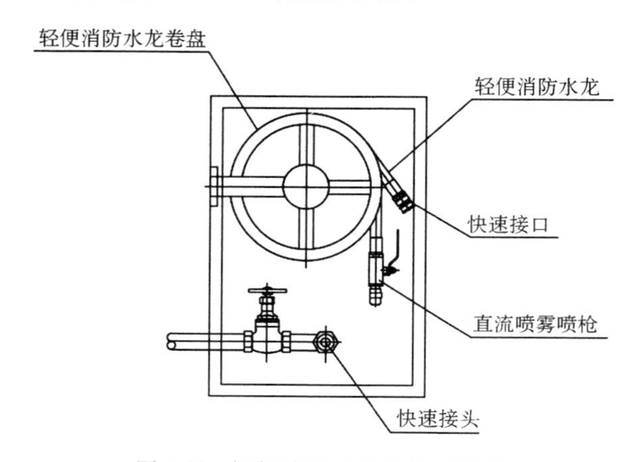

图 3.7 轻便消防水龙卷盘示意图

三、系统设置场所

1. 低层和多层建筑

(1)下列建筑应设室内消火栓系统:

①建筑占地面积大于 300 m^{2}的厂房和仓库。

②高层公共建筑和建筑高度大于 21 m 的住宅建筑。注意,建筑高度不大于 27 m的住宅建筑,设置室内消火栓系统确有困难时,可只设置干式消防竖管和不带消火栓箱的 DN65 室内消火栓。

③体积大于 5000 m^{3}的车站、码头、机场的候车(船、机)建筑、展览建筑、商店建筑、旅馆建筑、医疗建筑和图书馆建筑等单、多层建筑。

④特等、甲等剧场,超过 800 个座位的其他等级的剧场和电影院等,以及超过 1200 个座位的礼堂、体育馆等单、多层建筑。

⑤建筑高度大于 15 m 或体积大于 10000 m^{3}的办公建筑、教学建筑和其他单、多层民用建筑。

(2)下列建筑物可不设置室内消火栓系统,但宜设置消防软管卷盘或轻便消防水龙:

①耐火等级为一、二级且可燃物较少的单、多层丁、戊类厂房(仓库);

②耐火等级为三、四级且建筑体积不大于 3000 m^3 的丁类厂房,耐火等级为三、四级且建筑体积不大于 5000 m^3 的戊类厂房(仓库);

③粮食仓库、金库、远离城镇且无人值班的独立建筑(如卫星接收基站、变电站等);

④存有与水接触能引起燃烧爆炸的物品(例如电石、钾、钠等物质)的建筑;

⑤室内无生产、生活给水管道,室外消防用水取自储水池且建筑体积不大于 5000 m^3 的其他建筑。

2. 高层民用建筑

高层民用建筑应设置室内消火栓。

四、系统类型和设置要求

室内消火栓系统按建筑类型不同可分为低层建筑消火栓给水系统和高层建筑消火栓给水系统。同时,根据低层建筑和高层建筑给水方式不同,又可细分。给水方式是指建筑物消火栓给水系统的供水方案。

1. 低层建筑消火栓给水系统及给水方式

低层建筑消火栓给水系统是指设置在低层建筑物内的消火栓给水系统。低层建筑发生火灾,既可利用其室内消火栓设备,接出水带、水枪灭火,又可利用消防车从室外水源抽水直接灭火,使其得到有效外援。

低层建筑室内消火栓给水系统的给水方式分为以下三种类型:

(1)直接给水方式。直接给水方式无加压水泵和水箱,室内消防用水直接由室外消防给水管网提供(如图 3.8 所示),其构造简单,投资节约,可充分利用外网水压,节省能源。但由于内部无储存水量,外网一旦停水,则内部立即断水,可靠性差。当室外给水管网所供水量和水压在全天任何时候均能满足系统最不利点消火栓设备所需水量和水压时,可采用这种供水方式。

采用这种给水方式,当生产、生活、消防合用管网时,其进水管上设置的水表应考虑消防流量,在只有一条进水管时,可在水表节点处设置旁通管。

(2)设有消防水箱的给水方式。如图 3.9 所示,该室内给水管网与室外管网直接相接,利用外网压力供水,同时设高位消防水箱调节流量和压力,其供水较可靠,投资节约,可充分利用外网压力,但须设置高位水箱,增加了建筑的荷载。当全天内大部分时间室外管网的压力能够满足要求,在用水高峰时室外管网的压力较低,满足不了室内消火栓的压力要求时,可采用这种给水方式。

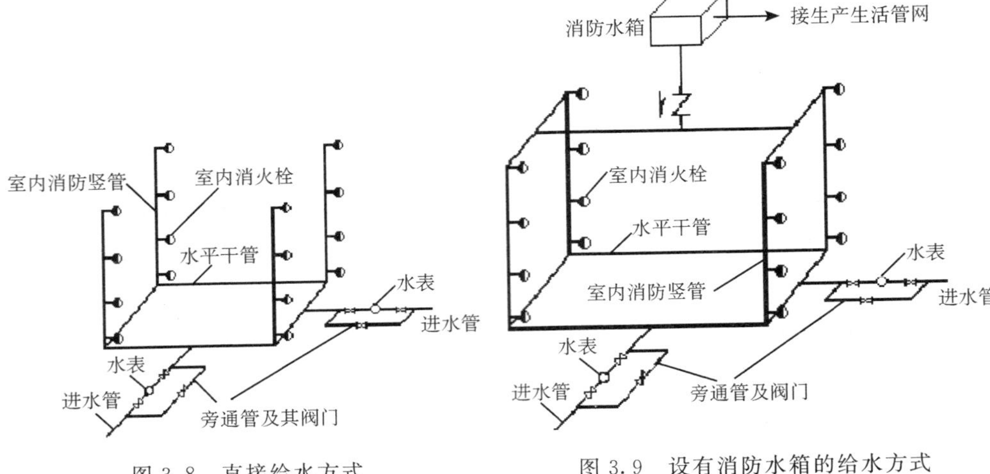

图 3.8 直接给水方式

图 3.9 设有消防水箱的给水方式

(3)设有水泵和消防水箱的给水方式。同时设有消防水箱和水泵的给水方式，是最常用的给水方式(如图 3.10 所示)。系统中的消防用水平时由屋顶水箱提供，生活水泵定时向水箱补水，火灾时可启动消防水泵向系统供水。当室外消防给水管网的水压经常不能满足室内消火栓给水系统所需水压时，宜采用这种给水方式。当室外管网不许消防水泵直接吸水时，应设消防水池。

屋顶水箱应储存 10 min 的消防用水量，其设置高度应满足室内最不利点消火栓的水压，水泵启动后，消防用水不应进入消防水箱。

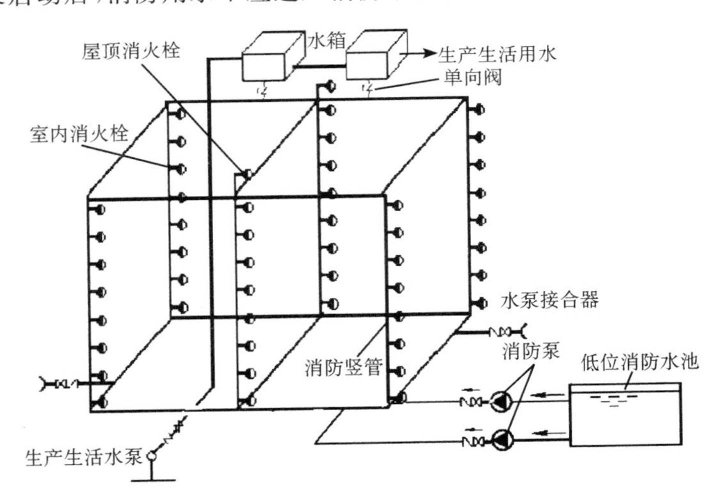

图 3.10 水泵—水箱给水方式示意

2. 高层建筑消火栓给水系统及给水方式

设置在高层建筑物内的消火栓给水系统，称为高层建筑消火栓给水系统。高层建筑一旦发生火灾，火势猛，蔓延快，救援及疏散困难，极易造成人员伤亡和重大经济损失。因此,高层建筑必须依靠建筑物内设置的消防设施进行自救。高层建筑的室内消火栓给水系统应采用独立的消防给水系统。

(1)不分区消防给水方式。整栋大楼采用一个区供水,系统简单,设备少。当高层建筑最低消火栓栓口处的静水压力不大于1.0 MPa时,可采用这种给水方式。

(2)分区消防给水方式。在消防给水系统中,由于配水管道的工作压力要求,系统可有不同的给水方式。系统给水方式划分的原则可根据管材、设备等确定。我国的消防规范规定,当高层建筑最低消火栓栓口处的静水压力大于1.0 MPa时,应采取分区消防给水方式。

五、消火栓的布置与系统水压和流量计算

(一)消防水枪充实水柱

1. 消防水枪的充实水柱长度

消防水枪的充实水柱指的是靠近水枪出口的一段密集不分散的射流。充实水柱长度指的是从喷嘴出口到射流总量90%的水柱水量穿过直径380 mm圆孔处的一段射流长度。充实水柱具有扑灭火灾的能力,充实水柱长度为直流水枪灭火时的有效射程,如图3.11所示。

为防止火焰热辐射烤伤消防队员和使消防水枪射出的水流能射及火源,水枪的充实水柱应具有一定的长度,如图3.12所示。

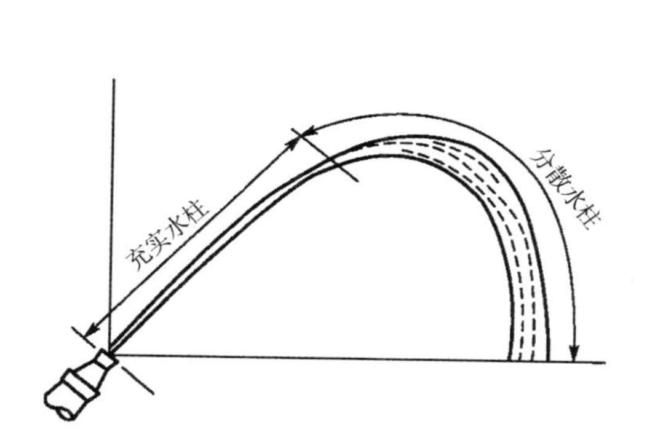

图3.11 直流水枪密集射流

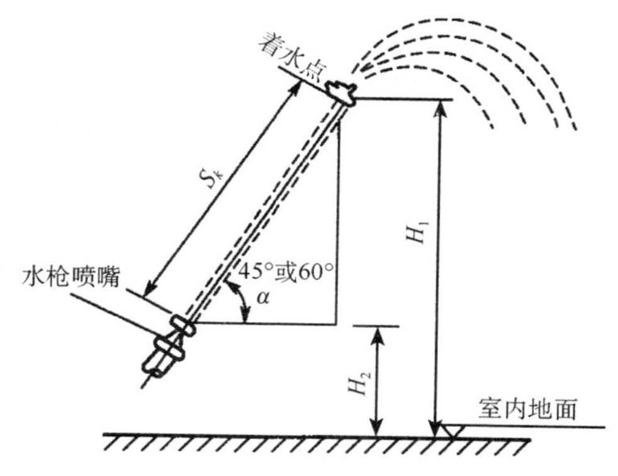

图3.12 消防射流

建筑物灭火所需的充实水柱长度按下式计算:

$$S_k = \frac{H_1 - H_2}{\sin\alpha} \tag{3.1}$$

式中:S_k——所需的水枪充实水柱长度(m);

H_1——室内最高着火点距室内地面的高度(m);

H_2——水枪喷嘴距地面的高度(m),一般取1 m;

α——射流的充实水柱与地面的夹角,一般取45°或60°。

水枪的充实水柱长度应按式(3.1)计算，但高层建筑、厂房、库房和室内净空高度超过8 m的民用建筑等场所，消火栓栓口动压，不应小于0.35 MPa，且消防水枪充实水柱应按13 m计算；其他场所，消火栓栓口动压不应小于0.25 MPa，且消防水枪充实水柱应按10 m计算。最终确定的充实水柱不仅要满足层高的要求，还要满足规范对充实水柱的要求，取其中较大者为所需的水枪充实水柱。消火栓栓口动压力不应大于0.5 MPa；当大于0.7 MPa时应设置减压装置；静水压力大于1.0 MPa时，应采用分区给水系统。

【例3.1】一座单层丙类厂房，设有室内消火栓给水系统，厂房层高为10 m。试确定水枪充实水柱长度。

解：(1)按层高(上倾角)要求，水枪充实水柱长度的计算。

采用水枪上倾角为45°，则有：

$$S_k=1.414\times(H_1-H_2)=1.414\times(10-1)=12.7\ \text{m}$$

采用水枪上倾角为60°，则有：

$$S_k=1.16\times(H_1-H_2)=1.16\times(10-1)=10.4\ \text{m}$$

(2)根据《消防给水及消火栓系统技术规范》要求，S_k不应小于13 m。

(3)最终水枪充实水柱长度的确定。

水枪充实水柱长度最终确定取二者较大者，为13 m。

2. 同时使用水枪数量

同时使用水枪数量是指室内消火栓灭火系统在扑救火灾时需要同时打开灭火的水枪数量。

(1)低层建筑室内消火栓给水系统的消防用水量是扑救初期火灾的用水量。高层民用建筑室内消火栓给水系统的用水量是指火灾延续时间内的灭火用水量。根据扑救初期火灾使用水枪数量与灭火效果统计，在火场出1支水枪时的灭火控制率为40%，同时出2支水枪时的灭火控制率可达65%，可见扑救初期火灾使用的水枪数不应少于2支，即室内消火栓的布置应满足同一平面有2支消防水枪的2股充实水柱同时达到任何部位的要求。

(2)考虑到仓库内平时无人，着火后人员进入仓库使用室内消火栓的可能性不大，因此，对高度不大(＜24 m)、体积较小(＜5000 m^3)的仓库，可在仓库门口处设置室内消火栓，采用1支水枪的消防用水量。为发挥该水枪的灭火效能，规定水枪的用水量不应小于5 L/s。其他情况的仓库和厂房的消防用水量不应小于2支水枪的用水量。

建筑高度小于等于54 m且每单元设置1部疏散楼梯的住宅，以及规范中可采用1支消防水枪的场所，可采用1支消防水枪的1股充实水柱到达室内任何部位。

(3)高层工业建筑防火设计应立足于自救，使其室内消火栓给水系统具有较强的灭火能力。根据灭火用水量统计，有效地扑救较大火灾的平均用水量为15 L/s，扑救大火的平均用水量达90 L/s。根据室内可燃物的多少、建筑物高度及其体积，并考虑到火灾的发生概率和发生火灾后的经济损失、人员伤亡等可能的火灾后果以及投资等因素，高层厂房的室内消火栓用水量采用 25～40 L/s，高层仓库的室内消火栓用水量采用 30～40 L/s。若高层工业建筑内可燃物较少且火灾不易迅速蔓延，消防用水量可适当减少。因此，丁、戊类高层厂房和高层仓库(可燃包装材料较多时除外)的消火栓用水量可减少 10 L/s，即同时使用水枪的数量可减少 2 支。

（二）室内消火栓的布置

1. 布置原则

(1)设置室内消火栓的建筑，包括设备层在内的各层均应设置消火栓。

(2)消防电梯前室是消防队员进入室内扑救火灾的进攻桥头堡，为方便消防队员向火场发起进攻或开辟通路，消防电梯前室应设置室内消火栓。消防电梯前室消火栓与室内其他消火栓一样，没有特殊要求，且应作为 1 股充实水柱与其他室内消火栓一样同等地计入消火栓使用数量。如图 3.13 所示，若长度小于等于 30 m，A 处可以借用消火栓 1。

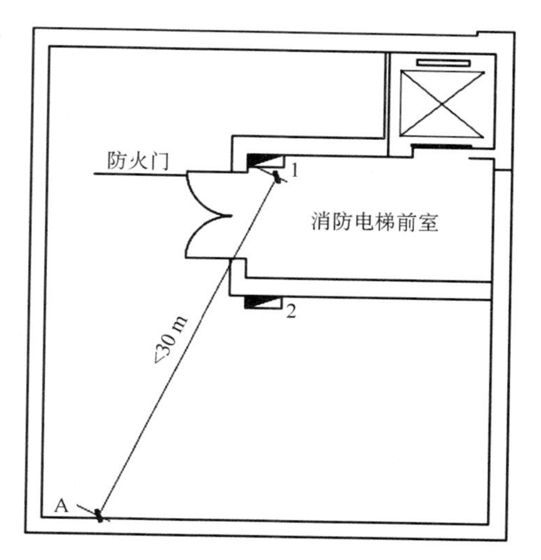

图 3.13　不同防火分区借用消火栓示意图

(3)建筑室内消火栓的设置位置应满足火灾扑救要求，并应符合下列规定：

①室内消火栓应设置在楼梯间及其休息平台和前室、走道等明显易于取用，以及便于火灾扑救的位置，如图 3.14 所示；

②住宅的室内消火栓宜设置在楼梯间及其休息平台；

③汽车库内消火栓的设置不应影响汽车的通行和车位的设置，并应确保消火栓的开启；

④同一楼梯间及其附近不同层设置的消火栓，其平面位置宜相同；

⑤冷库的室内消火栓应设置在常温穿堂或楼梯间内。

图 3.14　楼梯间、休息平台设置消火栓示意图

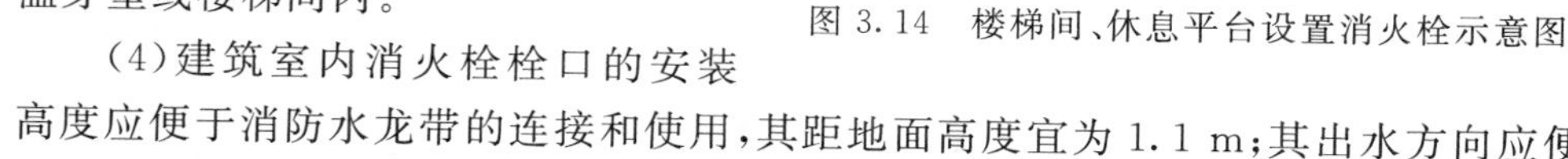

(4)建筑室内消火栓栓口的安装高度应便于消防水龙带的连接和使用，其距地面高度宜为 1.1 m；其出水方向应便于消防水带的敷设，并宜与设置消火栓的墙面成 90°角或向下。

(5)室内消火栓宜按直线距离计算其布置间距，如图 3.15 所示，并应符合下列规定：

①消火栓按 2 支消防水枪的 2 股充实水柱布置的建筑物，消火栓的布置间距不应大于 30 m；

②消火栓按 1 支消防水枪的 1 股充实水柱布置的建筑物，消火栓的布置间距不应大于 50 m。

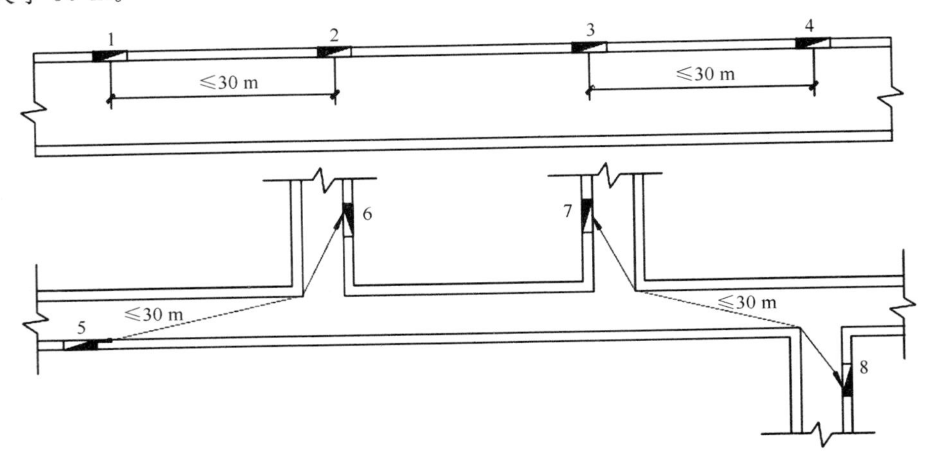

图 3.15 消火栓布置示意图

2. 室内消火栓的保护半径计算

消火栓的保护半径是指以消火栓为中心，一定规格的消火栓、水龙带、水枪配套后，消火栓能充分发挥灭火作用的圆形区域的半径。其可按下式计算：

$$R = (0.8 \sim 0.9)L + S_k \cos\alpha \tag{3.2}$$

式中：R——消火栓的保护半径(m)；

L——水龙带长度(m)；

S_k——充实水柱长度(m)；

α——水枪射流倾角，一般取 45°～60°。

3. 室内消火栓布置间距

室内消火栓布置间距应由计算确定。

(1)当要求有一股水柱到达室内任何部位，并且室内只有一排消火栓时，如图 3.16 所示，消火栓的间距按下式计算：

$$S_1 = 2\sqrt{R^2 - b^2} \tag{3.3}$$

式中：S_1——一股水柱时的消火栓间距(m)；

b——消火栓的最大保护宽度(m)；

(2)当要求有两股水柱同时到达室内任何部位，并且室内只有一排消火栓时，如图 3.17 所示，消火栓间距按下式计算：

$$S_2 = \sqrt{R^2 - b^2} \tag{3.4}$$

式中：S_2——两股水柱时的消火栓间距(m)。

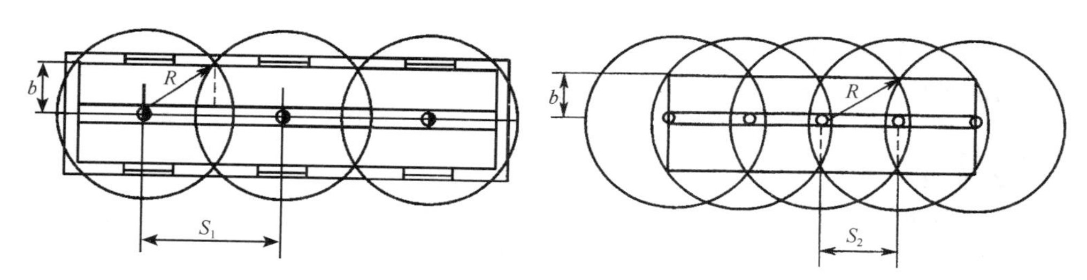

图 3.16 一股水柱时的消火栓布置间距

图 3.17 两股水柱时的消火栓布置间距

(3)当房间较宽,要求多股水柱到达室内任何部位,且需要布置多排消火栓时,消火栓间距按下式计算:

$$S_n = \sqrt{2}R = 1.41R \tag{3.5}$$

式中:S_n——多排消火栓一股水柱时的消火栓间距(m)。

(4)当要求有一股水柱或两股水柱到达室内任何部位,并且室内需要布置多排消火栓时,可以按照图 3.18(a)、(b)所示进行布置。

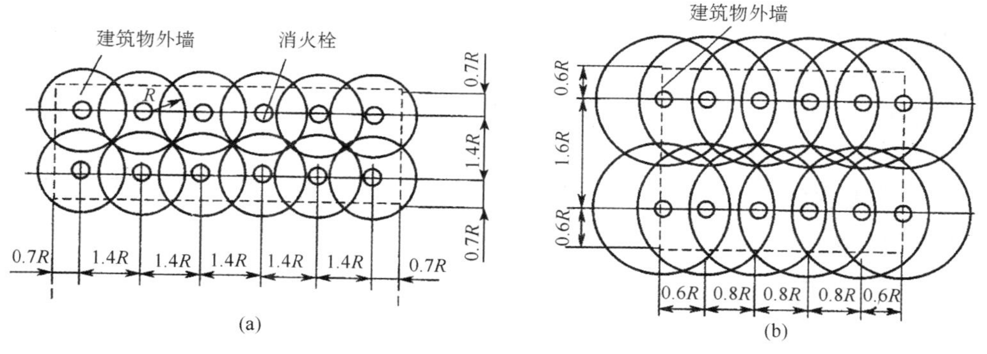

图 3.18 多排消火栓布置间距

(a)一股水柱时的消火栓布置间距;(b)两股水柱时的消火栓布置间距

(5)室内消火栓的最大布置间距见表 3.1。

表 3.1 室内消火栓的最大布置间距

建筑物类别	室内任何部位要求到达的水枪数量/支	最大间距/m
低层建筑	2	≤50
高层厂房、高架仓库和甲、乙类厂房	2	≤30
建筑高度小于等于 24 m,且体积小于 5000 m^3的多层仓库	1	≤50
高层民用建筑	2	≤30

【例 3.2】某商场,长 65 m,宽 28 m,层高为 4 m,总建筑高度为 56 m,设置消火栓给水系统,消火栓沿中间楼道均匀布置,采用直径为 19 mm 的水枪。试确定消火栓的布置间距。

解:因为该建筑为高层建筑,建筑内任何一点应有两支水枪同时保护。

(1)消火栓的保护半径

为满足层高及规范对充实水柱的要求,在此 S_k 取 13 m。

$$R_f=0.9L+S_k\cos45^\circ=0.9\times20+13\times\cos45^\circ=18+9.2=27.2\ \mathrm{m}$$

(2)布置间距

又因为建筑物的宽度为 28 m,消火栓的保护半径为 29.6 m,居中设置时可采用单排布置,即消火栓布置采用单排双水柱保护。所以布置间距为

$$L=\sqrt{R_f^2-b^2}=\sqrt{27.2^2-14^2}=23.3\ \mathrm{m}。$$

4. 室内消火栓给水管网

(1)室内消火栓给水管网应布置成环状。当室外消火栓设计流量不大于 20 L/s,且室内消火栓不超过 10 个时,除特殊要求外可布置成枝状。

(2)当由室外生产生活消防合用系统直接供水时,合用系统除应满足室外消防给水设计流量以及生产和生活最大小时设计流量的要求外,还应满足室内消防给水系统的设计流量和压力要求。

(3)室内消防管道公称直径应根据系统设计流量、流速和压力要求经计算确定;室内消火栓竖管公称直径应根据竖管最低流量经计算确定,但不应小于 DN100。

5. 室内消火栓给水系统的水力计算步骤

消火栓给水系统水力计算包括流量和压力的计算。低层建筑室内消火栓给水系统的水力计算步骤如下:

(1)从室内消防给水管道系统图上,确定出最不利点消火栓。当要求两个或多个消火栓同时使用时,在单层建筑中以最高、最远的两个或多个消火栓作为最不利供水点。在多层建筑中按表 3.2 进行最不利点消防竖管的流量分配。

表 3.2 最不利点计算流量分配

室内消防计算流量/(L/s)	1×5	2×2.5	2×5	3×5	4×5	6×5
最不利消防主管出水枪数/支	1	2	2	2	2	3
相邻消防主管出水枪数/支				1	2	3

(2)计算最不利点消火栓出口处所需的水压。

(3)确定最不利点管路(计算管路)及计算最不利点管路的沿程压力损失和局部压力损失,其方法与建筑内部给水系统水力计算方法相同。在流速不超过 2.5 m/s 的条件下确定公称直径,消防管道的最小直径为 50 mm。管道局部压力损失可按沿程压力损失的 10%计算。

(4)计算室内消火栓给水系统所需的总压力(水泵扬程),即:

$$H=k\sum h+0.01\ H_0+H_{xh} \tag{3.6}$$

式中:H——室内消火栓给水系统所需总压力(MPa)。

H_0——当消防水泵从消防水池吸水时,H_0 为最低有效水位至最不利点水灭火设施的几何高差;当消防水泵从市政给水管网直接吸水时,H_0 为消防灭火时市政给

水管网在消防水泵入口处的设计压力值的高程至最不利点水灭火设施的几何高差(m)。

H_{xh}——最不利点消火栓出口处所需水压(MPa)。

$\sum h$——管路总压力损失,为管路沿程压力损失与管路局部压力损失之和(MPa)。

k——安全系数,可取1.2～1.4,宜根据管道的复杂程度和不可预见发生的管道变更所带来的不确定性来确定。

(5)核算室外给水管道水压,确定本系统所选用的给水方式。

如果市政给水管道的供水压力满足式(3.6)的条件,则可以选择无加压水泵的室内消火栓供水系统,否则应采用其他供水方式。

6. 消火栓栓口所需压力和流量

(1)水枪出口压力计算

水枪出口压力可按下式计算:

$$H_q = \frac{10\alpha_f S_k}{1-\alpha_f \varphi S_k} \tag{3.7}$$

$$\alpha_f = 1.19 + 80\,(0.01S_k)^4 \tag{3.8}$$

$$\varphi = \frac{0.25}{d_f + (0.1d_f)^3} \tag{3.9}$$

式中:H_q——水枪喷嘴压力(kPa);

α_f——系数,表示射流总长度与充实水柱长度的比值,参见表3.3;

φ——阻力系数,与水枪喷口直径有关,参见表3.4;

d_f——水枪喷口直径(mm);

S_k——水枪充实水柱(m)。

表3.3 不同充实水柱下对应的 α_f 值

S_k/m	7	8	9	10	11
α_f	1.192	1.193	1.195	1.198	1.202
S_k/m	12	13	14	15	16
α_f	1.207	1.213	1.221	1.231	1.242

表3.4 不同水枪对应的 φ 值

水枪喷口直径 d_f/mm	13	16	19
φ	0.0165	0.0124	0.0097

(2)水枪出口流量计算

水枪流量可按下式计算:

$$q_q = \sqrt{BH_q} \tag{3.10}$$

式中:q_q——水枪喷口的射流量(L/s);

H_q——水枪出口处的压力(kPa);

B——水流特性系数,见表 3.5。

表 3.5 水流特性系数表

水枪喷口直径/mm	6	7	8	9	13
B	0.0016	0.0029	0.0050	0.0079	0.0346
水枪喷口直径/mm	16	19	22	25	
B	0.0793	0.1577	0.2834	0.4727	

(3)水带水头损失

水带水头损失可按下式计算:

$$H_d = 10A_z L_d q_{xh}^2 \tag{3.11}$$

式中:H_d——水带的水头损失(kPa);

A_z——水带比阻,见表 3.6;

L_d——水带长度(m),一般取 20 m 或 25 m;

q_{xh}——消火栓流量(L/s)。

表 3.6 衬胶水带比阻 A_z 值表

水带口径/mm	50	65	80
水带比阻 A_z	0.00677	0.00172	0.00075

为了计算方便,可将式(3.11)简化为:

$$H_d = 10Sq_{xh}^2 \tag{3.12}$$

式中:S——每条水带(长 20 m)的阻抗系数,其值见表 3.7。

表 3.7 水带(长 20 m)阻抗系数值

水带口径/mm	50	65	75	80
阻抗系数	0.15	0.035	0.015	0.008

(4)消火栓出口压力

消火栓出口压力可按下式计算:

$$H_{xh} = H_d + H_q + H_k \tag{3.13}$$

式中:H_{xh}——消火栓出口压力(kPa);

H_d——水带的水头损失(kPa);

H_q——水枪出口压力(kPa);

H_k——消火栓栓口水头损失,可按 0.02 MPa 计算。

【例 3.3】某商场,建筑高度为 68 m,层高为 4 m,设置有消火栓给水系统,最不利点管路的总水头损失为 0.15 MPa,水泵泵轴中心线距最不利点消火栓的垂直距离为 73 m,试确定消火栓的出口压力和流量及水泵的流量和扬程。(同时开启的水枪

数量为 6 支)

解:(1)充实水柱长度的确定:

$$S_k = 1.414(H_1 - H_2) = 1.414(4-1) = 4.24\ \text{m}$$

因该建筑为高层建筑,根据《消防给水及消火栓系统技术规范》7.4.12 第二款规定,取 $S_k = 13$ m。

$$H_q = \frac{10\alpha_f S_k}{1-\alpha_f \varphi S_k} = \frac{10\times 1.213\times 13}{1-1.213\times 0.0097\times 13} = 186\ \text{kPa}$$

$$q_q = \sqrt{BH_q} = \sqrt{0.1577\times 186} = 5.4\ \text{L/s}$$

(2)消火栓出口压力的确定:

水带水头损失:$H_d = 10Sq_{xh}^2 = 10\times 0.035\times 5.4^2 = 10.3$ kPa

消火栓出口压力:$H_{xh} = H_q + H_d + H_k = 186 + 10.3 + 20 = 216.3$ kPa

(3)水泵的流量:

因为同时开启的消火栓数量为 6 支,所以室内消火栓系统用水量为

$$Q_x = nq_q = 6\times 5.4 = 32.4\ \text{L/s}$$

室内消火栓系统用水量即为水泵的流量。

(4)水泵的扬程:

根据规范,该住宅消火栓出口压力不应低于 0.35 MPa。

$$H = k\sum h + 0.01\ H_0 + H_{xh} = 1.4\times 0.15 + 0.01\times 73 + 0.35 = 1.29\ \text{MPa}$$

7. 水力计算

消防给水的设计压力应满足所服务的各种水灭火系统最不利点处水灭火设施的压力要求。消防给水管道单位长度管道沿程水头损失应根据管材、水力条件等因素选择,可按下列公式计算:

(1)消防给水管道或室外塑料管可采用下列公式计算:

$$i = 10^{-6}\frac{\lambda\rho v^2}{2d_i} \tag{3.14-1}$$

$$\frac{1}{\sqrt{\lambda}} = -2.0\log\left(\frac{2.51}{R_e\sqrt{\lambda}} + \frac{\varepsilon}{3.71d_i}\right) \tag{3.14-2}$$

$$R_e = \frac{vd_i\rho}{\mu} \tag{3.14-3}$$

$$\mu = \rho\nu \tag{3.14-4}$$

$$\nu = \frac{1.775\times 10^{-6}}{1+0.0337T+0.00022T^2} \tag{3.14-5}$$

式中:i——单位长度管道沿程水头损失(MPa/m);

d_i——管道的内径(m);

v——管道内水的平均流速(m/s);

ρ——水的密度(kg/m^3);

λ——沿程损失阻力系数，可参照表3.8选取；

ε——当量粗糙度(m)，可按表3.9取值；

R_e——雷诺数，无量纲；

μ——水的动力黏滞系数(Pa/s)；

ν——水的运动黏滞系数(m^2/s)；

T——水的温度(℃)，宜取10 ℃。

表3.8 沿程阻力损失系数表

管子内径/mm	50	75	100	125	150	175	200	225
λ	0.0455	0.0418	0.038	0.0352	0.0332	0.0316	0.0304	0.0293
管子内径/mm	250	275	300	325	350	400	450	500
λ	0.0284	0.0276	0.027	0.0263	0.0258	0.025	0.0241	0.0234

(2)内衬水泥砂浆球墨铸铁管可按下列公式计算：

$$i = 10^{-2} \frac{v^2}{C_v^2 R} \tag{3.15-1}$$

$$C_v = \frac{1}{n_\varepsilon} R^y \tag{3.15-2}$$

当$0.1 \leqslant R \leqslant 3.0$且$0.011 \leqslant n_\varepsilon \leqslant 0.040$时，

$$y = 2.5\sqrt{n_\varepsilon} - 0.13 - 0.75\sqrt{R}(\sqrt{n_\varepsilon} - 0.1) \tag{3.15-3}$$

式中：R——水力半径(m)；

C_v——流速系数；

n_ε——管道粗糙系数，可按表3.9取值；

y——系数，管道计算时可取1/6。

(3)室内外输配水管道可按下式计算：

$$i = 2.9660 \times 10^{-7}\left[\frac{q^{1.852}}{C^{1.852} d_i^{4.87}}\right] \tag{3.16}$$

式中：C——海澄-威廉系数，可按表3.9取值；

q——管道消防给水设计流量(L/s)。

表3.9 各种管道水头损失计算参数

管材名称	当量粗糙度 ε/m	管道粗糙系数 n_ε	海澄-威廉系数 C
球墨铸铁管(内衬水泥)	0.0001	0.011~0.012	130
钢管(旧)	0.0005~0.001	0.014~0.018	100
镀锌钢管	0.00015	0.014	120
铜管/不锈钢管	0.00001	—	140
钢丝网骨架PE塑料管	0.000010~0.00003	—	140

(4)管道速度压力可按下式计算：

$$P_v = 8.11 \times 10^{-10} \frac{q^2}{d_i^4} \tag{3.17}$$

式中：P_v——管道速度压力(MPa)。

(5)管道压力可按下式计算：

$$P_n = P_t - P_v \tag{3.18}$$

式中：P_n——管道某一点处压力(MPa)；

P_t——管道某一点处总压力(MPa)。

(6)管道沿程水头损失宜按下式计算：

$$P_f = iL \tag{3.19}$$

式中：P_f——管道沿程水头损失(MPa)；

L——管道直线段的长度(m)。

(7)管道局部水头损失宜按下式计算。当资料不全时，局部水头损失可按管道沿程水头损失的10%～30%估算，消防给水干管和室内消火栓可按10%～20%计，自动喷水等支管较多时可按30%计。

$$P_p = iL_p \tag{3.20}$$

式中：P_p——管件和阀门等局部水头损失(MPa)；

L_p——管件和阀门等当量长度(m)，可按表3.10取值。

表3.10 管件和阀门当量长度

单位：m

管件名称	管件公称直径 DN/mm											
	25	32	40	50	70	80	100	125	150	200	250	300
45°弯头	0.3	0.3	0.6	0.6	0.9	0.9	1.2	1.5	2.1	2.7	3.3	4.0
90°弯头	0.6	0.9	1.2	1.5	1.8	2.1	3.1	3.7	4.3	5.5	5.5	8.2
三通四通	1.5	1.8	2.4	3.1	3.7	4.6	6.1	7.6	9.2	10.7	15.3	18.3
蝶阀	—	—	—	1.8	2.1	3.1	3.7	2.7	3.1	3.7	5.8	6.4
闸阀	—	—	—	0.3	0.3	0.3	0.6	0.6	0.9	1.2	1.5	1.8
止回阀	1.5	2.1	2.7	3.4	4.3	4.9	6.7	8.3	9.8	13.7	16.8	19.8
异径弯头	32	400	50	70	80	100	125	150	200	—	—	—
	25	32	40	50	70	80	100	125	150	—	—	—
	0.2	0.3	0.3	0.5	0.6	0.8	1.1	1.3	1.6	—	—	—
U型过滤器	12.3	15.4	18.5	24.5	30.8	36.8	49	61.2	73.5	98	122.5	—
Y型过滤器	11.2	14	16.8	22.4	28	33.6	46.2	57.4	68.6	91	113.4	—

注：1. 当异径接头的出口直径不变而入口直径提高1级时，其当量长度应增大0.5倍；提高2级或2级以上时，其当量长度应增加1.0倍。

2. 表中当量长度是在海澄—威廉系数$C=120$的条件下测得的。当选择的管材不同时，当量长度应根据下列系数作调整：$C=100, k_1=0.713$；$C=120, k_1=1$；$C=130, k_1=1.16$；$C=140, k_1=1.33$；$C=150, k_1=1.51$。

3. 表中没有提供管件和阀门当量长度时，可按表3.11提供的参数经计算确定。

表 3.11 各种管件和阀门的当量长度折算系数

管件或阀门名称	折算系数(L_p/d_i)
45°弯头	16
90°弯头	30
三通四通	60
蝶阀	30
闸阀	13
止回阀	70～140
异径弯头	10
U 型过滤器	500
Y 型过滤器	410

(三)消防软管卷盘设置

消防软管卷盘是一种室内固定式消防设备,如图 3.19 所示。消防软管卷盘由小口径消火栓、输水缠绕软管、小口径水枪等组成。与室内消火栓相比,具有操作简便、机动灵活等优点。

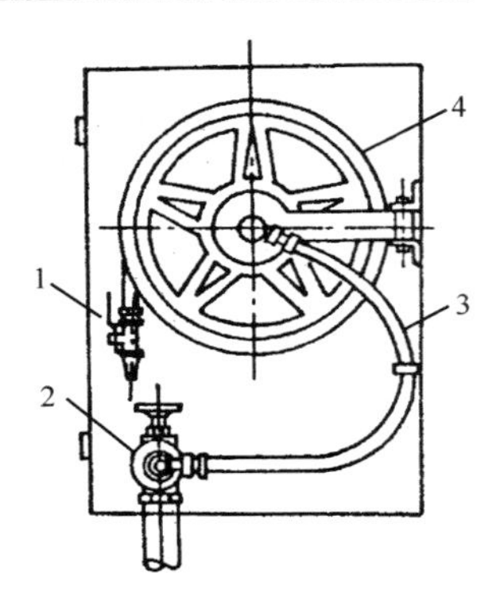

图 3.19 消防软管卷盘
1. 小口径直流开关水枪;2. 小口径消火栓;3. 输水缠绕软管;4. 卷盘

消防软管卷盘的设置应符合下列要求:

(1)栓口直径应为 25 mm,配备的胶带内径不应小于 19 mm,长度不应超过 40 m,水喉喷嘴口径不应小于 6 mm。

(2)旅馆、办公楼、商业楼、综合楼等的内部消防软管卷盘应设在走道内,且布置时应保证有一股水柱能到达室内任何部位。

(3)剧院、会堂闷顶内的消防软管卷盘应设在马道入口处,以方便工作人员使用。

第四节 设计实例

一、设计任务

某单位拟修建一座 14 层外廊式高级住宅楼。每层八户,各住户卫生设备齐全。要求设计该高级住宅楼的消火栓给水系统。

二、设计资料

（一）建筑设计资料

该建筑为 14 层钢筋混凝土框架结构，标准层高为 3.0 m。顶层设高度为 1.0 m 的闷顶。屋顶以上有阁楼二层，水箱置于第二层阁楼之中，剖面见图 3.20。室内外高差为 0.6 m。冻土深度为 0.8 m。

建筑场地平面图、建筑各层平面图，如图 3.21～图 3.23 所示。该建筑附近地形平坦。其中：$\frac{1}{F}$、$\frac{2}{F}$指消防进水管（消防水泵出水管）；$\frac{1}{G}$指水箱进水箱；GL-1 指水箱给水立管；FGL-1、FGL-2、FGL-3 指消防竖管；X_1、X_2、X_3 指室内消火栓；甲指厨房；乙指卫生间；W 指水泵接合器。

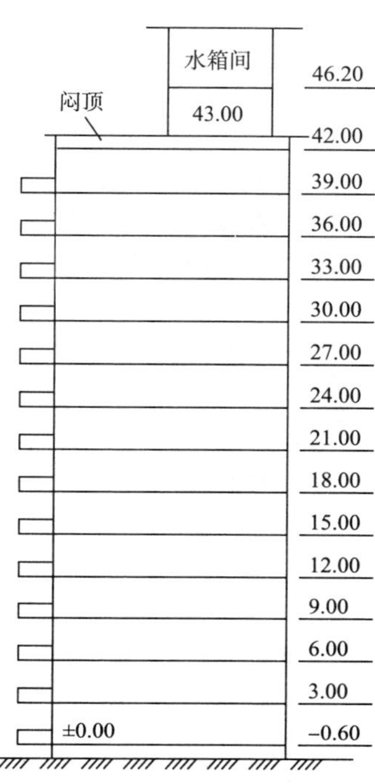

图 3.20 住宅楼剖面示意图

（二）给水设计资料

该高层住宅楼北部约 50 m 处为城市街道，有市政给水管道埋设，见图 3.21。其公称直径为 DN400 mm，管顶埋深为室外地面以下 1.0 m，供水水压常年可保证 150 kPa。水质符合饮用水标准。

该单位集中锅炉房和泵房设于该楼东侧 20 m 处。

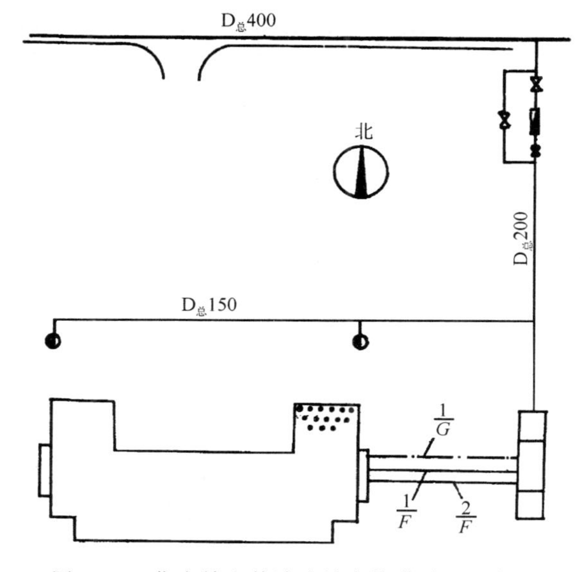

图 3.21 住宅楼室外消防给水管道平面示意图

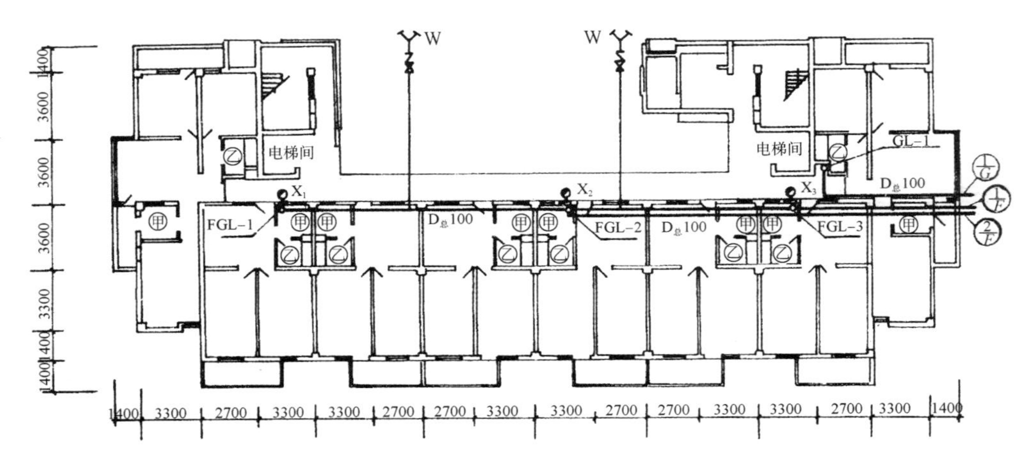

图 3.22　住宅楼标准层室内消火栓给水管道平面布置图

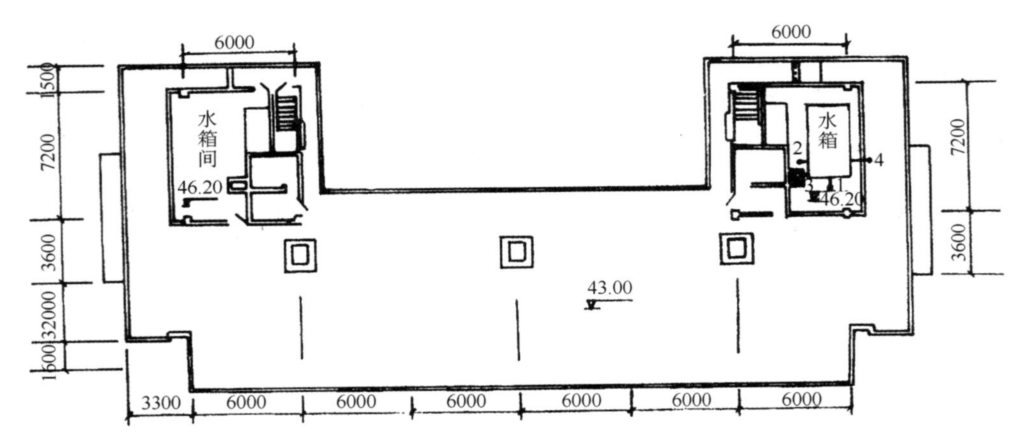

图 3.23　住宅楼屋顶水箱管道平面布置图

1. 水箱进水管；2. 生活用水出水管；3. 消防用水出水管；4. 溢水、放空管

三、设计说明

(一)室外消防给水系统

1. 系统类型

该住宅楼室外消防给水系统采用独立的低压消防给水系统。

2. 管网布置

该建筑为一幢单独住宅楼，其建设地点位于新建区域。室外消防给水管道布置成枝状，同时考虑今后有形成环状的可能。室外消防给水管道公称直径为 150 mm。

3. 室外消火栓

住宅楼周围设两个直径为 100 mm 的室外地上消火栓，见图 3.21。

（二）消防给水水源

由于市政给水管道为枝状，因此，消防水源采用市政给水管道和消防水池两种。消防水池同时储存室内、室外消防用水。

（三）室内消火栓给水系统

1. 给水方式

采用独立的临时高压不分区消防给水系统。

2. 给水设备

（1）自动给水设备：利用设置在屋顶第二层阁楼中的消防水箱，在火灾初期 10 min 内自动向消防管网供水。

（2）主要给水设备：消防水泵房设消防水泵两台（一用一备），每台消防水泵设置独立的吸水管，水泵引水设计为自灌式。消防水泵房设两条出水管与室内环状消防管网相连接。

（3）临时给水设备，在住宅楼附近设两个 SQ100 型地上式水泵接合器。

3. 管网布置

室内消火栓给水管网在竖向布置成环状，设进水管两条、公称直径为 100 mm 的消防竖管三条。

4. 室内消火栓设备

建筑各层均设三个直径 65 mm 的单出口消火栓，消火栓箱内配备直径 65 mm 的胶里水带（每盘长为 25 m）和直径 19 mm 的手提式直流水枪以及自救式消防水喉设备。

（四）管道布置、敷设安装与管材

室外消防给水管道的布置见图 3.21。室内消防竖管敷设于管道竖井内。消防水平干管分别设于底层顶板下面和顶层的闷顶内。

位于竖井、管沟、底层顶板下面、闷顶内的消防给水管道须用隔热材料作防结露面。

给水管的室外部分采用给水铸铁管，室内部分采用镀锌钢管。

四、设计计算

（一）选定消火栓、水带、水枪的型号

根据建筑物性质，本建筑选用带自救式消防水喉的室内消火栓箱，箱内配备 SN65 mm 的单出口消火栓，直径为 65 mm 的橡胶水带（每盘水带长度为 25 m），口径 19 mm 的手提式直流水枪和口径 25 mm 的小口径消火栓。小口径消火栓配有直径为 19 mm 胶带（长 40 m）、喷嘴口径为 6 mm 水喉。

(二)根据水枪充实水柱要求,确定消火栓的水枪设计流量和设计喷嘴压力

1. 水枪充实水柱长度的确定

(1)水枪充实水柱长度的计算:

$$S_k = 1.414(H_1 - H_2) = 1.414(3-1) = 2.8\ \text{m}$$

(2)因该建筑为高层建筑,根据《消防给水及消火栓系统技术规范》7.4.12 第二款规定,该住宅楼室内消火栓的水枪充实水柱长度不应小于 13 m。

(3)确定水枪的充实水柱长度:

通过比较,确定水枪充实水柱 S_k 为 13 m。

2. 计算水枪出口压力

$$H_q = \frac{10\alpha_f S_k}{1-\alpha_f \varphi S_k} = \frac{10 \times 1.213 \times 13}{1-1.213 \times 0.0097 \times 13} = 186\ \text{kPa}$$

3. 确定每支水枪的设计流量

(1)每支水枪流量的计算:

$$q_q = \sqrt{BH_q} = \sqrt{0.1577 \times 186} = 5.4\ \text{L/s}$$

(2)根据《消防给水及消火栓系统技术规范》表 3.5.2 规定,该住宅楼室内消火栓每支水枪的最小流量不应小于 5 L/s。

(3)确定水枪的设计流量:

通过比较,确定每支水枪的设计流量 q_q 为 5.4 L/s。

(三)确定室内消火栓给水系统的消防用水量

因为同时开启的消火栓数量为 2 支,所以室内消火栓系统用水量为

$$Q_x = nq = 2 \times 5.4 = 10.8\ \text{L/s}$$

室内消火栓系统用水量即为水泵的流量。

(四)确定室内消火栓及消防竖管的布置间距

1. 确定室内消火栓的保护半径

$$R_f = 0.9L + S_k \cos45^\circ = 0.9 \times 25 + 13 \times \cos45^\circ = 32\ \text{m}$$

2. 计算消火栓布置间距

又因为建筑物的宽度为 18.3 m,消火栓的保护半径为 32 m,居中设置时可采用单排布置,即消火栓布置采用单排双水柱保护。所以布置间距为

$$L = \sqrt{R_f^2 - b^2} = \sqrt{32^2 - (3.6+3.3+1.4+1.4)^2} = 30.2\ \text{m}$$

考虑到住宅的室内消火栓宜设置在楼梯间及其休息平台,因此本设计消火栓设计在走道靠近楼梯间前室的部位。

3. 确定消防竖管的布置间距和根数

根据室内消火栓的布置原则,结合住宅楼标准层平面图,确定消防竖管的根数为 3 根,具体位置见图 3.22。

（五）绘制室内消火栓给水系统管网平面布置和轴测图（图 3.22～图 3.24）

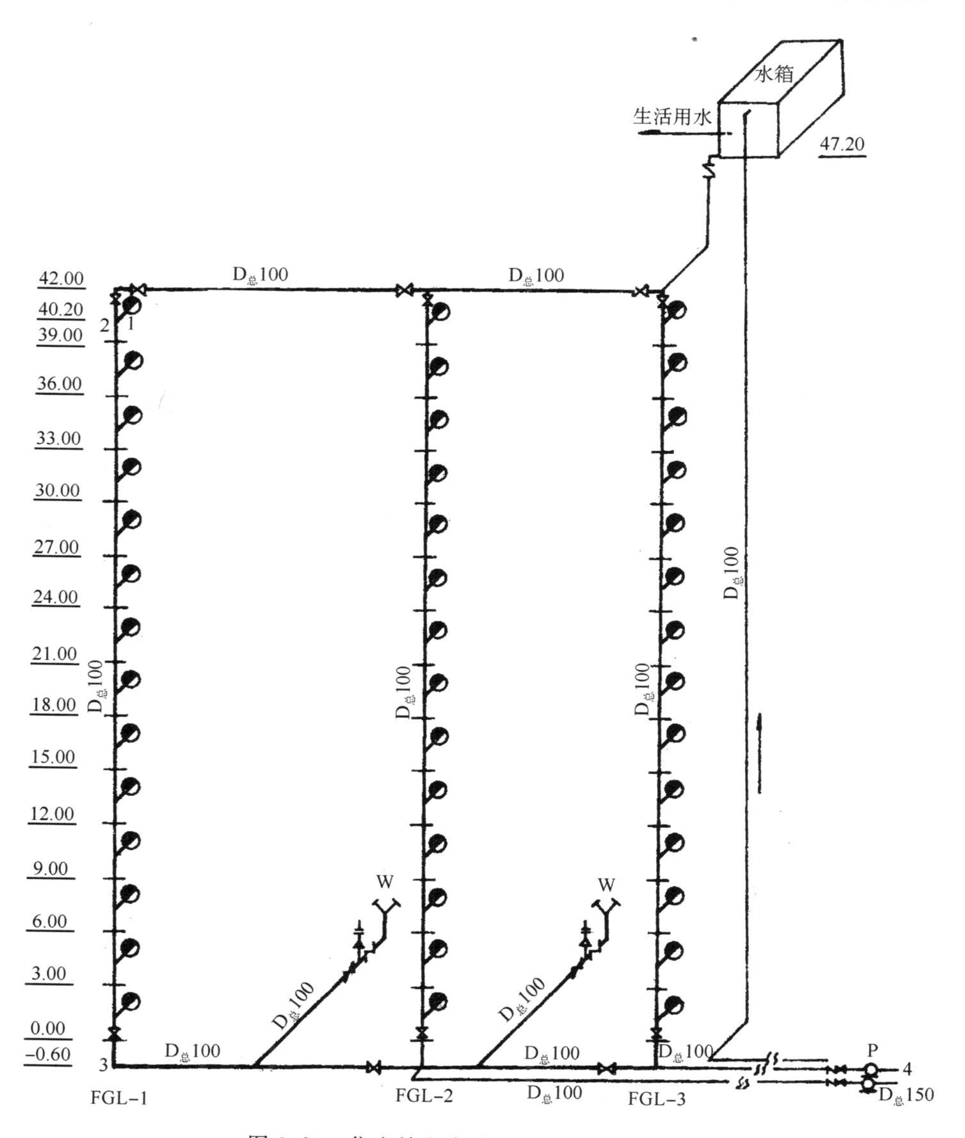

图 3.24 住宅楼室内消火栓给水管道轴测图

（六）选择计算管路

根据消防给水管网轴测图，选择 1—2—3—4 管段作为最不利管路计算。

（七）计算最不利点消火栓出口处所需的水压

水带水头损失：$H_d = 10Sq_{xh}^2 = 10 \times 0.035 \times 5.4^2 = 10.3$ kPa

消火栓出口压力：$H_{xh} = H_d + H_q + H_k = 186 + 10.3 + 20 = 216.3$ kPa

根据《消防给水及消火栓系统技术规范》7.4.12 第二款规定，该住宅楼室内消火栓栓口动压不应小于 0.35 MPa。动压值是指系统在设计流量工况下产生的动压。

(八)确定消防给水管网内径

根据高层住宅建筑的供水特点和该住宅楼室内消火栓用水量(10 L/s)以及每根消防竖管所通过的最小流量(10 L/s)，计算得出各管段内径，如图 3.24 所示。

(九)计算最不利管路的水头损失

管网水力计算时，计算起点可设定为消火栓栓口，栓口下游可不做计算。从消防水泵吸水管到系统最不利点消火栓栓口的管路水头损失有以下几部分：

$\sum h_{p-4}$：$L_{p-4}=2$ m，$Q_{p-4}=10.8$ L/s，选择 $D_g=150$ mm，$v=0.61$ m/s，$i=0.0416$ kPa/m，则 $\sum h_{p-4}=1.1iL_{p-4}=1.1\times0.0416\times2=0.0916$ kPa。

$\sum h_{3-p}$：$L_{3-p}=60$ m，$Q_{3-p}=10.8$ L/s，选择 $D_g=100$ mm，$v=1.38$ m/s，$i=0.362$ kPa/m，则 $\sum h_{3-p}=1.1iL_{3-p}=1.1\times0.362\times60=23.88$ kPa。

$\sum h_{2-3}$：$L_{2-3}=39.0+1.2+1.6=41.8$ m，$Q_{2-3}=5.4$ L/s，选择 $D_g=100$ mm，$v=0.69$ m/s，$i=0.0899$ kPa/m，则 $\sum h_{2-3}=1.1iL_{2-3}=1.1\times0.0899\times41.8=4.134$ kPa。

$\sum h_{1-2}$：$L_{1-2}=1$ m，$Q_{1-2}=5.4$ L/s，选择 $D_g=100$ mm，$v=0.69$ m/s，$i=0.0899$ kPa/m，则 $\sum h_{1-2}=1.1iL_{1-2}=1.1\times0.0899\times1=0.0989$ kPa。

最不利管路的水头损失为

$$\begin{aligned}\sum h_w &= \sum h_{p-4}+\sum h_{3-p}+\sum h_{2-3}+\sum h_{1-2}\\ &=0.0916+23.88+4.134+0.0989\\ &\approx 28.20\ \text{kPa}\end{aligned}$$

(十)选择消防水泵

1. 消防水泵的流量

因为同时开启的消火栓数量为 2 支，所以室内消火栓系统用水量为

$$Q_x=nq=2\times5.4=10.8\ \text{L/s}$$

室内消火栓系统用水量即为水泵的流量。

2. 水泵的扬程

根据规范，该建筑消火栓栓口压力不应低于 0.35 MPa。

$$H=k\sum h+0.01\ H_0+H_{xh}=1.4\times0.0282+0.01\times41.2+0.35=0.81\ \text{MPa}$$

3. 选择消防水泵

根据 $Q_x=10.8$ L/s，$H_b=81$ m，选用两台 IS80－50－250(2900)型水泵，水泵信息见表 3.12 和图 3.25。

表 3.12 IS80－50－250(2900)型水泵信息

属性组	属性	属性值
额定参数	额定流量/(m^3/h)	50
	额定扬程/m	80
	额定效率/%	63
	轴功率/kW	17.3
	汽蚀/m	2.5
	叶轮外径/mm	250
	转速/rpm	2900
介质	介质温度/℃	≤80
电机	电机功率/kW	5.5
	电机型号	Y132S1-2/5.5
结构尺寸	叶轮转向	顺时针
	进出口口径尺寸	DN
	进口口径/mm	80
	出口口径/mm	50
产品说明	说明	

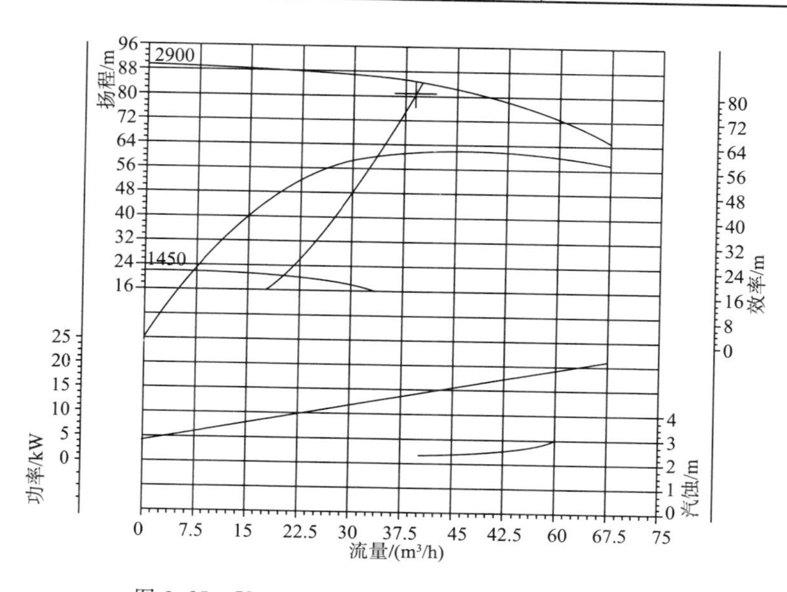

图 3.25 IS80－50－250(2900)型水泵性能曲线图

(十一)确定水箱的容积和设置高度

1. 水箱的容积

水箱的有效容积,包括消防储备水容积、生活调节水容积和事故备用水容积三部分。

(1)消防储备水容积:

$$V_f = 0.06Q_fT_x = 0.06 \times 10.8 \times 10 = 6.5\ \mathrm{m}^3$$

(2)生活调节水容积:

该住宅生活给水系统采用水泵、水箱联合给水,通过水箱 UQZ-5 型浮球液位控制水泵自动启闭。

住宅楼最高日用水量为(每户按 5 个计算,每人用水定额为 190 L/d)

$$Q_d = mq_d/1000 \doteq 560 \times 190/1000 = 106.4\ \mathrm{m}^3/\mathrm{d}$$

住宅楼最大小时用水量为

$$Q_h = \frac{Q_d}{T}K_h = \frac{106.4}{24} \times 2.5 = 11.1\ \mathrm{m}^3/\mathrm{h}$$

生活调节水容积为

$$V_{sb} = 1.25\frac{Q_b}{4K_b} = 1.25 \times \frac{2Q_h}{4 \times 3} = 2.3\ \mathrm{m}^3$$

(3)事故备用水容积:

$$V_{xb} = Q_hT = 11.1 \times 1 = 11.1\ \mathrm{m}^3$$

(4)水箱的有效容积:

$V = V_f + V_{sb} + V_{xb} = 6.5 + 2.3 + 11.1 = 19.9\ \mathrm{m}^3$ 。根据《消防给水及消火栓系统技术规范》要求,二类高层住宅高位消防水箱不应小于 12 m^3。

2. 水箱设置高度

水箱最低消防水位与最不利点消火栓 1 栓口中心的标高差为

$$H_s = H_{\Delta箱} - H_{\Delta 1} = 47.2 - 40.2 = 7\ \mathrm{m}$$

由此可知,水箱设置高度能使最不利点消火栓处保证 70 kPa 的静水压,符合《消防给水及消火栓系统技术规范》要求第 5.2.2 中,高层住宅最不利点处的静水压力不应低于 0.07 MPa 的要求。

(十二)确定水泵接合器的类型和数量

选用两个 SQ100 型地上式水泵接合器,其设置位置见图 3.21。

(十三)确定室外消火栓的类型和数量

根据该住宅楼的室外消火栓用水量(15 L/s),确定设置两个直径 100 mm 室外地上消火栓。

(十四)确定室外消防给水管网公称直径

根据 $D=\sqrt{\frac{4Q}{\pi v}}=\sqrt{\frac{4\times 15}{3.14\times 1.5\times 1000}}=0.112$ m,则室外消防给水管网公称直径

确定为 $D=150$ mm。

（十五）确定水池有效容积

1. 灭火延续时间的确定

根据《消防给水及消火栓系统技术规范》3.6.2 规定，该住宅楼灭火延续时间按 2 h计。

2. 市政管网的供水能力

水池进水管公称直径采用 200 mm，市政给水管网的供水能力为

$$Q_L = \frac{D^2}{2}v = \frac{\left(\frac{200}{25}\right)^2}{2} \times 1 = 32 \text{ L/s}$$

3. 消防水池容积

市政给水管网的供水能力除了满足住宅楼生活最大小时用水量 3 L/s 外，还富裕 29 L/s。因市政给水管网为枝状且消防水池的进水管只有一条，故从确保供应火场消防用水的角度考虑，消防水池应同时储存该住宅楼室内外消防用水总量，且不考虑火灾情况下市政管网的连续补水量。消防水池容积为

$$V_x = 3.6 \times (10.8 + 15) \times 2 = 185.76 \text{ m}^3$$

4. 事故备用水容积

水池事故备用水容积按 1 h 住宅楼最大小时用水量计。

$$V_S = Q_h T = 11.1 \times 1 = 11.1 \text{ m}^3$$

5. 水池有效容积

$$V_y = V_x + V_S = 185.76 + 11.1 = 196.86 \text{ m}^3$$

6. 校核灭火后消防水池补水时间

水池的补水时间为

$$T_W = \frac{V_x}{Q_L} = \frac{196.86}{(32-3) \times 3.6} = 1.88 \text{ h}$$

注意：满足消防水池的补水时间不应超过 48 h 的规定。

第四章　自动喷水灭火系统设计

第一节　系统的分类与组成

自动喷水灭火系统是由洒水喷头、报警阀组、水流报警装置(水流指示器或压力开关)等组件,以及管道、供水设施组成,并能在发生火灾时喷水的自动灭火系统。自动喷水灭火系统在保护人身和财产安全方面具有安全可靠、经济实用、灭火成功率高等优点,广泛应用于工业建筑和民用建筑。自动喷水灭火系统根据所使用洒水喷头的型式不同,分为闭式自动喷水灭火系统和开式自动喷水灭火系统两大类;根据系统的用途和配置状况不同,自动喷水灭火系统又分为湿式系统、干式系统、雨淋系统、水幕系统、自动喷水与泡沫联用系统(简易自动喷水系统)等。自动喷水灭火系统的分类见图4.1。

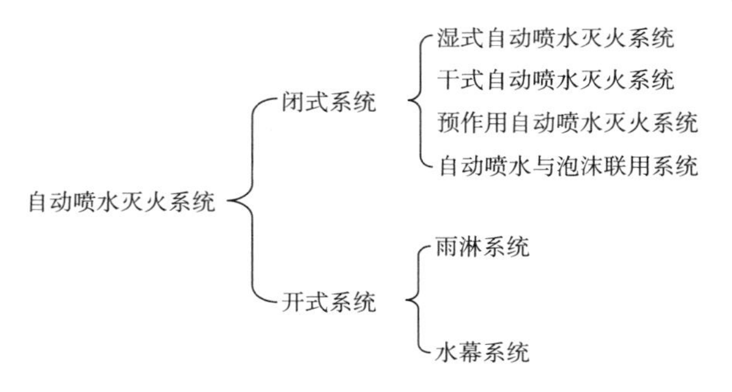

图4.1　自动喷水灭火系统分类图

一、湿式自动喷水灭火系统

湿式自动喷水灭火系统(以下简称湿式系统)由闭式洒水喷头、湿式报警阀组、水流指示器或压力开关、供水与配水管道以及供水设施等组成,在准工作状态时管道内充满用于启动系统的有压水。湿式系统的组成见图4.2。

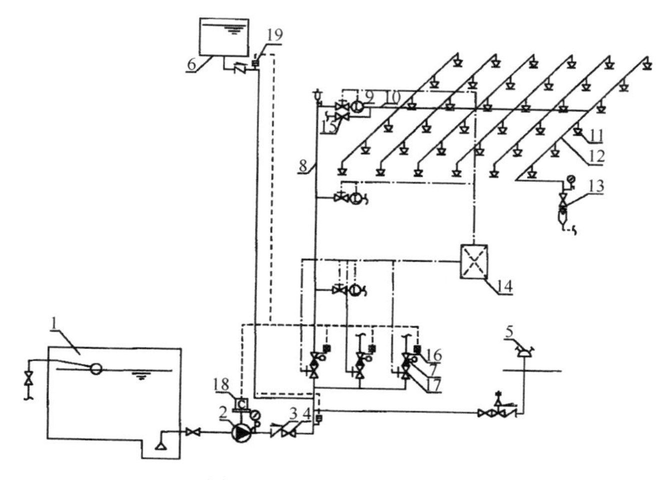

图 4.2　湿式系统示意图

1. 消防水池；2. 消防水泵；3. 止回阀；4. 闸阀；5. 消防水泵接合器；6. 高位消防水箱；7. 湿式报警阀组；8. 配水干管；9. 水流指示器；10. 配水管；11. 闭式洒水喷头；12. 配水支管；13. 末端试水装置；14. 报警控制器；15. 泄水阀；16. 压力开关；17. 信号阀；18. 水泵控制柜；19. 流量开关

二、干式自动喷水灭火系统

干式自动喷水灭火系统(以下简称干式系统)由闭式洒水喷头、干式报警阀组、水流指示器或压力开关、供水与配水管道、充气设备以及供水设施等组成，在准工作状态时配水管道内充满用于启动系统的有压气体。干式系统的启动原理与湿式系统相似，只是将传输洒水喷头开放信号的介质，由有压水改为有压气体。干式系统的组成见图 4.3。

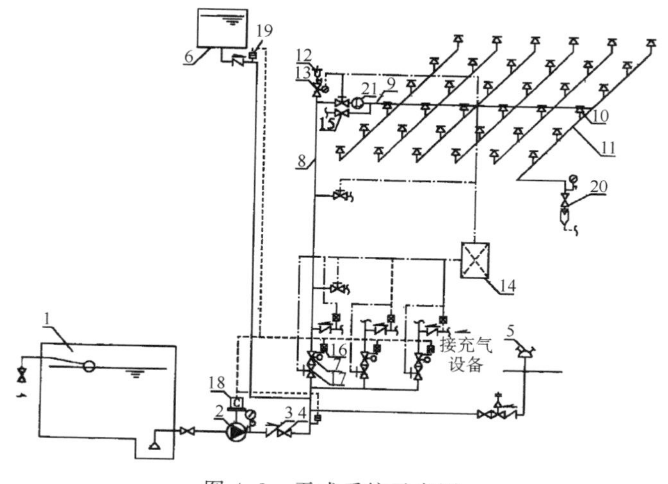

图 4.3　干式系统示意图

1. 消防水池；2. 消防水泵；3. 止回阀；4. 闸阀；5. 消防水泵接合器；6. 高位消防水箱；7. 干式报警阀组；8. 配水干管；9. 配水管；10. 闭式洒水喷头；11. 配水支管；12. 排气阀；13. 电动阀；14. 报警控制器；15. 泄水阀；16. 压力开关；17. 信号阀；18. 水泵控制柜；19. 流量开关；20. 末端试水装置；21. 水流指示器

三、预作用自动喷水灭火系统

预作用自动喷水灭火系统(以下简称预作用系统)由闭式洒水喷头、雨淋阀组、水流报警装置、供水与配水管道、充气设备和供水设施等组成,在准工作状态时配水管道内不充水,由火灾报警系统自动开启雨淋阀后,转换为湿式系统。预作用系统与湿式系统、干式系统的不同之处在于,系统采用雨淋阀,并配套设置火灾自动报警系统。预作用系统的组成见图 4.4。

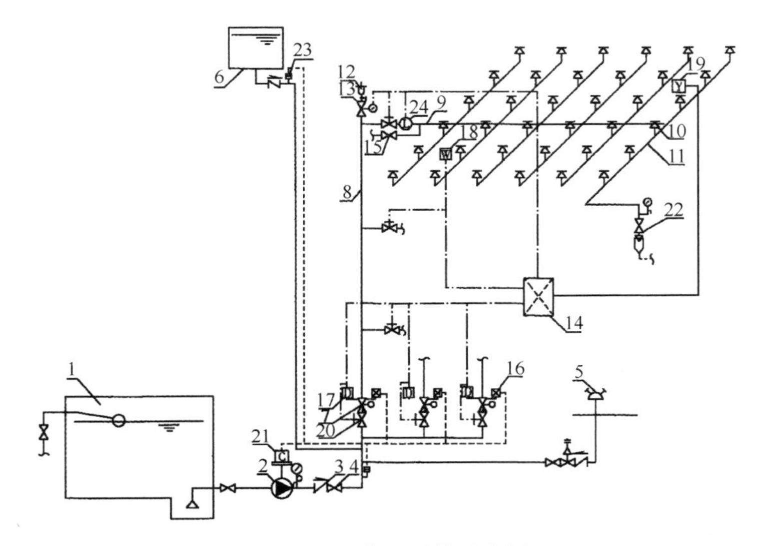

图 4.4 预作用系统示意图

1. 消防水池;2. 消防水泵;3. 止回阀;4. 闸阀;5. 消防水泵接合器;6. 高位消防水箱;7. 预作用装置;8. 配水干管;9. 配水管;10. 闭式洒水喷头;11. 配水支管;12. 排气阀;13. 电动阀;14. 报警控制器;15. 泄水阀;16. 压力开关;17. 电磁阀;18. 感温探测器;19. 感烟探测器;20. 信号阀;21. 水泵控制柜;22. 末端试水装置;23. 流量开关;24. 水流指示器

四、雨淋系统

雨淋系统由开式洒水喷头、雨淋阀组、水流报警装置、供水与配水管道以及供水设施等组成,与前几种系统的不同之处在于,雨淋系统采用开式洒水喷头,由雨淋阀控制喷水范围,由配套的火灾自动报警系统或传动管系统启动雨淋阀。雨淋系统有电动系统和液动或气动系统两种常用的自动控制方式。雨淋系统的组成见图 4.5 和图 4.6。

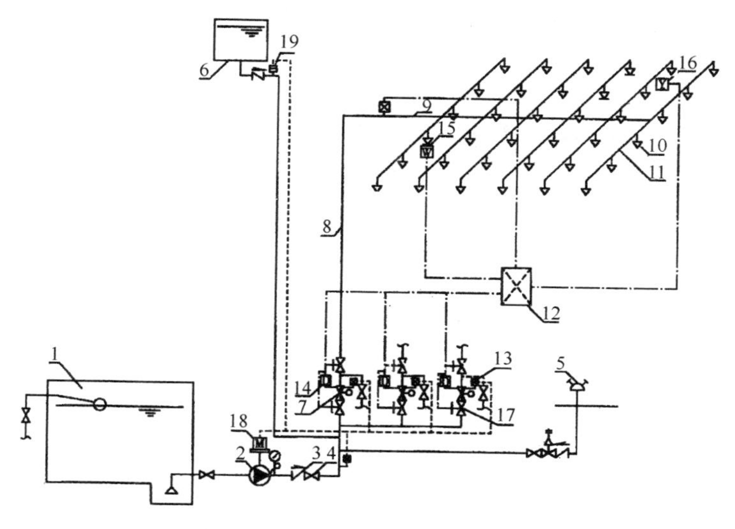

图 4.5 电动启动雨淋系统示意图

1. 消防水池;2. 消防水泵;3. 止回阀;4. 闸阀;5. 消防水泵接合器;6. 高位消防水箱;7. 雨淋报警阀组;8. 配水干管;9. 配水管;10. 开式洒水喷头;11. 配水支管;12. 报警控制器;13. 压力开关;14. 电磁阀;15. 感温探测器;16. 感烟探测器;17. 信号阀;18. 水泵控制柜;19. 流量开关

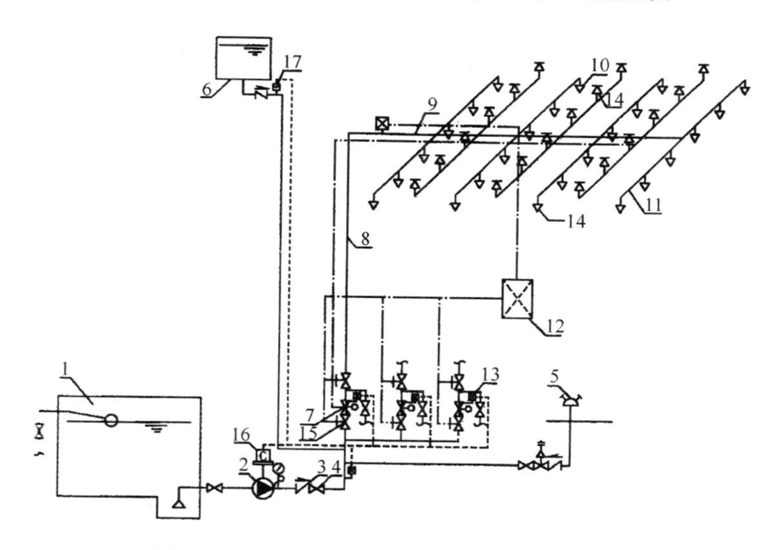

图 4.6 充液(水)传动管启动雨淋系统示意图

1. 消防水池;2. 消防水泵;3. 止回阀;4. 闸阀;5. 消防水泵接合器;6. 高位消防水箱;7. 雨淋报警阀组;8. 配水干管;9. 配水管;10. 开式洒水喷头;11. 配水支管;12. 报警控制器;13. 压力开关;14. 闭式洒水喷头;15. 信号阀;16. 水泵控制柜;17. 流量开关

五、水幕系统

水幕系统由开式洒水喷头或水幕洒水喷头、雨淋报警阀组或感温雨淋阀、供水与配水管道、控制阀以及水流报警装置(水流指示器或压力开关)等组成,与前几种系统不同的是,水幕系统不具备直接灭火的能力,是用于挡烟阻火和冷却分隔物的防火系统。

六、自动喷水与泡沫联用系统

系统配置供给泡沫混合液的设备后,组成既可喷水又可以喷泡沫的自动喷水灭火系统。

第二节　系统的工作原理与适用范围

不同类型的自动喷水灭火系统,其工作原理、控火效果等均有差异。因此,应根据设置场所的火灾特点、环境条件来确定自动喷水灭火系统的选型。

一、湿式系统

(一)工作原理

湿式系统在准工作状态时,由消防水箱或稳压泵、气压给水设备等稳压设施维持管道内充水的压力。发生火灾时,在火灾温度的作用下,闭式洒水喷头的热敏元件动作,洒水喷头开启并开始喷水。此时,管网中的水由静止变为流动,水流指示器动作送出电信号,在报警控制器上显示某一区域喷水的信息。由于持续喷水泄压造成湿式报警阀的上部水压低于下部水压,在压力差的作用下,原来处于关闭状态的湿式报警阀自动开启。此时压力水通过湿式报警阀流向管网,同时打开通向水力警铃的通道,延迟器充满水后,水力警铃发出声响警报,压力开关动作并输出启动供水泵的信号。供水泵投入运行后,完成系统的启动过程。湿式系统的工作原理如图 4.7 所示。

(二)适用范围

湿式系统是应用最广泛的自动喷水灭火系统,适合在环境温度不低于 4 ℃并不高于 70 ℃的环境中使用。低于 4 ℃的场所使用湿式系统,存在系统管道和组件内充水冰冻的危险;高于 70 ℃的场所采用湿式系统,存在系统管道和组件内充水气压升高而破坏管道的危险。

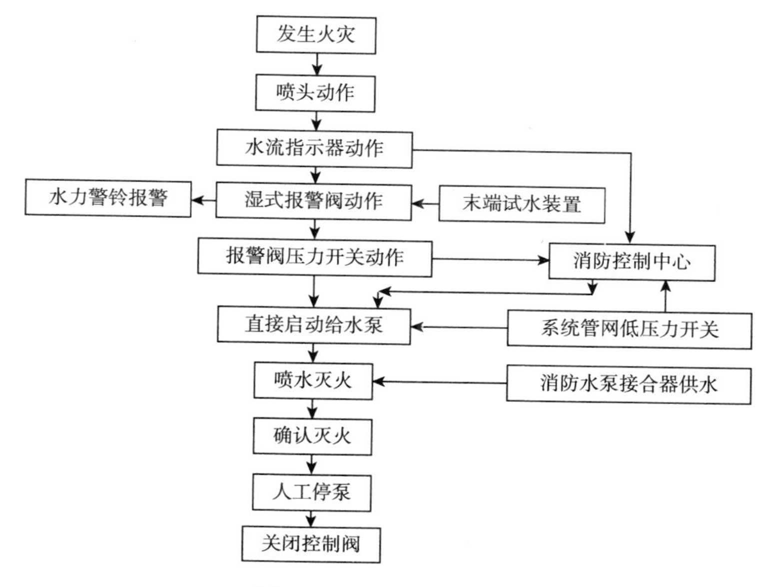

图 4.7 湿式系统原理图

二、干式系统

(一)工作原理

干式系统在准工作状态时,由消防水箱或稳压泵、气压给水设备等稳压设施维持干式报警阀入口前管道内充水的压力,报警阀出口后的管道内充满有压气体(通常采用压缩空气),报警阀处于关闭状态。发生火灾时,在火灾温度的作用下,闭式洒水喷头的热敏元件动作,闭式洒水喷头开启,使干式阀出口压力下降,加速器动作后促使干式报警阀迅速开启,管道开始排气充水,剩余压缩空气从系统最高处的排气阀和开启的洒水喷头处喷出,此时通向水力警铃和压力开关的通道被打开,水力警铃发出声响警报,压力开关动作并输出启泵信号,启动系统供水泵;管道完成排气充水过程后,开启的洒水喷头开始喷水。从闭式洒水喷头开启至供水泵投入运行前,由消防水箱、气压给水设备或稳压泵等供水设施为系统的配水管道充水。干式系统的工作原理见图 4.8。

(二)适用范围

干式系统适用于环境温度低于 4 ℃或高于 70 ℃的场所。干式系统虽然解决了湿式系统不适用于高、低温环境场所的问题,但由于准工作状态时配水管道内没有水,洒水喷头动作、系统启动时必须经过一个管道排气充水的过程,因此,会出现滞后喷水现象,不利于系统及时控火灭火。

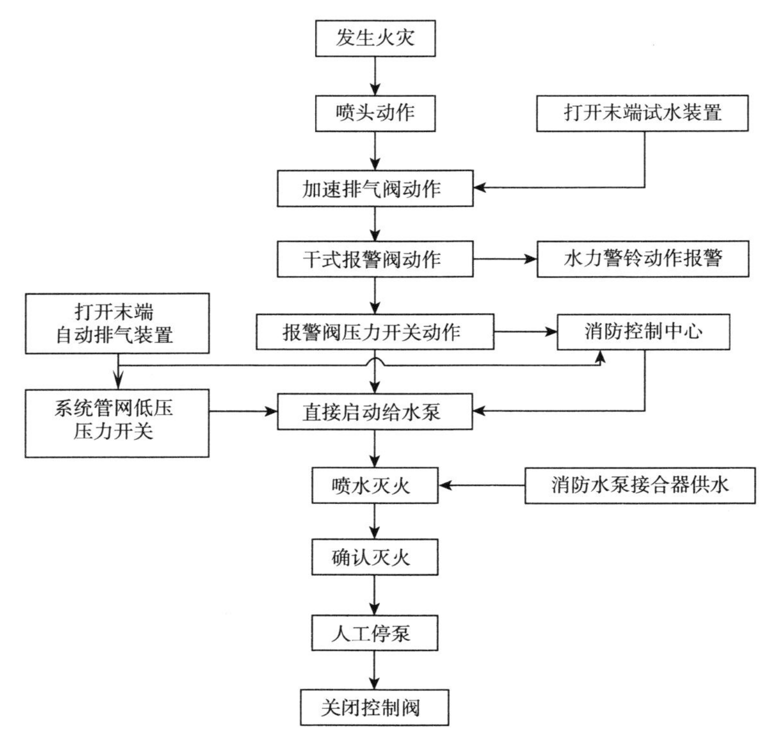

图 4.8 干式系统原理图

三、预作用系统

(一)工作原理

系统处于准工作状态时,由消防水箱或稳压泵、气压给水设备等稳压设施维持雨淋阀入口前管道内充水的压力,雨淋阀后的管道内平时无水或充以有压气体。发生火灾时,由火灾自动报警系统自动开启雨淋报警阀,配水管道开始排气充水,使系统在闭式洒水喷头动作前转换成湿式系统,并在闭式洒水喷头开启后立即喷水。预作用系统的工作原理见图 4.9。

(二)适用范围

预作用系统可消除干式系统在洒水喷头开放后延迟喷水的弊病,因此,预作用系统可在低温和高温环境中替代干式系统。系统处于准工作状态时,严禁管道漏水,严禁系统误喷的忌水场所,应采用预作用系统。

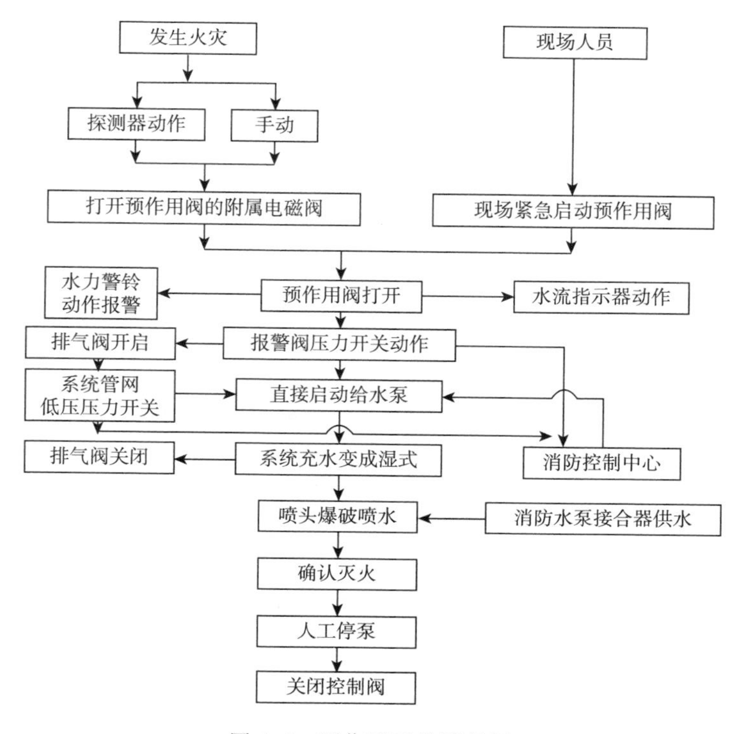

图 4.9 预作用系统原理图

四、雨淋系统

(一)工作原理

系统处于准工作状态时,由消防水箱或稳压泵、气压给水设备等稳压设施维持雨淋阀入口前管道内充水的压力。发生火灾时,由火灾自动报警系统或传动管控制,自动开启雨淋报警阀和供水泵,向系统管网供水,由雨淋阀控制的开式洒水喷头同时喷水。雨淋系统的工作原理见图 4.10。

(二)适用范围

雨淋系统的喷水范围由雨淋阀控制,因此在系统启动后立即大面积喷水。因此,雨淋系统主要适用于需大面积喷水、快速扑灭火灾的特别危险场所。火灾的水平蔓延速度快、闭式洒水喷头的开放不能及时使喷水有效覆盖着火区域,或室内净空高度超过一定高度,且必须迅速扑救初期火灾的,或属于严重危险级Ⅱ级的场所,应采用雨淋系统。

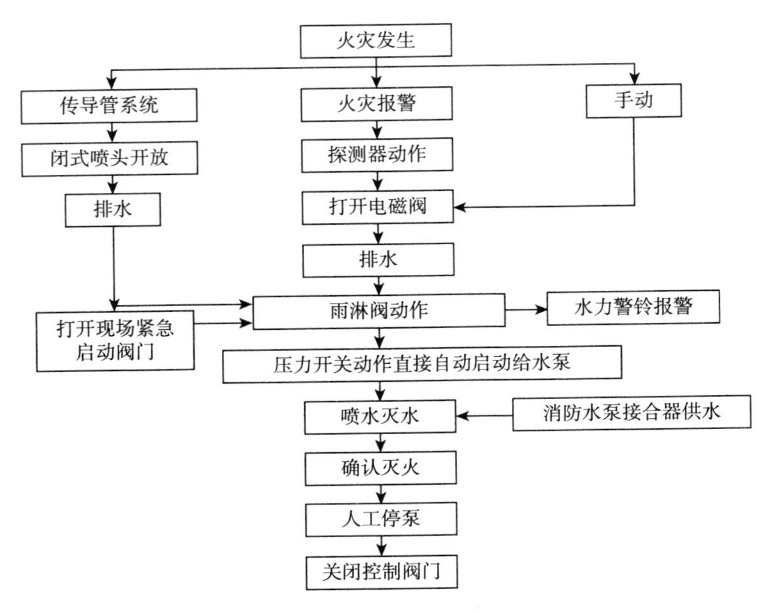

图 4.10 雨淋系统原理图

五、水幕系统

(一)工作原理

系统处于准工作状态时，由消防水箱或稳压泵、气压给水设备等稳压设施维持管道内充水的压力。发生火灾时，由火灾自动报警系统联动开启雨淋报警阀组和供水泵，向系统管网和洒水喷头供水。

(二)适用范围

防火分隔水幕系统利用密集喷洒形成的水墙或多层水帘，可封堵防火分区处的孔洞，阻挡火灾和烟气的蔓延，因此，适用于局部防火分隔处。防护冷却水幕系统则利用喷水在物体表面形成的水膜，控制防火分区处分隔物的温度，使分隔物的完整性和隔热性免遭火灾破坏。

六、系统选型

自动喷水灭火系统的系统选型，应根据设置场所的火灾特点或环境条件确定。

(1)露天场所不宜采用闭式系统。

(2)环境温度不低于 4 ℃且不高于 70 ℃的场所，应采用湿式系统。

(3)环境温度低于 4 ℃或高于 70 ℃的场所，应采用干式系统。

(4)具有下列要求之一的场所应采用预作用系统：

①系统处于准工作状态时严禁误喷的场所；

②系统处于准工作状态时严禁管道充水的场所；

③用于替代干式系统的场所。

(5)灭火后必须及时停止喷水的场所，应采用重复启闭预作用系统。

(6)具有下列条件之一的场所，应采用雨淋系统：

①火灾的水平蔓延速度快、闭式洒水喷头的开放不能及时使喷水有效覆盖着火区域的场所；

②设置场所的净空高度超过闭式系统最大允许净空高度，且必须迅速扑救初期火灾的场所；

③火灾危险等级为严重危险级Ⅱ级的场所。

(7)符合下列条件之一的场所，宜采用设置早期抑制快速响应洒水喷头的自动喷水灭火系统。

①最大净空高度不超过 13.5 m 且最大储物高度不超过 12.0 m，储物类别为仓库危险级Ⅰ、Ⅱ级或沥青制品、箱装不发泡塑料的仓库及类似场所；

②最大净空高度不超过 12.0 m 且最大储物高度不超过 10.5 m，储物类别为袋装不发泡塑料、箱装发泡塑料和袋装发泡塑料的仓库及类似场所。

第三节 系统设计主要参数

自动喷水灭火系统的设计应以《自动喷水灭火系统设计规范》(GB 50084)等国家现行规范和标准为依据，根据设置场所和保护对象特点，确定火灾危险等级、防护目的和设计基本参数。

一、火灾危险等级

自动喷水灭火系统设置场所的火灾危险等级，共分为 4 类 8 级，即轻危险级、中危险级(Ⅰ、Ⅱ级)、严重危险级(Ⅰ、Ⅱ级)和仓库危险级(Ⅰ、Ⅱ、Ⅲ级)。

1. 轻危险级场所

一般指可燃物品较少、火灾放热速率较低、外部增援和人员疏散较容易的场所。

2. 中危险级场所

一般指内部可燃物数量、火灾放热速率为中等，火灾初期不会引起剧烈燃烧的场所。大部分民用建筑和工业厂房划归为中危险级。根据此类场所种类多、范围广的特点，划分为中Ⅰ级和中Ⅱ级。

3. 严重危险级场所

一般指火灾危险性大，且可燃物品数量多，火灾时容易引起猛烈燃烧并可能迅速蔓延的场所。此类又分为两级。

4. 仓库危险级场所

根据仓库储存物品及其包装材料的火灾危险性，将仓库危险等级划分为Ⅰ、Ⅱ、Ⅲ级。仓库火灾危险Ⅰ级场所一般是指储存食品、烟酒以及用木箱、纸箱包装的不燃难燃物品的场所；仓库火灾危险Ⅱ级场所一般是指储存木材、纸、皮革等物品和用各种塑料瓶盒包装的不燃物品及各类物品混杂储存的场所；仓库火灾危险Ⅲ级场所一般是指储存A组塑料与橡胶及其制品等物品的场所。

常见自动喷水灭火系统设置场所火灾危险等级划分举例见表4.1。

表4.1 自动喷水灭火系统设置场所火灾危险等级举例

火灾危险等级		设置场所
轻危险级		住宅建筑、幼儿园、老年人建筑、建筑高度为24 m及以下的旅馆、办公楼；仅在走道设置闭式系统的建筑等
中危险级	Ⅰ级	(1)高层民用建筑：旅馆、办公楼、综合楼、邮政楼、金融电信楼、指挥调度楼、广播电视楼(塔)等。 (2)公共建筑(含单多高层)：医院、疗养院；图书馆(书库除外)、档案馆、展览馆(厅)；影剧院、音乐厅和礼堂(舞台除外)及其他娱乐场所；火车站、机场及码头的建筑；总建筑面积小于5000 m^2 的商场、总建筑面积小于1000 m^2 的地下商场等。 (3)文化遗产建筑：木结构古建筑、国家文物保护单位等。 (4)工业建筑：食品、家用电器、玻璃制品等工厂的备料与生产车间等；冷藏库、钢屋架等建筑构件
	Ⅱ级	(1)民用建筑：书库、舞台(葡萄架除外)、汽车停车场(库)、总建筑面积5000 m^2 及以上的商场、总建筑面积1000 m^2 及以上的地下商场、净空高度不超过8 m、物品高度不超过3.5 m的超级市场等。 (2)工业建筑：棉毛麻丝及化纤的纺织、织物及制品、木材木器及胶合板、谷物加工、烟草及制品、饮用酒(啤酒除外)、皮革及制品、造纸及纸制品、制药等工厂的备料与生产车间
严重危险级	Ⅰ级	印刷厂、酒精制品、可燃液体制品等工厂的备料与车间，净空高度不超过8 m、物品高度不超过3.5 m的超级市场等
	Ⅱ级	易燃液体喷雾操作区域、固体易燃物品、可燃的气溶胶制品、溶剂清洗、喷涂油漆、沥青制品等工厂的备料及生产车间、摄影棚、舞台葡萄架下部
仓库危险级	Ⅰ级	食品、烟酒；木箱、纸箱包装的不燃、难燃物品等
	Ⅱ级	木材、纸、皮革、谷物及制品、棉毛麻丝化纤及制品、家用电器、电缆、B组塑料与橡胶及其制品、钢塑混合材料制品、各种塑料瓶盒包装的不燃、难燃物品及各类物品混杂储存的仓库等
	Ⅲ级	A组塑料与橡胶及其制品；沥青制品等

注：

A组：丙烯腈—丁二烯—苯乙烯共聚物(ABS)、缩醛(聚甲醛)、聚甲基丙烯酸甲酯、玻璃纤维增强聚酯(FRP)、热塑性聚酯(PET)、聚丁二烯、聚碳酸酯、聚乙烯、聚丙烯、聚苯乙烯、聚氨基甲酸酯、高增塑聚氯乙烯(PVC,如人造革、胶片等)、苯乙烯—丙烯腈(SAN)等。丁基橡胶、乙丙橡胶(EPDM)、发泡类天然橡胶、腈橡胶(丁腈橡胶)、聚酯合成橡胶、丁苯橡胶(SBR)等。

B组：醋酸纤维素、醋酸丁酸纤维素、乙基纤维素、氟塑料、锦纶(锦纶6、锦纶6/6)、三聚氰胺甲醛、酚醛塑料、硬聚氯乙烯(PVC,如管道、管件等)、聚偏二氟乙烯(PVDC)、聚偏氟乙烯(PVDF)、聚氟乙烯(PVF)、脲甲醛等。氯丁橡胶、不发泡类天然橡胶、硅橡胶等。粉末、颗粒、压片状的A组塑料。

二、系统设计基本参数

自动喷水灭火系统的设计参数应根据建筑物的不同用途、规模及其火灾危险等级等因数确定。

(一)民用建筑和厂房的系统设计基本参数

对于民用建筑和厂房，系统设计基本参数应符合表 4.2 的要求。仅在走道设置单排闭式洒水喷头的闭式系统，其作用面积应按最大疏散距离所对应的走道面积确定；在装有网格、栅板类通透性吊顶的场所，系统的喷水强度应按表 4.2 规定值的 1.3 倍确定；干式系统的作用面积按表 4.2 规定值的 1.3 倍确定。

表 4.2 民用建筑和厂房采用湿式系统的设计基本参数

火灾危险等级		净空高度 h/m	喷水强度 /[L/(min·m²)]	作用面积/m²
轻危险级		$h \leqslant 8$	4	160
中危险级	Ⅰ级		6	
	Ⅱ级		8	
严重危险级	Ⅰ级		12	260
	Ⅱ级		16	

注：1. 系统最不利点处洒水喷头的工作压力不应低于 0.05 MPa；

2. 系统的持续喷水时间，应按火灾延续时间不小于 1 h 确定。

(二)民用建筑和厂房高大空间场所系统设计基本参数

民用建筑和厂房高大空间场所采用湿式系统的设计基本参数不应低于表 4.3 的规定。

最大净空高度超过 8 m 的超级市场采用湿式系统设计的基本参数应参照仓库相关的规定执行。

表 4.3 民用建筑和厂房高大空间场所采用湿式系统的系统设计基本参数

适用场所		净空高度 h/m	喷水强度 /[L/(min·m²)]	作用面积 /m²	洒水喷头最大间距 S/m
民用建筑	中庭、体育馆、航站楼等	$8<h \leqslant 12$	12	160	$1.8 \leqslant S \leqslant 3.0$
		$12<h \leqslant 18$	15		
	影剧院、音乐厅、会展中心等	$8<h \leqslant 12$	15		
		$12<h \leqslant 18$	20		
厂房	制衣制鞋、玩具、木器、电子生产车间等	$8<h \leqslant 12$	15		
	棉纺厂、麻纺厂、泡沫塑料生产车间等		20		

(三)仓库及类似场所采用湿式系统的设计基本参数

1. 堆垛储物仓库

危险级Ⅰ级、Ⅱ级堆垛储物仓库和Ⅲ级分类堆垛储物仓库的系统设计基本参数分别不应低于表4.4和表4.5的规定。

表4.4 Ⅰ级、Ⅱ级堆垛储物仓库的系统设计基本参数(例举)

火灾危险等级	最大净空高度 h/m	储物高度 h_s/m	喷水强度 /[L/(min·m²)]	作用面积 /m²	持续喷水时间 /h
仓库危险级Ⅰ级	9.0	$h_s \leq 3.5$	8	160	1.0
		$3.5 < h_s \leq 6.0$	10	200	1.5
		$6.0 < h_s \leq 7.5$	14		
仓库危险级Ⅱ级		$h_s \leq 3.5$	8	160	1.5
		$3.5 < h_s \leq 6.0$	16	200	2.0
		$6.0 < h_s \leq 7.5$	22		

注:货架储物高度大于7.5 m时,应设置货架内置洒水喷头。

表4.5 Ⅲ级分类堆垛储物仓库的系统设计基本参数

最大储物高度 h_s/m	最大净空高度 h/m	喷水强度/[L/(min·m²)]				作用面积 /m²	持续喷水时间/h
		袋装与无包装的发泡塑料、橡胶	箱装发泡塑料、橡胶	无包装与袋装的不发泡塑料、橡胶	箱装的不发泡塑料、橡胶		
1.5	7.5	8.0				240	2
3.5	4.5	16.0	16.0	12.0	12.0		
	6.0	24.5	22.0	20.5	16.5		
	9.0	32.5	28.5	24.5	18.5		
4.5	6.0	24.5	22.5	20.5	16.5		
6.0	7.5	32.5	28.5	24.5	18.5		
7.5	9.0	36.5	34.5	28.5	22.5		

2. 货架储物仓库

危险级Ⅰ级、Ⅱ级仓库危险级的货架储物仓库,系统的设计基本参数应符合表4.6的要求。

表 4.6 Ⅰ级、Ⅱ级货架储物仓库的系统设计基本参数

<table>
<tr><th>最大净空高度 h/m</th><th>储存方式</th><th>火灾危险等级</th><th>储物高度 h_s/m</th><th>喷水强度 /[L/(min·m^2)]</th><th>作用面积 /m^2</th><th>持续喷水时间 /h</th></tr>
<tr><td rowspan="14">9.0</td><td rowspan="8">单排、双排、多排货架</td><td rowspan="4">仓库危险级Ⅰ级</td><td>$h_s\leqslant3.0$</td><td>6</td><td rowspan="2">160</td><td rowspan="4">1.5</td></tr>
<tr><td>$3.0<h_s\leqslant3.5$</td><td>8</td></tr>
<tr><td>$3.5<h_s\leqslant6.0$</td><td>18</td><td rowspan="2">200</td></tr>
<tr><td>$6.0<h_s\leqslant7.5$</td><td>14+1 J</td></tr>
<tr><td rowspan="4">仓库危险级Ⅱ级</td><td>$h_s\leqslant3.0$</td><td>8</td><td>160</td><td rowspan="2">1.5</td></tr>
<tr><td>$3.0<h_s\leqslant3.5$</td><td>12</td><td>200</td></tr>
<tr><td>$3.5<h_s\leqslant6.0$</td><td>24</td><td>280</td><td rowspan="2">2.0</td></tr>
<tr><td>$6.0<h_s\leqslant7.5$</td><td>22+1 J</td><td rowspan="7">200</td></tr>
<tr><td rowspan="6">多排货架</td><td rowspan="3">仓库危险级Ⅰ级</td><td>$3.5<h_s\leqslant4.5$</td><td>12</td><td rowspan="3">1.5</td></tr>
<tr><td>$4.5<h_s\leqslant6.0$</td><td>18</td></tr>
<tr><td>$6.0<h_s\leqslant7.5$</td><td>18+1 J</td></tr>
<tr><td rowspan="3">仓库危险级Ⅱ级</td><td>$3.5<h_s\leqslant4.5$</td><td>18</td><td rowspan="3">2.0</td></tr>
<tr><td>$4.5<h_s\leqslant6.0$</td><td>18+1 J</td></tr>
<tr><td>$6.0<h_s\leqslant7.5$</td><td>18+2 J</td></tr>
</table>

注：表中字母 J 表示货架内置洒水喷头，J 前的数字表示货架内置洒水喷头的层数。

3．混储仓库

当危险级Ⅰ级、Ⅱ级仓库危险级的仓库中混杂储存有Ⅲ级仓库危险级的货品时，系统的设计基本参数应符合表 4.7 的要求。

表 4.7 混储仓库的系统设计基本参数

<table>
<tr><th>储存货品类别</th><th>储存方式</th><th>储物高度 h_s/m</th><th>最大净空高度 h/m</th><th>喷水强度 /[L/(min·m^2)]</th><th>作用面积 /m^2</th><th>持续喷水时间 /h</th></tr>
<tr><td rowspan="6">储物中包括沥青制品或箱装 A 组塑料、橡胶</td><td rowspan="4">堆垛/货架</td><td>$h_s\leqslant1.5$</td><td>9.0</td><td>8</td><td>160</td><td>1.5</td></tr>
<tr><td>$1.5<h_s\leqslant3.0$</td><td>4.5</td><td>12</td><td>240</td><td>2.0</td></tr>
<tr><td>$1.5<h_s\leqslant3.0$</td><td>6.0</td><td rowspan="2">16</td><td rowspan="2">240</td><td rowspan="2">2.0</td></tr>
<tr><td>$3.0<h_s\leqslant3.5$</td><td>5.0</td></tr>
<tr><td>堆垛</td><td>$3.0<h_s\leqslant3.5$</td><td>8.0</td><td>16</td><td>240</td><td>2.0</td></tr>
<tr><td>货架</td><td>$1.5<h_s\leqslant3.5$</td><td>9.0</td><td>8+1 J</td><td>160</td><td>2.0</td></tr>
<tr><td rowspan="4">储物中包括袋装 A 组塑料、橡胶</td><td rowspan="3">堆垛/货架</td><td>$h_s\leqslant1.5$</td><td>9.0</td><td>8</td><td>160</td><td>1.5</td></tr>
<tr><td>$1.5<h_s\leqslant3.0$</td><td>4.5</td><td rowspan="2">16</td><td rowspan="2">240</td><td rowspan="2">2.0</td></tr>
<tr><td>$3.0<h_s\leqslant3.5$</td><td>5.0</td></tr>
<tr><td>堆垛</td><td>$1.5<h_s\leqslant2.5$</td><td>9.0</td><td>16</td><td>240</td><td>2.0</td></tr>
<tr><td>储物中包括袋装不发泡 A 组塑料、橡胶</td><td>堆垛/货架</td><td>$1.5<h_s\leqslant3.0$</td><td>6.0</td><td>16</td><td>240</td><td>2.0</td></tr>
</table>

续表

储存货品类别	储存方式	储物高度 h_s/m	最大净空高度 h/m	喷水强度 /[L/(min·m²)]	作用面积 /m²	持续喷水时间 /h
储物中包括袋装发泡A组塑料、橡胶	货架	$1.5<h_s\leqslant3.0$	6.0	8+1 J	160	2.0
储物中包括轮胎或纸卷	堆垛/货架	$1.5<h_s\leqslant3.5$	9.0	12	240	2.0

注：1. 无包装的塑料橡胶视同纸袋、塑料袋包装。

2. 货架内置洒水喷头应采用与顶板下洒水喷头相同的喷水强度，用水量应按开放6只洒水喷头确定。

4. 采用早期抑制快速响应洒水喷头的仓库

采用早期抑制快速响应洒水喷头的仓库，其系统设计基本参数不应低于表4.8的规定。

表4.8 采用早期抑制快速响应洒水喷头仓库系统设计基本参数(例举)

<table>
<tr><th>储物类别</th><th>最大净空高度/m</th><th>最大储物高度/m</th><th>洒水喷头流量系数</th><th>洒水喷头设置方式</th><th>洒水喷头最大间距/m</th><th>作用面积内开放的洒水喷头数</th><th>洒水喷头最低工作压力/MPa</th></tr>
<tr><td rowspan="8">Ⅰ级、Ⅱ级、沥青制品、箱装不发泡塑料</td><td rowspan="4">9.0</td><td rowspan="4">7.5</td><td rowspan="2">202</td><td>直立型</td><td rowspan="4">3.7</td><td rowspan="13">12</td><td rowspan="2">0.35</td></tr>
<tr><td>下垂型</td></tr>
<tr><td rowspan="2">242</td><td>直立型</td><td rowspan="2">0.25</td></tr>
<tr><td>下垂型</td></tr>
<tr><td rowspan="2">10.5</td><td rowspan="2">9.0</td><td rowspan="2">202</td><td>直立型</td><td rowspan="4">3.0</td><td rowspan="2">0.50</td></tr>
<tr><td>下垂型</td></tr>
<tr><td>12.0</td><td>10.5</td><td>202</td><td>下垂型</td><td>0.50</td></tr>
<tr><td>13.5</td><td>12.0</td><td>363</td><td>下垂型</td><td>0.35</td></tr>
<tr><td rowspan="4">袋装不发泡塑料</td><td rowspan="2">9.0</td><td rowspan="2">7.5</td><td>202</td><td>下垂型</td><td rowspan="2">3.7</td><td>0.50</td></tr>
<tr><td>242</td><td>下垂型</td><td>0.35</td></tr>
<tr><td>10.5</td><td>9.0</td><td>363</td><td>下垂型</td><td>3.0</td><td>0.35</td></tr>
<tr><td>12.0</td><td>10.5</td><td>363</td><td>下垂型</td><td>3.0</td><td>0.40</td></tr>
<tr><td>箱装发泡塑料</td><td>9.0</td><td>7.5</td><td>320</td><td>下垂型</td><td>3.7</td><td>0.25</td></tr>
</table>

(四)局部应用系统设计基本参数

室内最大净空高度不超过8 m，且保护区域总建筑面积不超过1000 m² 的民用建筑可采用局部应用湿式自动喷水灭火系统，但系统应采用快速响应洒水喷头，喷水强度符合表4.2的规定，持续喷水时间不应低于0.5 h。洒水喷头的选型、布置和作用面积(按开放洒水喷头数确定),应符合下列要求。

1. 采用标准覆盖面积洒水喷头的系统

采用标准覆盖面积洒水喷头的系统,洒水喷头布置应符合轻危险级或中危险级Ⅰ级场所的有关规定,作用面积内开放的洒水喷头数量应符合表 4.9 的规定。

表 4.9 采用标准覆盖面积洒水喷头时作用面积内开放的洒水喷头数

保护区域总建筑面积和最大厅室建筑面积	开放洒水喷头数
保护区域总建筑面积超过 300 m^2 或最大厅室建筑面积超过 200 m^2	10 只
保护区域总建筑面积不超过 300 m^2	最大厅室洒水喷头数+2。当少于 5 个时,取 5 个;当多于 8 个时,取 8 个

2. 采用扩大覆盖面积洒水喷头的系统

采用扩大覆盖面积洒水喷头的系统,作用面积内开放洒水喷头数应按不少于 6 只确定。

(五)水幕系统设计基本参数

水幕系统的设计基本参数应符合表 4.10 的要求。

表 4.10 水幕系统设计基本参数

水幕类别	喷水点高度/m	喷水强度/[L/(s·m)]	洒水喷头工作压力/MPa
防火分隔水幕	≤12	2	0.1
防护冷却水幕	≤4	0.5	

注:防护冷却水幕的喷水点高度每增加 1 m,喷水强度应增加 0.1 L/(s·m),但超过 9 m 时喷水强度仍采用 1.0 L/(s·m)。

当采用防护冷却系统保护防火卷帘、防火玻璃墙等防火分隔设施时,系统应独立设置,且应符合下列要求:

(1)洒水喷头设置高度不应超过 8 m;当设置高度为 4~8 m 时,应采用快速响应洒水喷头。

(2)洒水喷头设置高度不超过 4 m 时,喷水强度不应小于 0.5 L/(s·m);当超过 4 m 时,每增加 1 m,喷水强度应增加 0.1 L/(s·m)。

(3)洒水喷头的设置应确保喷洒到被保护对象后布水均匀,洒水喷头间距应为 1.8~2.4 m;洒水喷头溅水盘与防火分隔设施的水平距离不应大于 0.3 m。

(4)持续喷水时间不应小于系统设置部位的耐火极限要求。

(六)持续喷水时间

除特殊规定外,系统的持续喷水时间,应按火灾延续时间不小于 1.0 h 确定。

第四节　系统主要组件及设置要求

自动喷水灭火系统主要由洒水喷头、报警阀组、水流指示器、压力开关、末端试水装置和管网(管道)等组件组成。本节主要介绍它们的结构组成和设置要求。

一、洒水喷头

根据结构组成和安装方式,洒水喷头分为不同的类型(图 4.11),其设置要求也有所区别。

(一)洒水喷头分类

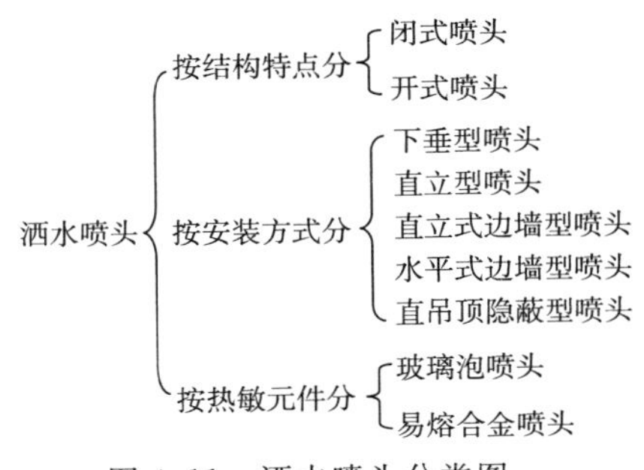

图 4.11　洒水喷头分类图

按结构特点分类,可分为闭式和开式洒水喷头。闭式洒水喷头具有释放机构,由玻璃泡、易熔合金热敏感元件、密封件等零件组成。平时闭式洒水喷头的出水口由释放机构封闭,达到公称动作温度时,玻璃泡破裂或易熔合金热敏感元件熔化,释放机构自动脱落,洒水喷头开启喷水。闭式洒水喷头具有定温探测器和定温阀及布水器的作用。开式洒水喷头(包括水幕洒水喷头)没有释放机构,喷口呈常开状态。各种洒水喷头构造见图 4.12、图 4.13 和图 4.14。

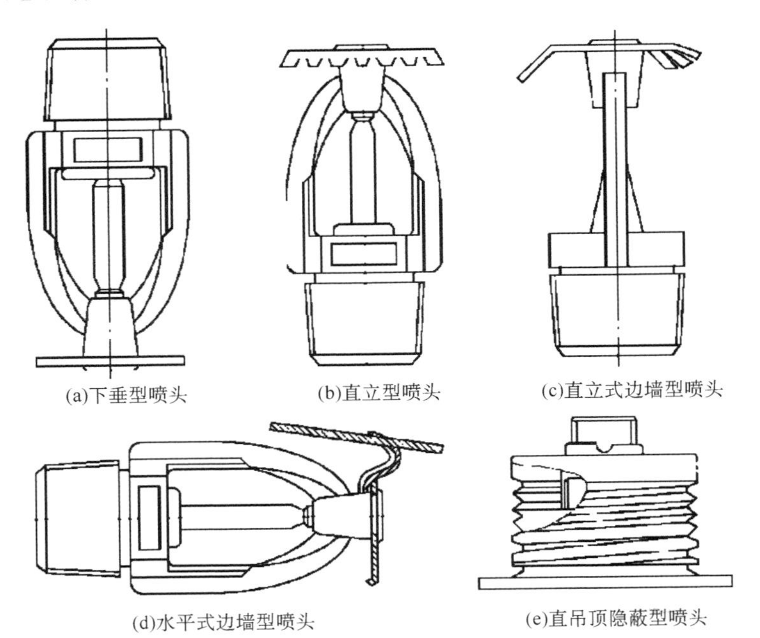

图 4.12　各种闭式洒水喷头构造

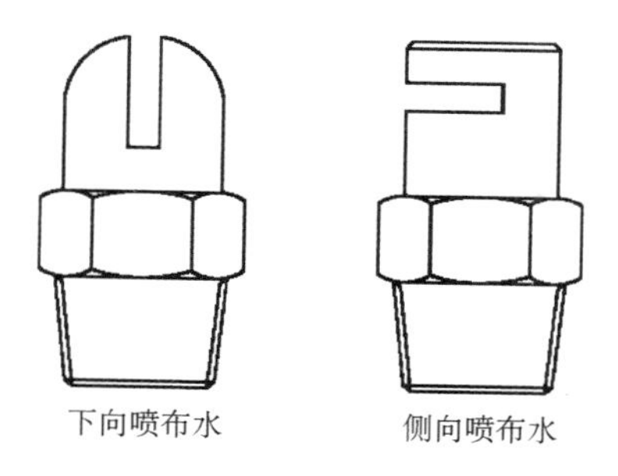

图 4.13 水幕洒水喷头构造

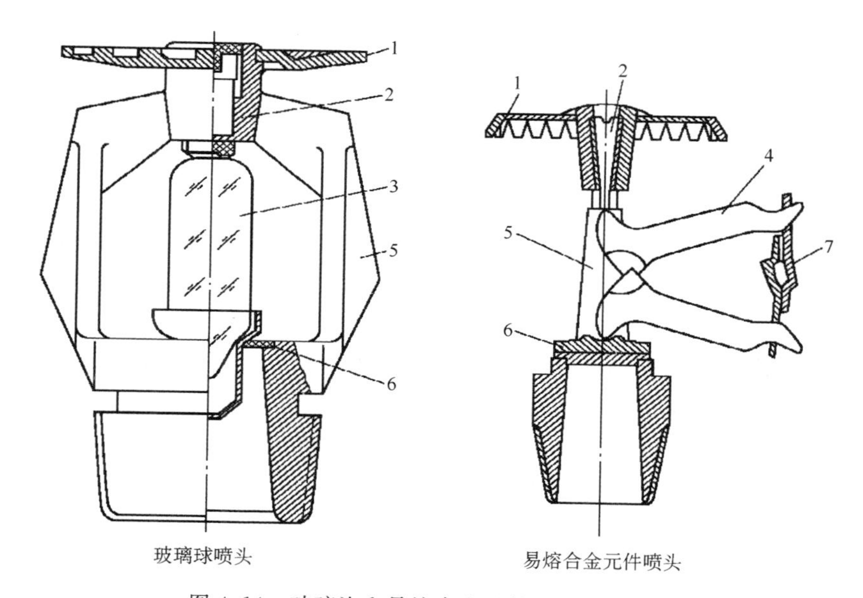

图 4.14 玻璃泡和易熔合金元件洒水喷头构造

1. 溅水盘;2. 调整螺丝;3. 玻璃泡;4. 悬臂支撑;5. 框架;6. 密封垫及封堵;7. 热敏感元件

根据国家标准《自动喷水灭火系统第 1 部分:洒水喷头》(GB 5135.1),玻璃泡洒水喷头的公称动作温度分成 13 个温度等级,易熔合金元件洒水喷头分成 7 个温度等级。为了区分不同公称动作温度的洒水喷头,将感温玻璃泡中的液体和易熔合金洒水喷头的轭臂标识不同的颜色,见表 4.11。

表 4.11 闭式洒水喷头的公称动作温度和色标

玻璃泡洒水喷头		易熔合金洒水喷头	
公称动作温度/℃	工作液色标	公称动作温度/℃	轭臂色标
57	橙	57～77	本色
68	红	80～107	白
79	黄	121～149	蓝

续表

玻璃泡洒水喷头		易熔合金洒水喷头	
公称动作温度/℃	工作液色标	公称动作温度/℃	轭臂色标
93	绿	163～191	红
100	灰	204～246	绿
121	天蓝	260～302	橙
141	蓝	320～343	橙
163	淡紫		
182	紫红		
204	黑		
227	黑		
260	黑		
343	黑		

1. 按热敏性能分类

响应时间指数(response time index,RTI),是闭式洒水喷头的热敏性能指标。

早期抑制快速响应洒水喷头指流量系数 $K\geqslant161$,响应时间指数 $RTI\leqslant28\pm8(m\cdot s)^{0.5}$,用于保护堆垛与高架仓库的标准覆盖面积洒水喷头。

快速响应洒水喷头指响应时间指数 $RTI\leqslant50(m\cdot s)^{0.5}$ 的闭式洒水喷头。

特殊响应洒水喷头指响应时间指数 $50<RTI\leqslant80(m\cdot s)^{0.5}$ 的闭式洒水喷头。

标准响应洒水喷头指响应时间指数 $80<RTI\leqslant350(m\cdot s)^{0.5}$ 的闭式洒水喷头。

2. 按保护面积和流量系数分类

标准覆盖面积洒水喷头指流量系数 $K\geqslant80$,一只洒水喷头的最大保护面积不超过 20 m^2 的直立型、下垂型洒水喷头及一只洒水喷头的最大保护面积不超过 18 m^2 的边墙型洒水喷头。

扩大覆盖面积洒水喷头指流量系数 $K\geqslant80$,一只洒水喷头的最大保护面积大于标准覆盖面积洒水喷头的保护面积,且不超过 36 m^2 的洒水喷头,包括直立型、下垂型和边墙型扩大覆盖面积洒水喷头。

标准流量洒水喷头指流量系数 $K=80$ 的标准覆盖面积洒水喷头。

特殊应用洒水喷头指流量系数 $K\geqslant161$,具有较大水滴粒径,在通过标准试验验证后,可用于民用建筑高大空间场所和仓库的标准覆盖面积洒水喷头,包括非仓库型特殊应用洒水喷头和仓库型特殊应用洒水喷头。

(二)洒水喷头选型与设置要求

1. 洒水喷头选型

(1)对于湿式自动喷水灭火系统,在吊顶下布置洒水喷头时,应采用下垂型或吊顶型洒水喷头;顶板为水平面的轻危险级、中危险级Ⅰ级住宅建筑、宿舍、旅馆建筑客房、医疗建筑病房和办公室,可采用边墙型洒水喷头;易受碰撞的部位,应采用带保护罩的洒水喷头或吊顶型洒水喷头；在不设吊顶的场所内设置洒水喷头，当配水支管布置在梁下时，应采用直立型洒水喷头。

(2)对于干式系统和预作用系统，应采用直立型洒水喷头或干式下垂型洒水喷头。

(3)对于水幕系统，防火分隔水幕应采用开式洒水喷头或水幕洒水喷头，防护冷却水幕应采用水幕洒水喷头。

(4)对于公共娱乐场所，中庭环廊，医院、疗养院的病房及治疗区域，老年、少儿、残疾人的集体活动场所，地下的商业场所，宜采用快速响应洒水喷头。

(5)闭式系统的洒水喷头，其公称动作温度宜高于环境最高温度(30 ℃)。

2. 洒水喷头布置

直立型、下垂型标准覆盖面积洒水喷头的布置，包括同一根配水支管上洒水喷头的间距及相邻配水支管的间距，应根据设置场所的火灾危险等级、洒水喷头的类型和工作压力确定，并应符合表 4.12 的要求。

表 4.12 同一根配水支管上洒水喷头的间距及相邻配水支管的间距

火灾危险等级	正方形布置的边长/m	矩形或平行四边形布置的长边边长/m		一只洒水喷头的最大保护面积/m^2	洒水喷头与端墙的最大距离/m	
		长边	短边		最大	最小
轻危险级	4.4	4.5	4.4	20.0	2.2	0.1
中危险级Ⅰ级	3.6	4.0	3.0	12.5	1.8	
中危险级Ⅱ级	3.4	3.6	3.1	11.5	1.7	
严重危险级、仓库危险级	3.0	3.6	2.5	9.0	1.5	

注：严重危险级或仓库危险级场所宜采用流量系数大于 80 的洒水喷头。

边墙型标准覆盖面积洒水喷头的最大保护跨度和间距应符合表 4.13 的规定。

表 4.13 边墙型标准覆盖面积洒水喷头的最大保护跨度和间距 单位：m

设置场所火灾危险等级	轻危险级	中危险级Ⅰ级
配水支管上洒水喷头的最大间距	3.6	3.0
单排洒水喷头的最大保护跨度	3.6	3.0
两排相对洒水喷头的最大保护跨度	7.2	6.0

注：1. 两排相对洒水喷头应交错布置；

2. 室内跨度大于两排相对洒水喷头的最大保护跨度时，应在两排相对洒水喷头中间增设一排洒水喷头。

边墙型洒水喷头的两侧 1 m 和前方 2 m 范围内，以及顶板或吊顶下不得有阻挡喷水的障碍物。边墙型标准洒水喷头溅水盘与顶板的距离应符合表 4.14 的规定。

表 4.14　边墙型标准覆盖面积洒水喷头布置要求　　单位：mm

喷头类型	溅水盘与顶板的距离	溅水盘与背墙的距离
直立式	100～150	50～100
水平式	150～300	可小于100

二、报警阀组

(一)报警阀组的分类

报警阀组分为湿式报警阀组、干式报警阀组、雨淋报警阀组和预作用报警装置。

1. 湿式报警阀组

(1)湿式报警阀组的组成。湿式报警阀是湿式系统的专用阀门，是只允许水流入系统并在规定压力、流量下驱动配套部件报警的一种单向阀。湿式报警阀组结构为止回阀，开启条件与入口压力及出口流量有关，与延迟器、水力警铃、压力开关、控制阀等组成报警阀组，如图 4.15 所示。

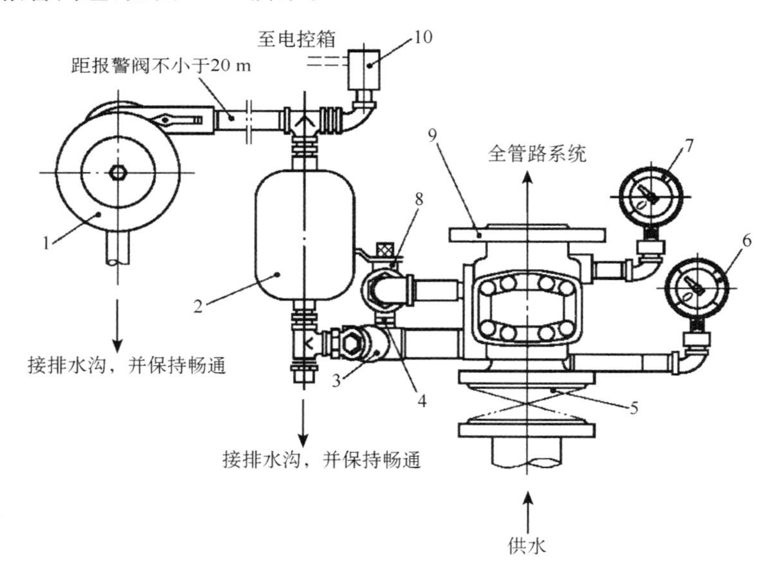

图 4.15　湿式报警阀组

1. 水力警铃；2. 延迟器；3. 过滤器；4. 试验球阀；5. 水源控制阀；6. 进水侧压力表；7. 出水侧压力表；8. 排水球阀；9. 报警阀；10. 压力开关

(2)报警阀工作原理。湿式报警阀组中报警阀的结构有两种，即隔板座圈型和导阀型。隔板座圈型湿式报警阀的结构见图 4.16。

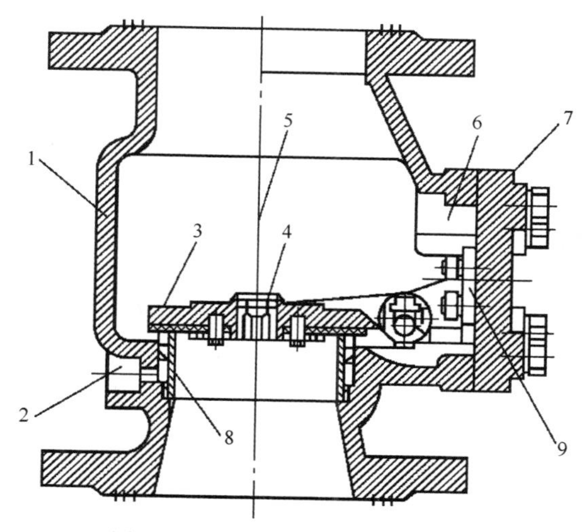

图 4.16 隔板座圈型湿式报警阀

1. 阀体;2. 报警口;3. 阀瓣 .4. 补水单向阀;5. 测试口;6. 检修口;7. 阀盖;8. 座圈;9. 支架

隔板座圈型湿式报警阀上设有进水口、报警口、测试口、检修口和出水口,阀内部设有阀瓣、阀座等组件,是控制水流方向的主要可动密封件。在准工作状态,阀瓣上下充满水,水压强近似相等。由于阀瓣上面与水接触的面积大于下面的水接触面积,阀瓣受到的水压合力向下。在水压力及自重的作用下,阀瓣坐落在阀座上,处于关闭状态。当水源压力出现波动或冲击时,通过补偿器(或补水单向阀)使上下腔压力保持一致,水力警铃不发生报警,压力开关不接通,阀瓣仍处于准工作状态。补偿器具有防止误报或误动作功能。闭式洒水喷头喷水灭火时,补偿器来不及补水,阀瓣上面的水压下降,当下降到使下腔的水压足以开启阀瓣时,下腔的水便向洒水管网及动作洒水喷头供水,同时水沿着报警阀的环形槽进入报警口,流向延迟器、水力警铃,警铃发出声响报警,压力开关开启,给出电接点信号报警并启动自动喷水灭火系统给水泵。

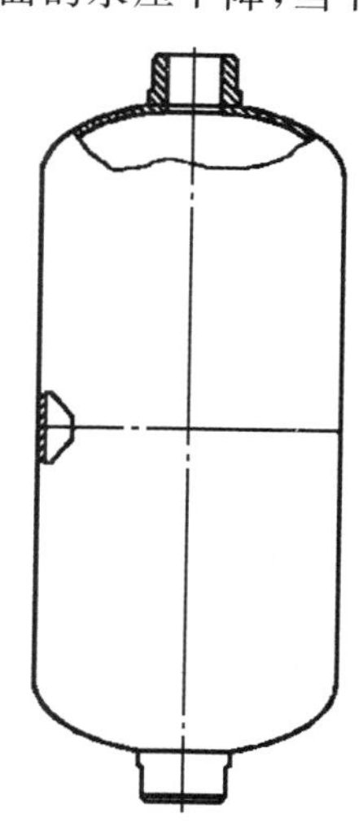

图 4.17 延迟器

(3)延迟器工作原理。延迟器是一个罐式容器,见图 4.17,入口与报警阀的报警水流通道连接,出口与压力开关和水力警铃连接,延迟器入口前安装过滤器。在准工作状态下可防止因压力波动而误报警。当配水管道发生渗漏时,有可能引起湿式报警阀阀瓣的微小开启,使水进入延迟器。但是,由于流量小,进入延迟器的水量会从延迟器底部的节流孔排出,使延迟器无法充满水,更不能从出口流向压力开关和水力警铃。只有当湿式报警阀开启,经报警通道进入延迟器水流将延迟器注满并由出口溢出,才能驱动水力警铃和压力开关。

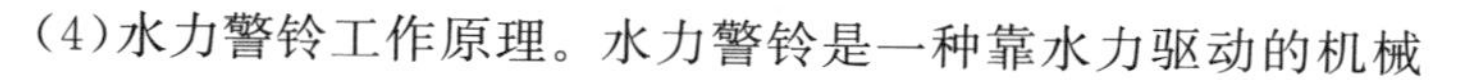
(4)水力警铃工作原理。水力警铃是一种靠水力驱动的机械

警铃，安装在报警阀组的报警管道上。报警阀开启后，水流进入水力警铃并形成一股高速射流，冲击水轮带动铃锤快速旋转，敲击铃盖发出声响警报。水力警铃的构造见图 4.18。

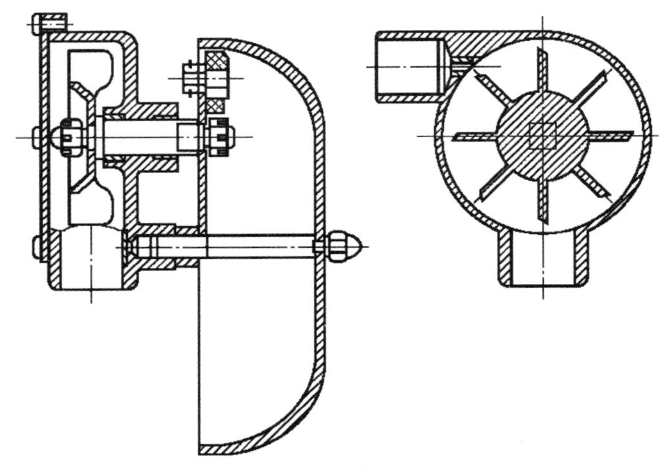

图 4.18　水力警铃构造图

2．干式报警阀组

(1)干式报警阀组的组成。干式报警阀组主要由干式报警阀、水力警铃、压力开关、空压机、安全阀、控制阀等组成，如图 4.19 所示。报警阀的阀瓣将阀门分成两部分，出口侧与系统管路相连，内充压缩空气，进口侧与水源相连，配水管道中的气压抵住阀瓣，使配水管道始终保持干管状态，通过两侧气压和水压的压力变化控制阀瓣的封闭和开启。洒水喷头开启后，干式报警阀自动开启，其后续的一系列动作类似于湿式报警阀组。

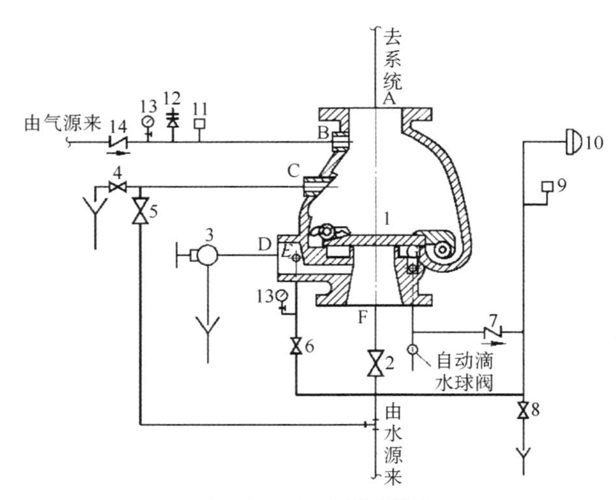

图 4.19　干式报警阀组

A. 报警阀出口；B. 充气口；C. 注水排水口；D. 主排水口；E. 试警铃口；F. 供水口；G. 信号报警口；1. 报警阀；2. 水源控制阀；3. 主排水阀；4. 排水阀；5. 注水阀；6. 试警铃阀；7. 止回阀；8. 小孔阀；9. 压力开关；10. 警铃；11. 低压压力开关；12. 安全阀；13. 压力表；14. 止回阀

(2)干式报警阀工作原理。干式报警阀的构造见图 4.20。其中的阀瓣、水密封阀座、气密封阀座组成隔断水、气的可动密封件。在准工作状态,报警阀处于关闭位置,橡胶面的阀瓣紧紧地合于两个同心的水、气密封阀座上,内侧为水密封圈,外侧为气密封圈,内外侧之间的环形隔离室与大气相通,大气由报警接口配管通向平时开启的自动滴水球阀。在注水口加水,加到打开注水排水阀有水流出为止,然后关闭注水口。注水是为了使气垫圈起密封作用,防止系统中的空气泄漏到隔离室或大气中。只要管道的气压保持在适当值,阀瓣就始终处于关闭状态。

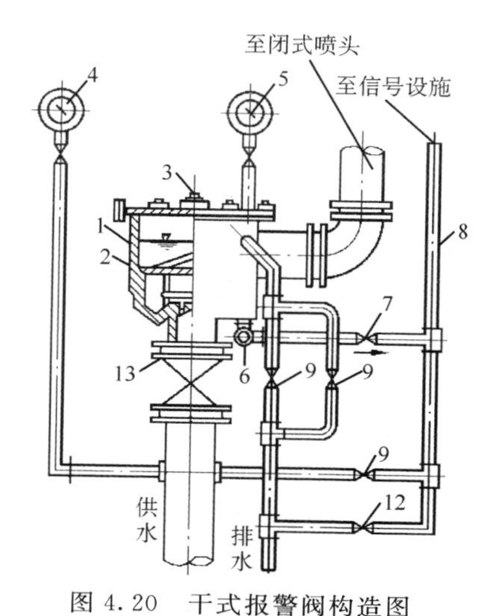

图 4.20 干式报警阀构造图

1. 阀体;2. 差动双盘阀板;3. 充气塞;4. 阀前压力表;5. 阀后压力表;6. 角阀;7. 止回阀;8. 信号管;9. 截止阀;10. 小孔阀;11. 总闸阀

3. 雨淋报警阀组

(1)雨淋报警阀组的组成。雨淋报警阀是通过电动、机械或其他方法开启,使水能够自动流入喷水灭火系统同时进行报警的一种单向阀。按照其结构可分为隔膜式、推杆式、活塞式、蝶阀式雨淋报警阀。雨淋报警阀广泛应用于雨淋系统、水幕系统、水雾系统、泡沫系统等各类开式自动喷水灭火系统中。雨淋报警阀组的组成见图 4.21。

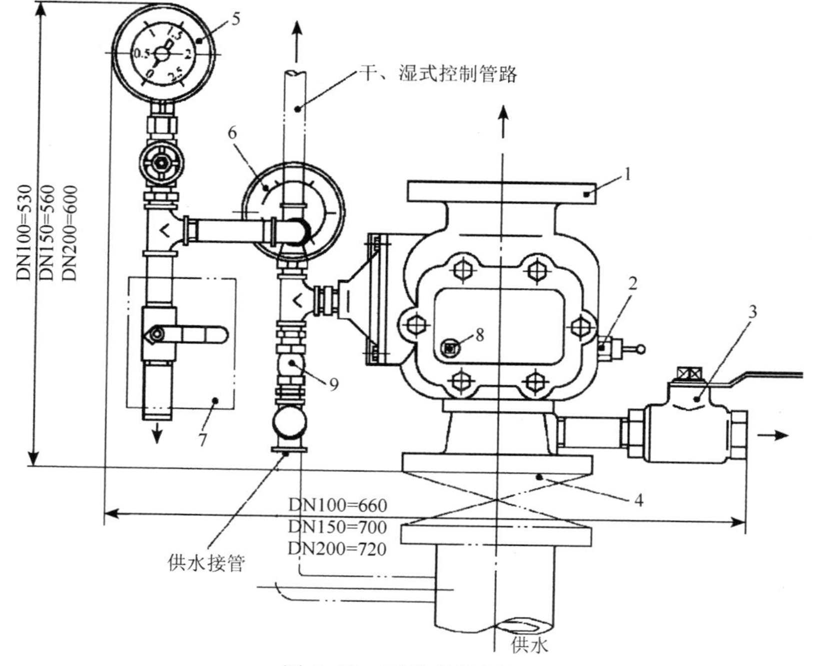

图 4.21 雨淋报警阀组

1. 雨淋阀;2. 自动滴水阀;3. 排水球阀;4. 供水控制阀;5. 隔膜室压力表;6. 供水压力表;7. 紧急手动控制装置;8. 阀碟复位轴;9. 节流阀

(2)雨淋阀工作原理。雨淋阀是水流控制阀，可以通过电动、液动、气动及机械方式开启，其构造见图 4.22。

雨淋阀的阀腔分成上腔、下腔和控制腔三部分。控制腔与供水管道连通，中间设限流传压的孔板。供水管道中的压力水推动控制腔中的膜片，进而推动驱动杆顶紧阀瓣锁定杆，锁定杆产生力矩，把阀瓣锁定在阀座上。阀瓣使下腔的压力水不能进入上腔。控制腔泄压时，使驱动杆作用在阀瓣锁定杆上的力矩低于供水压力作用在阀瓣上的力矩，于是阀瓣开启，供水进入配水管道。

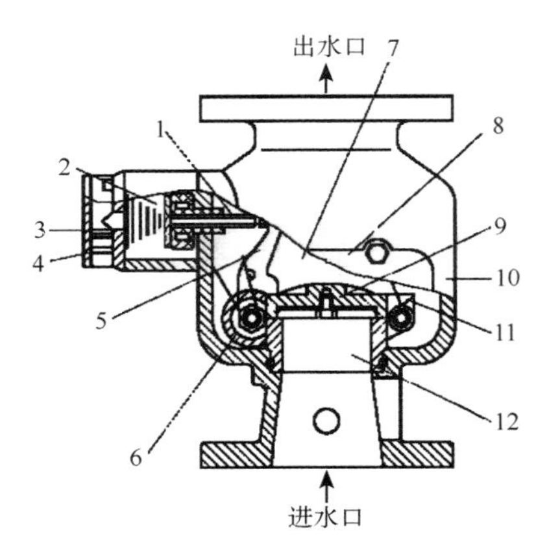

图 4.22 雨淋阀构造示意图

1. 驱动杆总成；2. 侧腔；3. 固锥弹簧；4. 节流孔；5. 锁止机构；6. 复位手轮；7. 上腔；8. 检修盖板；9. 阀瓣总成；10. 阀体总成；11. 复位扭簧；12. 下腔

4. 预作用报警装置

预作用报警装置由预作用报警阀组、控制盘、气压维持装置和空气供给装置等组成，通过电动、气动、机械或者其他方式控制报警阀组开启，使水能够单向流入喷水灭火系统，同时进行报警的一种单向阀组装置。其结构如图 4.23 所示。

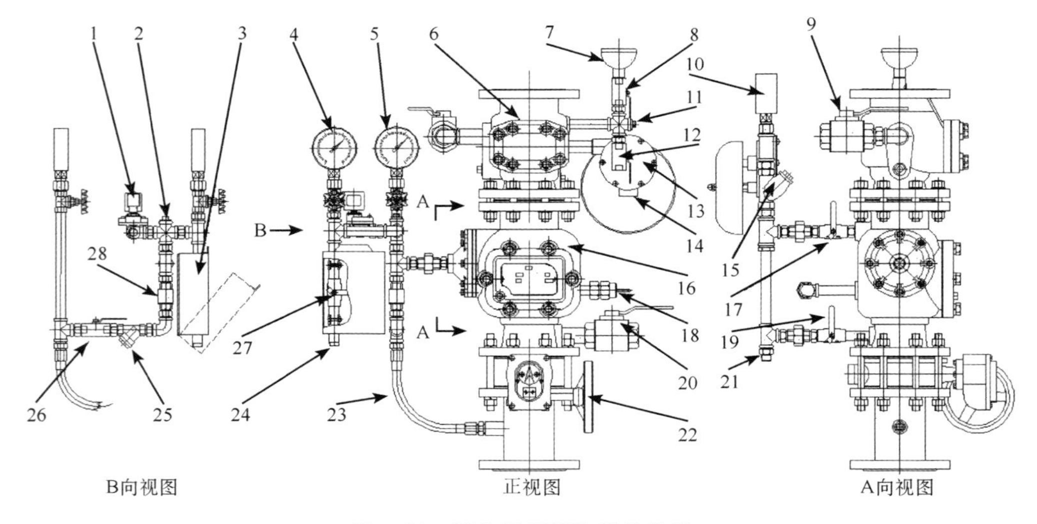

图 4.23 预作用报警装置示意图

1. 启动电磁阀；2. 远程引导启动方式接口；3. 紧急启动盒；4. 隔膜室压力表；5. 补水压力表；6. 隔离单向阀；7. 底水漏斗；8. 加底水阀；9. 试验排水阀；10. 压力开关；11. 压缩空气接口；12. 排多余底水阀；13. 水力警铃；14. 警铃排水口；15. 报警通道过滤器；16. 雨淋报警阀；17. 报警试验阀；18. 滴水阀；19. 报警试验阀；20. 排水阀；21. 报警试验排水口；22. 进水蝶阀；23. 补水软管；24. 紧急启动排水口；25. 补水通道过滤器；26. 补水阀；27. 紧急启动阀；28. 补水隔离单向阀

（二）报警阀组设置要求

自动喷水灭火系统应根据不同的系统型式设置相应的报警阀组。保护室内钢屋架等建筑构件的闭式系统，应设置独立的报警阀组。水幕系统应设置独立的报警阀组或感温雨淋阀。

报警阀组宜设在安全及易于操作、检修的地点，环境温度不低于 4 ℃且不高于 70 ℃，距地面的距离宜为 1.2 m。水力警铃应设置在有人值班的地点附近，其与报警阀连接的管道公称直径应为 20 mm，总长度不宜大于 20 m；水力警铃的工作压力不应大于 0.05 MPa。

一个报警阀组控制的洒水喷头数，对于湿式系统、预作用系统不宜超过 800 只，对于干式系统不宜超过 500 只。串联接入湿式系统配水干管的其他自动喷水灭火系统，应分别设置独立的报警阀组，其控制的洒水喷头数计入湿式阀组控制的洒水喷头总数。每个报警阀组供水的最高和最低位置洒水喷头的高程差不宜大于 50 m。

控制阀安装在报警阀的入口处，用于系统检修时关闭系统。控制阀应保持常开位置，保证系统时刻处于警戒状态。使用信号阀时，其启闭状态的信号反馈到消防控制中心；使用常规阀门时，必须用锁具锁定阀板位置。

三、水流指示器

（一）水流指示器的组成

水流指示器是用于自动喷水灭火系统中将水流信号转换成电信号的一种水流报警装置，一般用于湿式、干式、预作用、循环启闭式、自动喷水与泡沫联用系统中。水流指示器的叶片与水流方向垂直，洒水喷头开启后引起管道中的水流动，当浆片或膜片感知水流的作用力时带动传动轴动作，接通延时线路，延时器开始计时。到达延时设定时间后叶片仍向水流方向偏转无法回位，电触点闭合输出信号。当水流停止时，叶片和动作杆复位，触点断开，信号消除。水流指示器的结构见图 4.24。

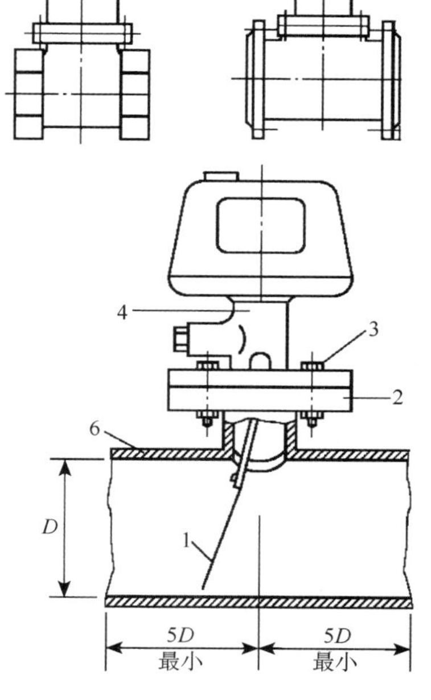

图 4.24 螺纹式和法兰式水流指示器

（二）水流指示器设置要求

水流指示器的功能是及时报告发生火灾的部位。设置闭式自动喷水灭火系统的建筑内，每个防火分区和每个楼层均应设置水流指示器。当水流指示器前端设置控制阀时，应采用信号阀。

仓库内顶板下洒水喷头与货架内洒水喷头应分别设置水流指示器。

四、压力开关

(一)压力开关组成

压力开关是一种压力传感器,是自动喷水灭火系统中的一个部件,其作用是将系统的压力信号转化为电信号,报警阀开启后,报警管道充水,压力开关受到水压的作用后接通电触点,输出报警阀开启及启动供水泵的信号,报警阀关闭时电触点断开。压力开关构造见图 4.25。

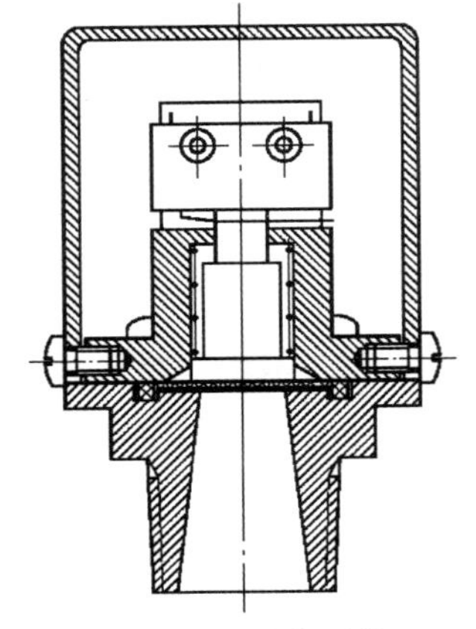

图 4.25 压力开关

(二)压力开关设置要求

压力开关安装在延迟器出口后的报警管道上。自动喷水灭火系统应采用压力开关控制稳压泵,并应能调节启停稳压泵的压力。

雨淋系统和防火分隔水幕,其水流报警装置宜采用压力开关。

五、末端试水装置

(一)装置组成

末端试水装置由试水阀、压力表以及试水接头等组成,其作用是检验系统的可靠性,测试干式系统和预作用系统的管道充水时间。末端试水装置构造见图 4.26。

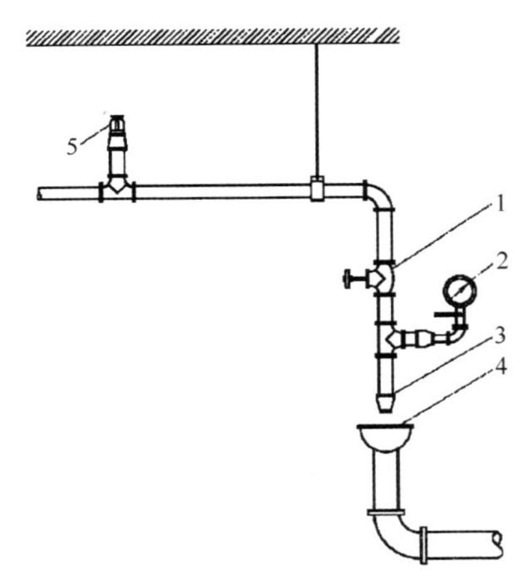

图 4.26 末端试水装置

1. 截止阀;2. 压力表;3. 试水接头;4. 排水漏斗;5. 最不利点处洒水喷头

(二)设置要求

每个报警阀组控制的最不利点洒水喷头处应设置末端试水装置,其他防火分区和楼层应设置直径为 25 mm 的试水阀。

末端试水装置和试水阀应设在便于操作的部位,且应有足够排水能力的排水设施。

末端试水装置应由试水阀、压力表以及试水接头组成。末端试水装置出水口的流量系数 K,应与系统同楼层或同防火分区选用的洒水喷头相等。末端试水装置的出水,应采取孔口出流的方式排入排水管道。

六、管道

以报警阀组为界，如图 4.27 所示，自动喷水灭火系统的管道按以下规则进行命名：

供水管道——报警阀组前的管道。

配水管道——报警阀组后的管道。细分有：配水干管，报警阀后向配水管供水的管道；配水管，向配水支管供水的管道；配水支管，直接或通过短立管向洒水喷头供水的管道；短立管，连接洒水喷头与配水支管的立管。

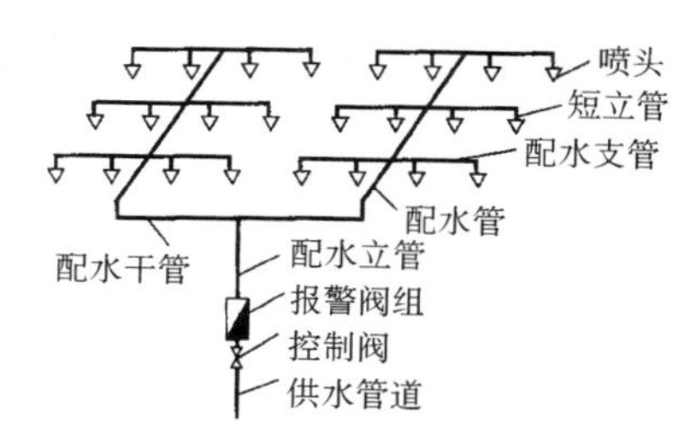

图 4.27 管道命名

配水管道应采用内外壁热镀锌钢管或铜管、涂覆钢管和不锈钢管，其工作压力不应大于 1.20 MPa。系统管道的连接应采用沟槽式连接件(卡箍)或丝扣、法兰连接。配水管两侧每根配水支管控制的标准洒水喷头数，轻、中危险级场所不应超过 8 只，同时在吊顶上下安装洒水喷头的配水支管，上下侧均不超过 8 只。严重危险级和仓库危险级场所不应超过 6 只。短立管及末端试水装置的连接管，其公称直径不应小于 25 mm。

第五节 洒水喷头与管网的布置

一、洒水喷头布置

(一)洒水喷头的流量

每只洒水喷头的流量可按下式计算：

$$q = K\sqrt{10P} \tag{4.1}$$

式中：q——每只洒水喷头的流量(L/min)；

K——洒水喷头的公称流量系数，有多种(表 4.15)；

P——洒水喷头处的工作压力(MPa)。

表 4.15 洒水喷头的公称流量系数

洒水喷头的公称直径/mm	K
10	57
15	80
20	115

(二)每只洒水喷头的保护面积

每只洒水喷头的保护面积,即由四只洒水喷头围成图形的正投影面积,如图 4.28 所示。图中洒水喷头 A、B、C、D 呈正方形布置。四只洒水喷头同时喷水时,假设最不利点相邻四只洒水喷头的流量相等,则每只洒水喷头恰好有四分之一的水量喷洒在 ABCD 面积内,此四只洒水喷头的平均保护面积等于一只洒水喷头的有效保护面积,即:

$$A_1 = \frac{4q_0}{4q_\mu} \tag{4.2}$$

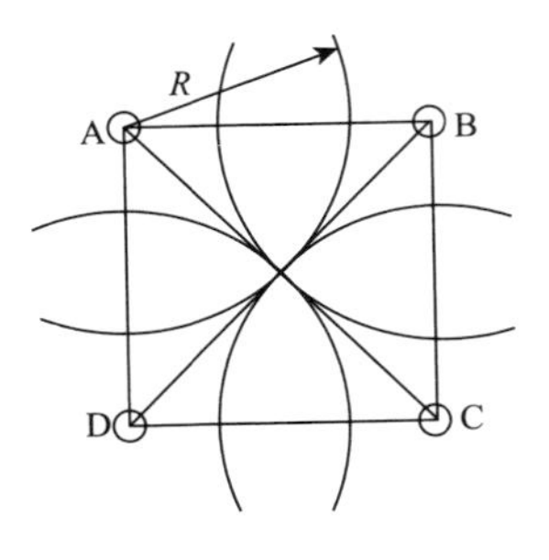

图 4.28　每只洒水喷头的保护面积示意图

式中:A_1——每只洒水喷头的保护面积(m^2);

q_0——最不利点洒水喷头流量(L/min);

q_μ——设计喷水强度(L/min · m^2)。

(三)洒水喷头布置间距

洒水喷头布置间距与系统设计喷水强度、洒水喷头类型、洒水喷头工作压力和洒水喷头的布置形式等有关,其间距确定合理与否,将决定着洒水喷头能否及时动作和按规定强度喷水。

1. 正方形布置洒水喷头间距

正方形布置为同一配水支管上洒水喷头的间距与相邻配水支管间的间距相同,如图 4.29 所示。采用正方形布置时洒水喷头的布置间距可按式(4.3)计算确定。但直立型、下垂型标准洒水喷头间距不应大于表 4.12 的给定值,且不宜小于 2.4 m。

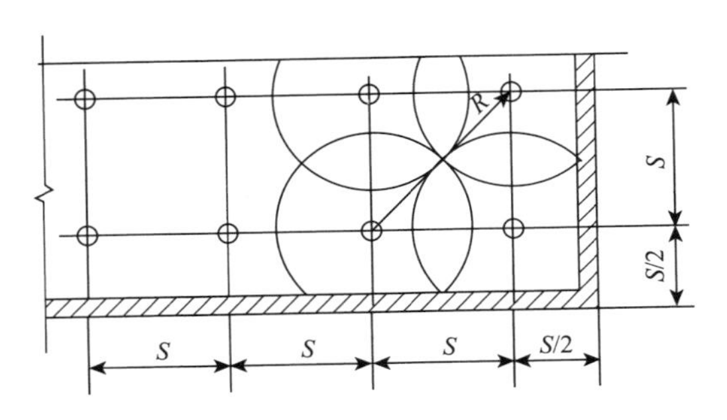

图 4.29　正方形布置示意图

$$S = \sqrt{A_1} \tag{4.3-1}$$

$$A_1 = 2R\cos45^\circ \tag{4.3-2}$$

式中:S——洒水喷头呈正方形布置时的间距(m);

A_1——每只洒水喷头的保护面积(m^2);

R——洒水喷头设计喷水保护半径(m)。

2. 矩形或平行四边形布置洒水喷头间距

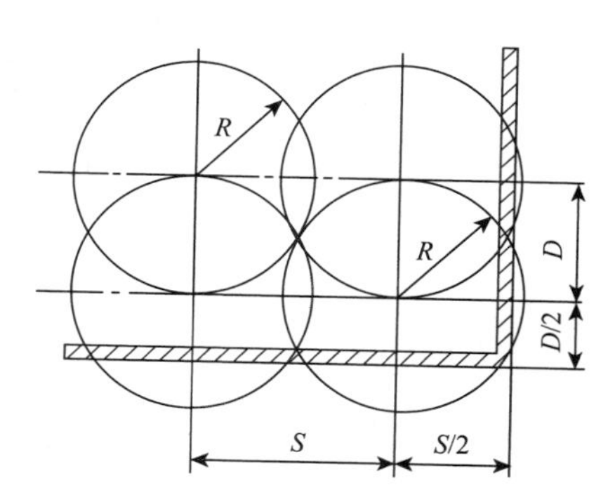

图 4.30 长方形布置示意图

矩形或平行四边形布置为同一根配水支管上洒水喷头的间距大于或小于相邻配水支管的间距，如图 4.30 所示。洒水喷头采用矩形或平行四边形布置时，其长边可按式(4.4)计算。但直立型、下垂型标准洒水喷头间距不应大于表 4.12 的给定值，且不宜小于 2.4 m。

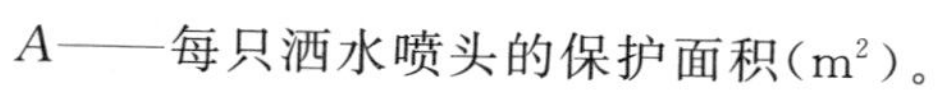

$$S \leqslant (1.05 \sim 1.2)\sqrt{A_1} \qquad (4.4)$$

式中：S——洒水喷头呈矩形或平行四边形布置时的长边长度(m)；

A——每只洒水喷头的保护面积(m^2)。

3. 单排布置洒水喷头时的布置间距

仅在走道内设置单排洒水喷头保护时，其洒水喷头布置应确保走道地面不留漏喷空白点，如图 4.31 所示。洒水喷头布置间距可按下式计算：

$$S = 2\sqrt{R^2 - \left(\frac{b}{2}\right)^2} \qquad (4.5)$$

式中：S——单排布置洒水喷头时的布置间距(m)；

R——喷水有效保护半径(m)；

b——走道的宽度(m)。

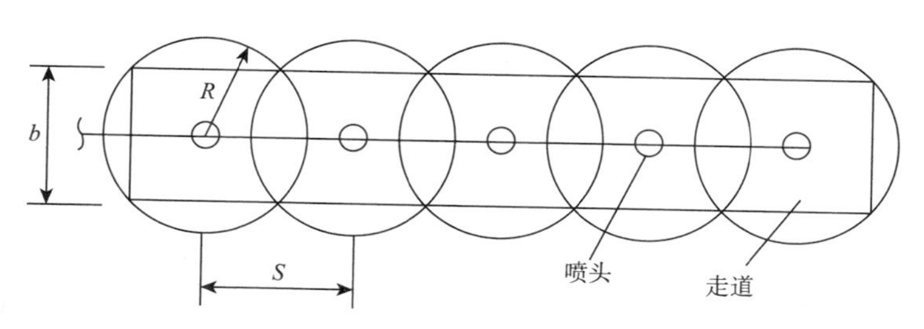

图 4.31 仅在走道设置洒水喷头的示意图

(四)洒水喷头设置的最大净空高度

为确保闭式洒水喷头及时受热开放，并使开放洒水喷头的洒水能有效地覆盖起火部位，充分发挥其灭火作用，要求采用闭式系统设置场所的洒水喷头设置，最大净空高度不应大于表 4.16 的规定。仅用于保护室内钢屋架等建筑构件和设置货架洒水喷头的闭式系统，不受表 4.16 的限制。

表 4.16　洒水喷头的类型和场所最大净空高度

<table>
<tr><th colspan="2" rowspan="2">设置场所</th><th colspan="3">喷头类型</th><th rowspan="2">场所净空高度 h/m</th></tr>
<tr><th>一只喷头的保护面积</th><th>响应时间性能</th><th>流量系数 K</th></tr>
<tr><td rowspan="5">民用建筑</td><td rowspan="2">普通场所</td><td>标准覆盖面积洒水喷头</td><td>快速响应喷头
特殊响应喷头
标准响应喷头</td><td>$K\geq 80$</td><td rowspan="2">$h\leq 8$</td></tr>
<tr><td>扩大覆盖面积洒水喷头</td><td>快速响应喷头</td><td>$K\geq 80$</td></tr>
<tr><td rowspan="3">高大空间场所</td><td>标准覆盖面积洒水喷头</td><td>快速响应喷头</td><td>$K\geq 115$</td><td rowspan="2">$8<h\leq 12$</td></tr>
<tr><td colspan="3">仓库型特殊应用喷头</td></tr>
<tr><td colspan="3">非仓库型特殊应用喷头</td><td>$12<h\leq 18$</td></tr>
<tr><td colspan="2" rowspan="4">厂房</td><td>标准覆盖面积洒水喷头</td><td>特殊响应喷头
标准响应喷头</td><td>$K\geq 80$</td><td rowspan="2">$h\leq 8$</td></tr>
<tr><td>扩大覆盖面积洒水喷头</td><td>标准响应喷头</td><td>$K\geq 80$</td></tr>
<tr><td>标准覆盖面积洒水喷头</td><td>特殊响应喷头
标准响应喷头</td><td>$K\geq 115$</td><td rowspan="2">$8<h\leq 12$</td></tr>
<tr><td colspan="3">非仓库型特殊应用喷头</td></tr>
<tr><td colspan="2" rowspan="3">仓库</td><td>标准覆盖面积洒水喷头</td><td>特殊响应喷头
标准响应喷头</td><td>$K\geq 80$</td><td>$h\leq 9$</td></tr>
<tr><td colspan="3">仓库型特殊应用喷头</td><td>$h\leq 12$</td></tr>
<tr><td colspan="3">早期抑制快速响应喷头</td><td>$h\leq 13.5$</td></tr>
</table>

(五)洒水喷头布置要求

1. 洒水喷头布置的一般规定

(1)洒水喷头应布置在顶板或吊顶下易于接触到火灾热气流并有利于均匀布水的位置。

(2)溅水盘距顶板太近,不便安装维护,且洒水易受影响;太远,洒水喷头感温元件升温较慢,洒水喷头不能及时开启。因此,除吊顶型洒水喷头及吊顶下设置的洒水喷头外,直立型、下垂型标准覆盖面积洒水喷头和扩大覆盖面积洒水喷头溅水盘与顶板的距离应为 75～150 mm,并应符合下列规定:

①当在梁或其他障碍物底面下方的平面上布置洒水喷头时,溅水盘与顶板的距离不应大于 300 mm,同时溅水盘与梁等障碍物底面的垂直距离应为 25～100 mm。

②当在梁间布置洒水喷头时,洒水喷头与梁的距离应符合表 4.17 的规定。确有困难时,溅水盘与顶板的距离不应大于 550 mm。梁间布置的洒水喷头,溅水盘与顶板距离达到 550 mm 仍不能符合表 4.17 的规定时,应在梁底面的下方增设洒水喷头。

③密肋梁板下方设置洒水喷头时,溅水盘与密肋梁板底面的垂直距离应为 25～100 mm。

表 4.17 洒水喷头与梁、通风管道的距离

单位：mm

洒水喷头溅水盘与梁、通风管道底面的最大垂直距离 b			洒水喷头与梁、通风管道的水平距离 a
标准覆盖面积洒水喷头	扩大覆盖面积洒水喷头、家用喷头	特殊应用喷头、早期抑制快速响应喷头	
0	0	0	$a<300$
60	0	40	$300\leqslant a<600$
140	30	140	$600\leqslant a<900$
240	80	250	$900\leqslant a<1200$
350	130	380	$1200\leqslant a<1500$
450	180	550	$1500\leqslant a<1800$
60	230	780	$1800\leqslant a<2100$
880	350	780	$a\geqslant 2100$

④无吊顶的梁间洒水喷头布置可采用不等距方式。

(3)除吊顶型洒水喷头及吊顶下设置的洒水喷头外，直立型、下垂型早期抑制快速响应洒水喷头的溅水盘与顶板的距离，应符合表 4.18 的规定。

表 4.18 早期抑制快速响应洒水喷头的溅水盘与顶板的距离

洒水喷头安装方式	直立型		下垂型	
溅水盘与顶板的距离/mm	不应小于 100	不应大于 150	不应小于 150	不应大于 360

(4)图书馆、档案馆、商场、仓库中的通道上方宜设有洒水喷头。洒水喷头与被保护对象的水平距离 a，不应小于 0.3 m(图 4.32)；洒水喷头溅水盘与保护对象的最小垂直距离不应小于表 4.19 的规定。

表 4.19 洒水喷头溅水盘与保护对象的最小垂直距离

洒水喷头类型	最小垂直距离/mm
标准覆盖面积洒水喷头、扩大覆盖面积洒水喷头	450
特殊应用喷头、早期抑制快速响应喷头	900

(5)净空高度大于 800 mm 的闷顶和技术夹层内有可燃物时，应设置洒水喷头。

(6)当局部场所设置自动喷水灭火系统时，与相邻不设自动喷水灭火系统场所连通的走道或连通门窗的外侧，应设洒水喷头。

(7)装设通透性吊顶的场所，洒水喷头应布置在顶板下。

(8)顶板或吊顶为斜面时，洒水喷头应垂直于斜面，并应按斜面距离确定洒水喷头间距。尖屋顶的屋脊处应设一排洒水喷头。洒水喷头溅水盘至屋脊的垂直距离 h，屋顶坡度不小于 1/3 时，不应大于 800 mm；屋顶坡度小于 1/3 时，不应大于 600 mm，如图 4.33 所示。

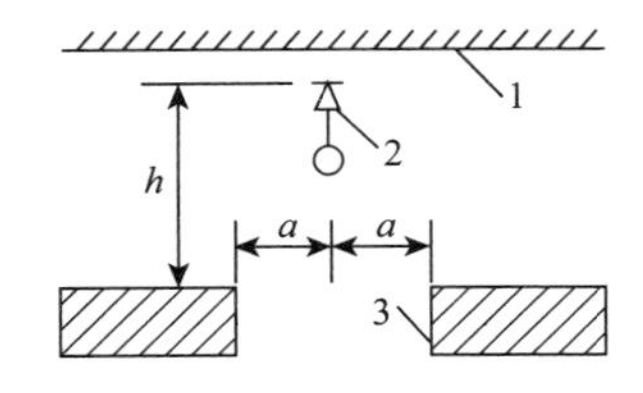

图 4.32　堆物较高场所通道上方洒水喷头的设置

1. 顶板；2. 直立型洒水喷头；3. 保护对象

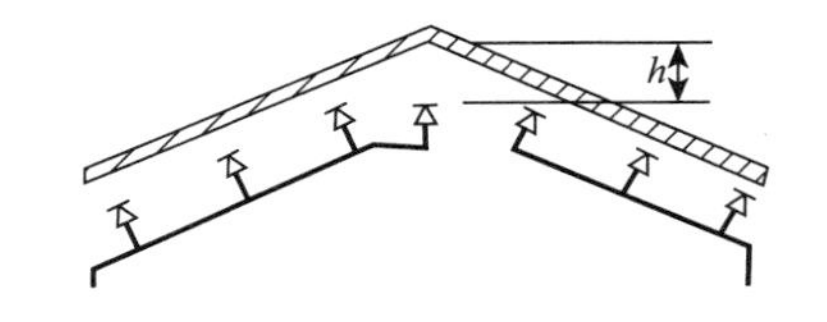

图 4.33　屋脊处设置洒水喷头示意图

2. 洒水喷头与障碍物的距离

设置直立型、下垂型洒水喷头的场所，如有障碍物时，为保证障碍物对洒水喷头喷水不形成阻挡，要求洒水喷头与障碍物之间的距离应符合下列要求。当因遮挡而形成空白点的部位，应增设补偿喷水强度的洒水喷头。

(1)当洒水喷头布置在梁、通风管或类似障碍物附近时，如图 4.34 所示，为避免梁、通风管道等障碍物影响洒水喷头的布水，洒水喷头与障碍物的水平距离宜满足表 4.17 的规定。

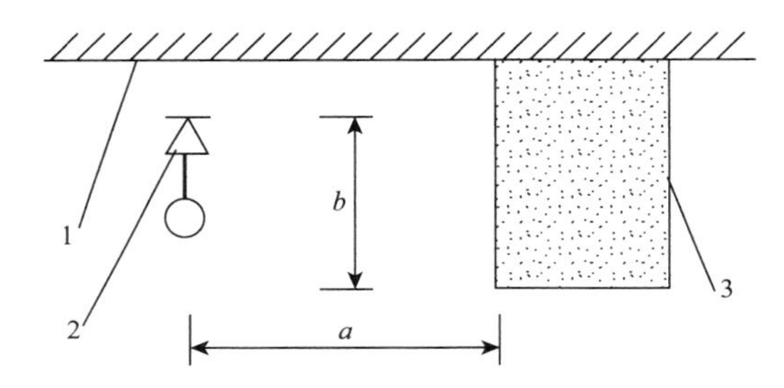

图 4.34　洒水喷头与梁通风管道的距离

1. 顶板；2. 直立型洒水喷头；3. 梁或通风管道

(2)特殊应用喷头溅水盘以下 900 mm 范围内，其他类型喷头溅水盘以下 450 mm 范围内，如有屋架等间断障碍物或管道时，为使障碍物对洒水喷头的洒水影响降至最小，要求洒水喷头与邻近障碍物之间应保持一个最小的水平距离，如图 4.35 所示。这个距离是由障碍物的最大截面尺寸或管道直径所决定的，具体宜符合表 4.20 的规定。

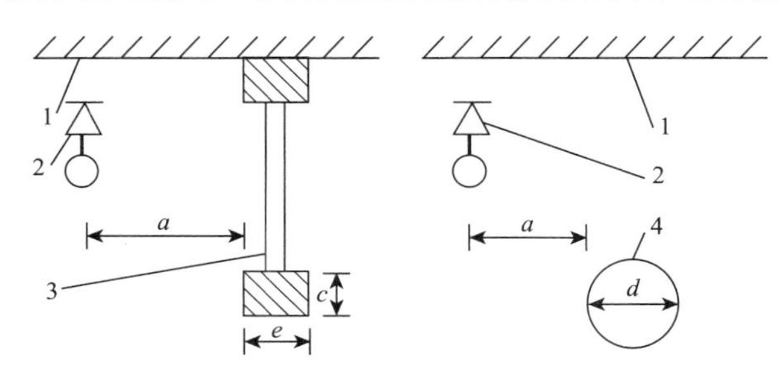

图 4.35　洒水喷头与邻近障碍物的最小水平距离

1. 顶板；2. 直立型洒水喷头；3. 屋架等间断障碍物；4. 管道

表 4.20 标准覆盖面积洒水喷头与邻近障碍物的最小水平距离　　单位:mm

洒水喷头与邻近障碍物的最小水平距离 a	c、e 或 $d\leqslant 200$	c、e 或 $d>200$
	$3c$ 或 $3e$(c 与 e 取大值)或 $3d$	600

(3)当梁、通风管道、成排布置的管道、桥架等障碍物的宽度大于 1.2 m 时,在其下方应增设洒水喷头,如图 4.36 所示,以避免障碍物对洒水喷头洒水的遮挡,补偿受阻部位的喷水强度。

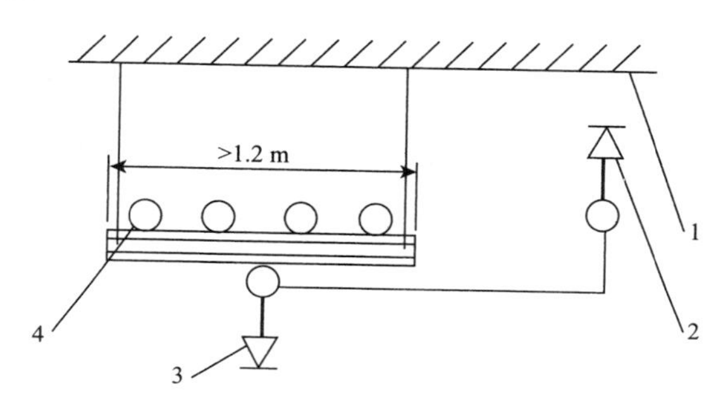

图 4.36 障碍物下方增设洒水喷头

1. 顶板;2. 直立型洒水喷头;3. 下垂型洒水喷头;4. 成排布置的管道或梁、通风管道、桥梁管等

(4)为了保证洒水喷头洒水能到达隔墙的另一侧,洒水喷头与不到顶隔墙的水平距离和垂直距离应符合表 4.21 的规定,如图 4.37 所示。

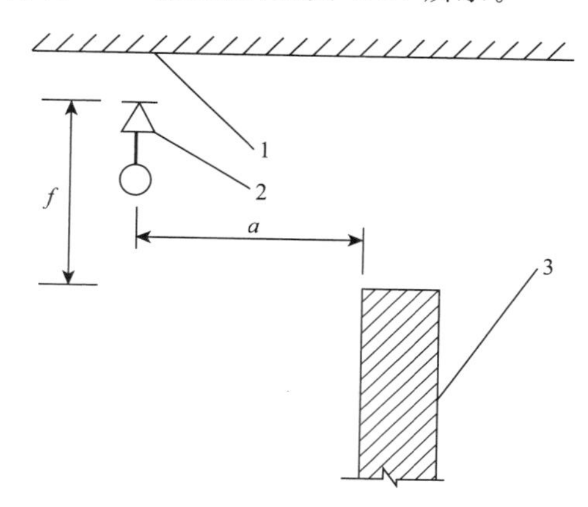

图 4.37 洒水喷头与不到顶隔墙的水平距离

1. 顶板;2. 直立型洒水喷头;3. 不到顶隔墙

表 4.21 喷头与不到顶隔墙的水平、垂直距离　　单位:mm

喷头与不到顶隔墙的水平距离 a	喷头溅水盘与不到顶隔墙的垂直距离 f
$a<150$	$f\geqslant 80$
$150\leqslant a<300$	$f\geqslant 150$

续表

喷头与不到顶隔墙的水平距离 a	喷头溅水盘与不到顶隔墙的垂直距离 f
$300 \leqslant a < 450$	$f \geqslant 240$
$450 \leqslant a < 600$	$f \geqslant 310$
$600 \leqslant a < 750$	$f \geqslant 390$
$a \geqslant 750$	$f \geqslant 450$

(5)如图 4.38 所示，直立型、下垂型洒水喷头与靠墙障碍物的距离应符合：当障碍物横截面边长小于 750 mm 时，洒水喷头与障碍物的距离，应按式(4.6)确定；当障碍物横截面边长等于或大于 750 mm，或 a 计算值大于表 4.12 中洒水喷头与端墙距离的规定时，应在靠墙障碍物下增设洒水喷头。

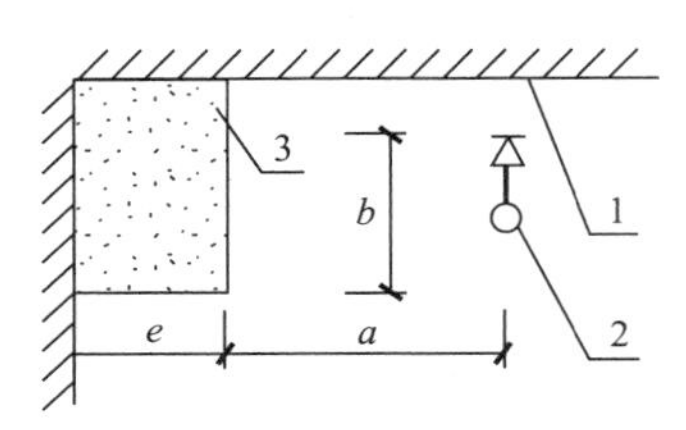

图 4.38 洒水喷头与靠墙障碍物的距离

1. 顶板；2. 直立型洒水喷头；3. 靠墙障碍物

$$a = (e - 200) + b \tag{4.6}$$

式中：a——洒水喷头与障碍物的水平距离(mm)；

b——洒水喷头溅水盘与障碍物底面的垂直距离(mm)；

e——障碍物横截面的边长(mm)，$e < 750$ mm。

二、管道布置

(一)管道布置方式

1. 报警阀前供水管道的布置

当自动喷水灭火系统中设有两个及两个以上报警阀组时，为保证系统的供水可靠性，其报警阀组前的供水管道宜布置成环状，如图 4.39 所示。

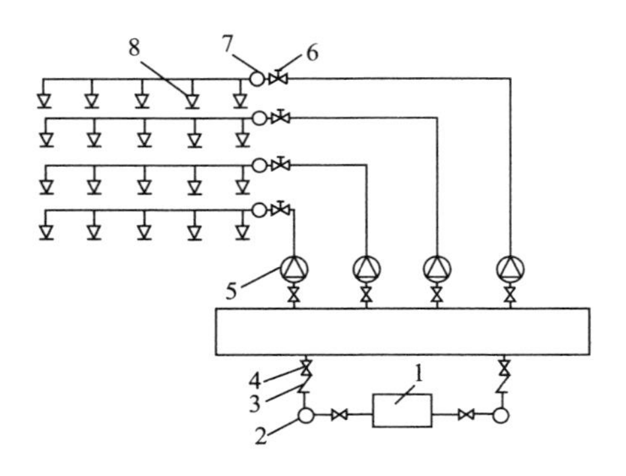

图 4.39 环状供水示意图

1. 消防水池；2. 消防水泵；3. 止回阀；4. 闸阀；5. 报警阀组；6. 信号阀；7. 水流指示器；8. 洒水喷头

2. 报警阀后配水管道的布置

自动喷水灭火系统的配水管道，根据洒水喷头布置情况，配水支管与配水管的连接、配水管与配水干管的连接等，可采用侧边中心型给水、侧边末端型给水、中央中心型给水、中央末端型给水等布置方式，如图 4.40 所示。中心型给水方式，力求两边配水支管安装的洒水喷头数量相等，其优点是压力均衡、水力条件好。洒水喷头数为奇数时，两边配水支管的洒水喷头数量不相等，这时只要配水支管的管径不过大，宜采用末端型供水。一般情况下，在布置配水支管时，应尽可能使用中心型给水方式，尽量避免采用末端型给水方式。在布置配水干管时，尽量采用中央给水方式。总之，配水管道的布置，应使配水管入口的压力均衡。

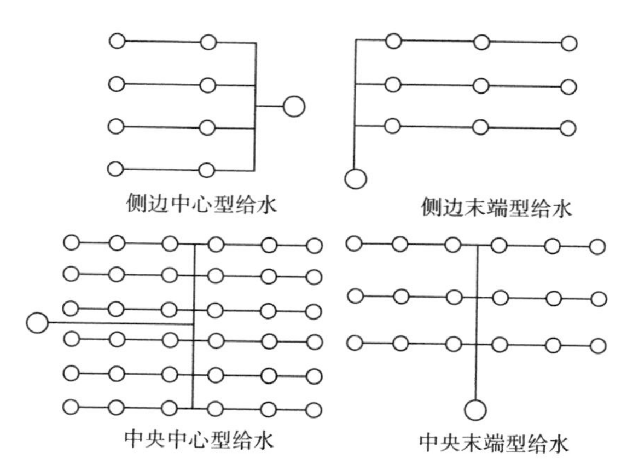

图 4.40 管道布置方式

(二)管道设置要求

(1)配水管道的工作压力不应大于 1.20 MPa，并不应设置其他用水设施。

(2)配水管道可采用内外壁热镀锌钢管、涂覆钢管、铜管、不锈钢管和氯化聚氯乙烯(PVC-C)管。当报警阀入口前管道采用不防腐的钢管时，应在报警阀前设置过滤器。

(3)为防止配水支管过长，水头损失增加，要求配水管两侧每根配水支管控制的标准洒水喷头数应符合下列要求：

①轻危险级、中危险级场所不应超过 8 只，同时在吊顶上下设置喷头的配水支管，上下侧均不应超过 8 只。

②严重危险级及仓库危险级场所均不应超过 6 只。

(4)为保证系统的可靠性和尽量均衡系统管道的水力性能，对于轻危险级、中危险级场所不同直径的配水支管、配水管所控制的标准洒水喷头，不应超过表 4.22 的规定。

表 4.22 配水支管、配水管控制的标准洒水喷头数

公称直径/mm	控制的标准洒水喷头数/只	
	轻危险级	中危险级
32	3	3
40	5	4
50	10	8
65	18	12
80	48	32
100	—	64

(5)短立管及末端试水装置的连接管，其公称直径不应小于 25 mm。

(6)干式系统、由火灾自动报警系统和充气管道上设置压力开关开启预作用装置的预作用系统，其配水管道充水时间不宜大于 1 min；雨淋系统和仅由火灾自动报警系统联动开启预作用装置的预作用系统，其配水管道充水时间不宜大于 2 min。

(7)干式系统、预作用系统的供气管道，采用钢管时，公称直径不宜小于 15 mm；采用铜管时，公称直径不宜小于 10 mm。

(8)水平设置的管道宜有坡度，并应坡向泄水阀。充水管道的坡度不宜小于 2‰，准工作状态不充水管道的坡度不宜小于 4‰。

第六节 系统设计流量与水压

一、系统的设计流量

自动喷水灭火系统的设计流量，应按最不利点处作用面积内洒水喷头同时喷水的总流量确定：

$$Q_S = \frac{1}{60}\sum_{i=1}^{n} q_i \tag{4.7}$$

式中：Q_S——系统设计流量(L/s)；

n——最不利点处作用面积内所有动作洒水喷头数；

q_i——最不利点处作用面积内各洒水喷头节点的实际流量(L/min)，按洒水喷头的实际工作压力 P_i(MPa)计算确定。

确定系统设计流量时，还应符合下列要求：

(1)建筑内设有不同类型的系统或有不同危险等级的场所时，系统的设计流量，应按其设计流量的最大值确定。

(2)当建筑物内同时设有自动喷水灭火系统和水幕系统时，系统的设计流量，应

按同时启用的自动喷水灭火系统和水幕系统的用水量计算，并取二者之和中的最大值。

(3)雨淋系统的设计流量，应按雨淋阀控制的洒水喷头的流量之和确定。多个雨淋阀并联的雨淋系统，其系统设计流量应按同时启用雨淋阀的流量之和的最大值确定。

(4)设置货架内置洒水喷头的仓库，顶板下洒水喷头与货架内洒水喷头应分别计算设计流量，并应按其设计流量之和确定系统的设计流量。

二、最不利点处作用面积内动作洒水喷头数确定和平均喷水强度校核

(一)最不利点处作用面积在管网中的位置和形状

最不利点处作用面积是指从系统最不利点洒水喷头处开始划定的作用面积。由于火灾发展一般是由火源点呈辐射状向四周扩散蔓延，而且只有处在失火区上方的洒水喷头才会自动喷水灭火。因此，水力计算选定的最不利点处作用面积的形状宜为矩形，但当在配水支管的间距和洒水喷头的间距不相等，矩形不能包含作用面积内的规定动作洒水喷头数量时，其作用面积的形状可选用凸块的矩形。其矩形的长边应平行于配水支管，长度可按下式计算：

$$L_C = 1.2\sqrt{A} \tag{4.8}$$

式中：L_C——最不利点处作用面积的长边长度(m)；

A——最不利点处作用面积(m^2)。

(二)最不利点处作用面积内的动作洒水喷头数

最不利点处作用面积内的动作洒水喷头数，可按下式计算：

$$n = \frac{A}{A_1} \text{或} n = \frac{A}{A_j} = \frac{A}{S \times D} \tag{4.9}$$

式中：n——最不利点处作用面积内的动作洒水喷头数(只)，向上取整数；

S——最不利点处作用面积的长边方向喷头间距(m)；

D——最不利点处作用面积的短边方向喷头间距(m)；

A_j——每只洒水喷头实际保护面积(m^2)。

(三)最不利点处作用面积内的长边所包含的动作洒水喷头数

最不利点处作用面积内的长边所包含的动作洒水喷头数，可按下式计算：

$$n_L = \frac{L_C}{S} \tag{4.10}$$

式中：n_L为最不利点处作用面积的长边所包含的动作洒水喷头数(只)，向上取整数。

最不利点处作用面积在管网中的具体形状，可根据上述已知的n和n_L，并按照长边与配水支管平行的要求，就可在管网平面布置图中的最不利点部位画出，如图4.41所示的虚线部分分别为枝状管网和环状管网最不利点处作用面积的位置及具体形状。

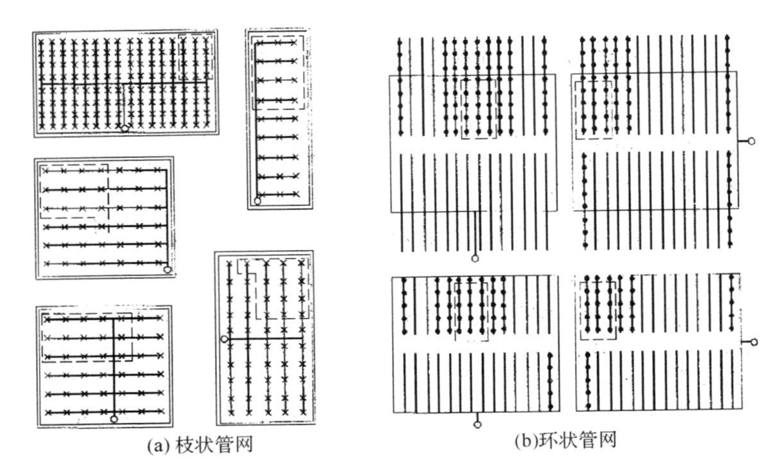

图 4.41 最不利点处作用面积的位置与形状

(四)作用面积内平均喷水强度的校核

系统设计流量的计算,应保证任意作用面积内的平均喷水强度不低于表 4.2～表 4.10 的规定值。最不利点处作用面积内任意 4 只洒水喷头围合范围内的平均喷水强度可按下式进行计算:

$$q_{xp} = \frac{Q_4}{F} \tag{4.11}$$

式中:q_{xp}——最不利点处作用面积内任意 4 只洒水喷头围合范围内的平均喷水强度(L/min・m^2);

Q_4——最不利点处作用面积内任意 4 只洒水喷头的喷水量之和(L/min);

F——最不利点处作用面积内任意 4 只洒水喷头所组成的保护面积(m^2)。

对于轻、中危险级的设置场所,其系统进行水力计算时,应保证最不利点处作用面积内任意 4 只洒水喷头围合范围内的平均喷水强度不小于规定值的 85%;严重危险级和仓库危险级不应低于规定值。

三、消防水泵扬程或系统入口的供水压力

(一)消防水泵扬程或系统入口的供水压力计算

消防水泵扬程或系统入口的供水压力可按下式计算:

$$H_b = H_\Delta + P_0 + \sum h_\omega \tag{4.12}$$

式中:H_b——消防水泵扬程或系统入口的供水压力(MPa);

H_Δ——最不利点处洒水喷头与消防水池最低水位或系统入口管水平中心线间的静水压(MPa);

P_0——最不利点处洒水喷头的工作压力(MPa);

$\sum h_{\omega}$——计算管道的总水头损失(MPa)。

(二)管道总水头损失计算

管道总水头损失包括沿程水头损失和局部水头损失两部分。

(1)管道沿程水头损失,可按下式计算:

$$h_f = 0.0000107 \frac{V^2}{d_j^{1.3}} \cdot L \quad (4.13)$$

式中:h_f——管道沿程水头损失(MPa);

L——计算管段长度(m);

V——管道内水的平均流速(m/s);

d_j——管道的计算内径(mm),取值应按管道的内径减 1 mm 确定。

管道内的水流速度宜采用经济流速,必要时可超过 5 m/s,但不应大于 10 m/s。

管道沿程水头损失,也可按下式计算:

$$h_f = 10ALQ^2 \quad (4.14)$$

式中:h_f——管道沿程水头损失(MPa);

A——管道比阻值(s^2/L^2),见表 4.23;

Q——计算管段流量(L/s)。

表 4.23 管道比阻值 A 单位:s^2/L^2

公称直径/mm	管材		公称直径/mm	管材	
	钢管	铸铁管		钢管	铸铁管
25	0.4367	—	80	0.001168	—
32	0.09386	—	100	0.0002674	0.0003653
40	0.04453	—	125	0.00008623	—
50	0.01108	—	150	0.00003395	0.00004185
70	0.002893	—	200	0.000009273	0.0000092029

(2)管道局部水头损失计算有两种方法,一种方法是按沿程水头损失的 20%计算;另一种方法是采用当量长度法,将水流经过弯管、丁字管的局部压力损耗近似于一定长度的直管。规范推荐采用当量长度法,未提及取管道沿程水头损失 20%的方法。实际计算中,将相应的局部当量加入管段长度,通过编制程序、利用 EXCEL 来计算,或者直接查水力计算表。当量长度法按下式计算:

$$h_j = 0.0000107 \frac{V^2}{d_j^{1.3}} L_d \quad (4.15)$$

式中:h_j——管道局部水头损失(MPa);

L_d——管件和阀门局部水头损失当量长度(m),当量长度见表 4.24。

表 4.24　不同公称直径的管件局部水头损失当量长度　　单位:m

管件名称	管件公称直径 DN/mm											
	25	32	40	50	70	80	100	125	150	200	250	300
45°弯头	0.3	0.3	0.6	0.6	0.9	0.9	1.2	1.5	2.1	2.7	3.3	4.0
90°弯头	0.6	0.9	1.2	1.5	1,8	2.1	3.1	3.7	4.3	5.5	5.5	8.2
三通四通	1.5	1.8	2.4	3.1	3.7	4.6	6.1	7.6	9.2	10.7	15.3	18.3
蝶阀	—	—	—	1.8	2.1	3.1	3.7	2.7	3.1	3.7	5.8	6.4
闸阀	—	—	—	0.3	0.3	0.3	0.6	0.6	0.9	1.2	1.5	1.8
止回阀	1.5	2.1	2.7	3.4	4.3	4.9	6.7	8.3	9.8	13.7	16.8	19.8
异径弯头	32	400	50	70	80	100	125	150	200	—	—	—
	25	32	40	50	70	80	100	125	150	—	—	—
	0.2	0.3	0.3	0.5	0.6	0.8	1.1	1.3	1.6	—	—	—

注:1. 过滤器当量长度的取值,由生产厂商提供。

2. 当异径接头的出口直径不变而入口直径提高 1 级时,其当量长度应增大 0.5 倍;提高 2 级或 2 级以上时,其当量长度应增加 1.0 倍。

(3)报警阀和水流指示器的局部水头损失可直接取值:湿式报警阀按 0.04 MPa 计或按检测数据确定;水流指示器按 0.02 MPa 计;雨淋阀按 0.07 MPa 计;蝶阀型报警阀及马鞍型水流指示器的取值由生产厂商提供。

四、系统水力计算方法

自动喷水灭火系统的水力计算宜采用沿途计算法。沿途计算法是指从系统管网最不利点处洒水喷头开始,到作用面积所包括的最后一个洒水喷头为止,采用特性系数法,依次沿途计算各洒水喷头处的压力、流量、管段累计流量、管段水头损失等,最终求得系统设计流量和压力。

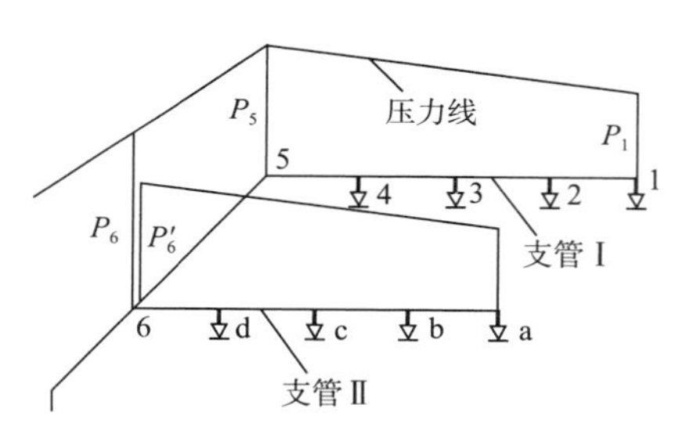

图 4.42　计算原理图

现以图 4.42 为例,介绍沿途计算法的步骤。

(一)确定最不利点洒水喷头的工作压力

最不利点洒水喷头的工作压力可通过计算确定,或直接确定为其洒水喷头最小工作压力 0.1 MPa。

(二)求支管上各洒水喷头流量

洒水喷头工作压力确定后,根据洒水喷头的流量系数 K,按式(4.1)计算支管上各洒水喷头流量。

(1)支管Ⅰ末端洒水喷头 1 为最不利点,现以规定的洒水喷头最小工作压力作为该洒水喷头的设计压力 P_1,则洒水喷头 1 的流量为 $q_1=K\sqrt{10P_1}$。

(2)洒水喷头 2、3、4 的流量相应为

$$q_2 = K\sqrt{10P_2} = K\sqrt{10(P_1 + h_{1-2})}$$

$$q_3 = K\sqrt{10P_3} = K\sqrt{10(P_2 + h_{2-3})} = K\sqrt{10(P_1 + h_{1-2} + h_{2-3})}$$

$$q_4 = K\sqrt{10P_4} = K\sqrt{10(P_3 + h_{3-4})} = K\sqrt{10(P_1 + h_{1-2} + h_{2-3} + h_{3-4})}$$

(3)节点 5 处的流量和水压为

$$q_5 = Q_{4-5} = q_1 + q_2 + q_3 + q_4$$

$$P_5 = P_4 + h_{4-5} = P_1 + h_{1-2} + h_{2-3} + h_{3-4} + h_{4-5}$$

(4)节点 6 处的压力和流量为

$$P_6 = P_5 + h_{5-6} = P_1 + h_{1-2} + h_{2-3} + h_{3-4} + h_{4-5} + h_{5-6}$$

$$q_6 = Q_{5-6} + Q_{d-6}$$

其中，h_{1-2}，h_{2-3}，h_{3-4}，h_{4-5}，h_{5-6} 分别为管段 1—2，2—3，3—4，4—5，5—6 的水头损失。

由于已知 $Q_{5-6}=q_5$，求节点 6 处的流量，问题的关键是如何计算 Q_{d-6} 的值。为此，引入管系特性系数法求解。

(三)求管系特性系数

把支管作为一个洒水喷头考虑，其流量与压力应符合式(4.1)。因此，求管系特性系数可根据总输出的节点流量和该节点的压力，按下式计算：

$$K_g = \frac{Q_{(n-1)-n}}{\sqrt{10P_n}} \tag{4.16}$$

式中：K_g——管系特性系数，它反映了管系的输水性能；

$Q_{(n-1)-n}$——管系总输出节点的流量(L/s)；

P_n——管系总输出节点处的水压(MPa)。

(1)支管Ⅰ的管系特性系数，根据式(4.16)为

$$K_{g\mathrm{I}} = \frac{Q_{4-5}}{\sqrt{10P_5}}$$

(2)支管Ⅱ的管系特性系数，将以支管Ⅱ尽端洒水喷头 a 作为计算起点，P_a 为 a 点均压力值，对支管Ⅱ各洒水喷头逐项进行计算，进而得出 P'_6 和 Q'_{d-6} 值，代入式(4.16)得支管Ⅱ的管系特性系数为

$$K_{g\mathrm{II}} = \frac{Q'_{d-6}}{\sqrt{10P'_6}}$$

(四)计算各支管流量

(1)当支管Ⅱ在另一水压 P_6 的作用下，其管系流量为 Q_{d-6}，应用管系特性系数法，在所有已知值的情况下，支管Ⅱ的流量为

$$Q_{d-6} = K_{g\mathrm{II}}\sqrt{10P_6} = \frac{Q'_{d-6}}{\sqrt{10P'_6}}\sqrt{10P_6} = Q'_{d-6}\sqrt{\frac{P_6}{P'_6}}$$

注意：由于供给支管Ⅱ的流量实际水压是 P_6，而不是 P'_6，故必须对支管Ⅱ的流

量 Q'_{d-6} 进行修正，其修正系数为 $\sqrt{\dfrac{P_6}{P'_6}}$。

在图 4.42 的例子中，由于支管Ⅰ、Ⅱ的水力条件完全相同（即洒水喷头构造、数量、管段长度、公称直径、标高等均相同），因此，其管系特性系数值也相同，即 $K_{gⅠ}=K_{gⅡ}$。因此有下式：

$$Q_{d-6}=K_{gⅡ}\ \sqrt{10P_6}=\frac{Q_{4-5}}{\sqrt{10P_5}}\sqrt{10P_6}=Q_{4-5}\sqrt{\frac{P_6}{P_5}}$$

计算节点 6 的流量：

$$q_6=Q_{5-6}+Q_{d-6}=Q_{4-5}+Q_{4-5}\sqrt{\frac{P_6}{P_5}}=Q_{4-5}\left(1+\sqrt{\frac{P_6}{P_5}}\right) \tag{4.17}$$

（2）计算各管段的流量。按式（4.17）的基本形式依此类推，求其他支管流量，直到计算到作用面积所包括的最后一个洒水喷头为止。

各管段的流速可以采用流速系数法进行管段流速校核，流速计算公式如下：

$$v=K_cQ \tag{4.18}$$

式中：K_c——流速系数（m/L），其值见表 4.25；

Q——流量（L/s）；

v——流速（m/s）。

表 4.25 流速系数取值表

公称直径/mm	25	32	40	50	70	80
钢管	1.883	1.05	0.80	0.47	0.283	0.204
铸铁管	—	—	—	—	—	—
公称直径/mm	100	125	150	200	250	
钢管	0.115	0.075	0.053	—	—	
铸铁管	0.1273	0.0814	0.0566	0.0318	0.021	

第七节 设计实例

某高层建筑为中危险级Ⅱ级建筑物，洒水喷头平面布置与系统图如图 4.43～图 4.44，要求对其进行水力计算。

1. 基本设计数据

查表 4.2 中危险Ⅱ级建筑物，其基本设计数据为：设计喷水强度为 8.0 L/(min · m^2)，作用面积 160 m^2，取最不利点洒水喷头工作压力 0.10 MPa。

2. 洒水喷头布置

根据建筑结构与性质，本设计采用作用温度为 68 ℃闭式吊顶型玻璃球洒水喷头，洒水喷头采用 2.5 m×3.0 m 和 2.7 m×3.0 m 矩形布置，使保护范围无空白点。

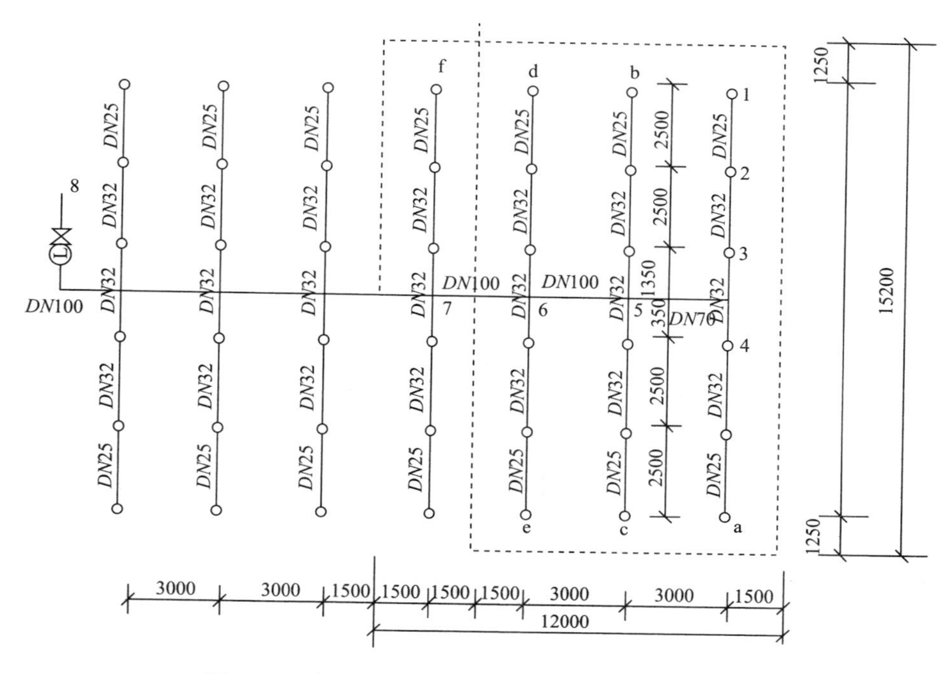

图 4.43 自动喷水系统洒水喷头平面图(单位:mm)

3. 作用面积划分

作用面积选定为矩形,长边 $L=1.2\sqrt{A}=1.2\sqrt{160}=15.2$ m,短边 $B=\dfrac{A}{L}=\dfrac{160}{15.2}=10.5$ m。

在最不利层划分最不利作用面积,矩形长边平行最不利洒水喷头的配水支管,短边垂直于该配水支管,实际作用面积为 $15.2\times10.5=160$ m^2。

每根支管最大动作洒水喷头数:$n=15.2/2.5=6$ 个。

作用面积内配水支管:$N=10.5/3.5=3.5$(取 4)。

动作洒水喷头数:4×6 个$=24$ 个。

实际作用面积:$15.2\times12=182.4$ m$^2>160$ m^2。

故应从最有利的配水支管上减去 3 个洒水喷头的保护面积,则实际作用面积:$15.2\times12-3\times2.5\times3.0=160$ m^2。

4. 水力计算

计算结果见表 4.26,其计算公式如下:

(1)洒水喷头 1 出水量:$q=K\sqrt{10p}=80\times\sqrt{10\times0.1}=80$ L/min$=1.33$ L/s,其他按公式计算。

(2)管段流量(L/min):$Q=q_i+Q_{i-1}$。

(3)计算每米管道压力损失(水力坡降)i 值。

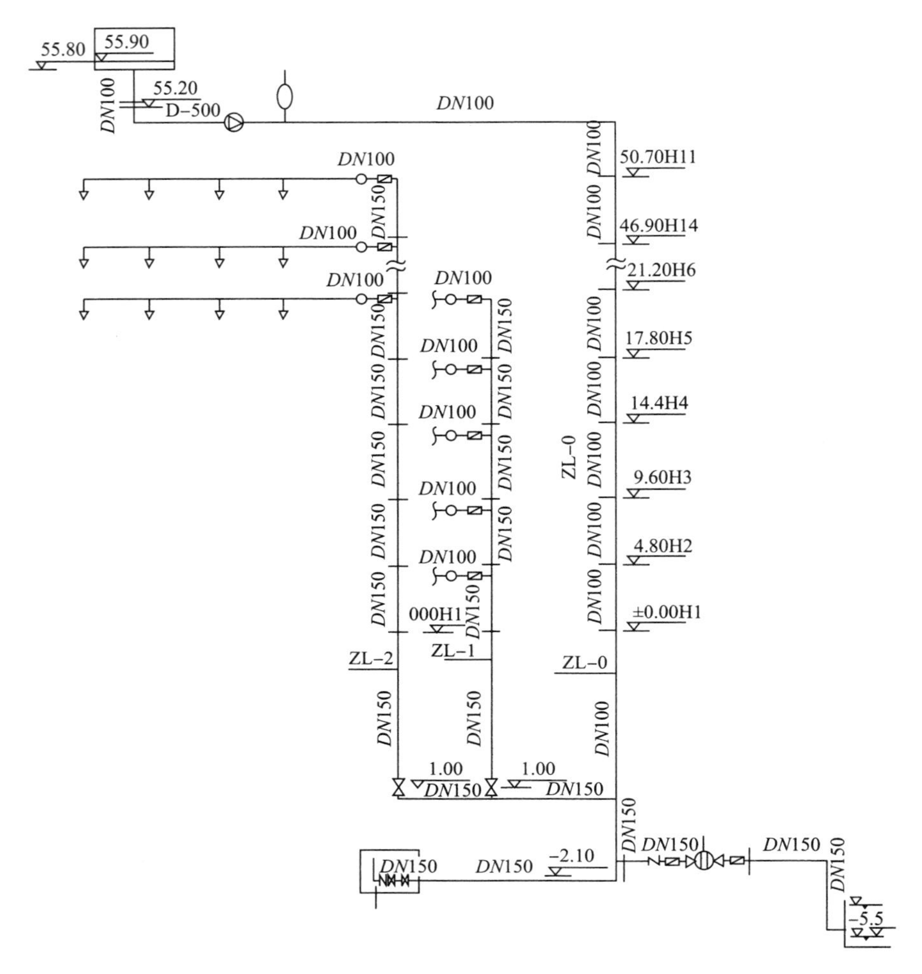

图 4.44 自动喷水系统洒水喷头系统图

(4)管段计算长度为管段长度与阀门和管件计算长度之和。

(5)压力损失(MPa):$h_f = ALQ^2$。

(6)具有相同水力特性的高压管段流量与低压管段流量之间的关系 $Q_2 = Q_1\sqrt{p_2/p_1}$。

表 4.26 闭式自动喷水灭火系统水力计算

节点编号	管段编号	节点水压/MPa	节点流量 q/(L/s)	管段流量 Q/(L/s)	公称直径/mm	i/(MPa/m)	管长 L_L/m	阀门和管件当量长度 L_D/m	管段计算长度 L/m	压力损失 h_f/MPa
1		0.100	1.33							
	1—2			1.33	25	0.00773	2.5	D2590°弯头+D32×25异径接头=0.6+0.2=0.8	3.30	0.026

续表

节点编号	管段编号	节点水压/MPa	节点流量 q/(L/s)	管段流量 Q/(L/s)	公称直径/mm	i/(MPa/m)	管长 L_L/m	阀门和管件当量长度 L_D/m	管段计算长度 L/m	压力损失 h_f/MPa
2		0.126	1.49							
	2—3			2.82	32	0.00746	2.5	D32 三通＝1.8	4.30	0.032
3		0.158	1.67							
	3—4			4.49	32	0.0189	1.35	D32 三通＋D32×70 异径接头＝1.8＋0.3×2＝2.4	3.75	0.071
4		0.229								
	a—4			4.49						
	4—5			8.98	70	0.00234	3.0	D70×100 异径接头＝0.6×2＝1.2	4.2	0.010
5		0.239								
	支路 b—5，管段流量：$Q_{b-5}=Q_{a-4}\times\sqrt{P_5/P_4}=4.49\times\sqrt{0.239/0.229}=4.59=Q_{c-5}$									
	支路 c—5		4.59							
	5—6			18.16	100	0.00227	3.0	D100 三通＝6.1	9.1	0.009
6		0.248								
	支路 d—6，管段流量：$Q_{d-6}=Q_{a-4}\times\sqrt{P_6/P_4}=4.49\times\sqrt{0.248/0.229}=4.67=Q_{e-6}$									
	支路 e—6		4.67							
	6—7			27.5	100	0.00227	3.0	D100 三通＝6.1	9.1	0.021
7		0.269								
	支路 f—7，管段流量：$Q_{f-7}=Q_{a-4}\times\sqrt{P_7/P_4}=4.49\times\sqrt{0.269/0.229}=4.87$									
	7—8			32.37	100	0.00314	19.5	D100 三通＋D100 90°弯头＋D100 信号阀＋D100 水流指示器＋D100×150 异径接头＝6.1＋3.1＋0.6＋0.6＋2×1.2＝12.8	32.3	0.102
	8—报警阀			32.37	150	0.00314	43.0	D100 信号阀＝0.6	43.6	0.016
报警阀		0.387		32.37	150	0.00314			0.009	

续表

节点编号	管段编号	节点水压/MPa	节点流量q/(L/s)	管段流量Q/(L/s)	公称直径/mm	i/(MPa/m)	管长L_L/m	阀门和管件当量长度L_D/m	管段计算长度L/m	压力损失h_f/MPa
	报警阀一泵			32.37	150	0.00314	6.6+34.0	D125×150异径接头2个+D150三通+2个D150 90°弯头+2个D150闸阀+D150止回阀=1.3+9.2×2+3.7×2+0.9×2+9.8=38.7	79.3	0.028

5. 校核消防管道水流速度

查表4.25求K,按式(4.18)校核。计算结果见表4.27。

表4.27 最不利管道流速校核

管段编号	D/mm	Q/(L/s)	K_0	v(m/s)
1—2	25	1.33	1.833	2.44
2—3	32	2.82	1.05	2.96
3—4	32	4.49	1.05	4.71
4—5	70	8.98	0.283	2.54
5—6	100	18.16	0.115	2.09
6—7	100	27.50	0.115	3.16
7—8	100	32.37	0.115	3.72
8—报警阀	150	32.37	0.053	1.71

6. 喷水强度校核

(1)作用面积内平均喷水强度。从表4.27中可以看出,系统计算流量Q=32.37 L/s=1942.2 L/min,系统作用面积为160 m^2,所以系统平均喷水强度为1942.2/160=12.14 L/(min·m^2)>8 L/(min·m^2),满足中危险级Ⅱ级建筑物防火要求。

(2)最不利点处任意4只洒水喷头围合范围内的平均喷水强度。最不利作用面积内任意4只洒水喷头围合的最大面积如图4.45所示。由于洒水喷头是长方形布置,所以洒水喷头的保护半径为

$$R=\frac{\sqrt{3.0^2+2.7^2}}{2}=2.02\ \text{m}。$$

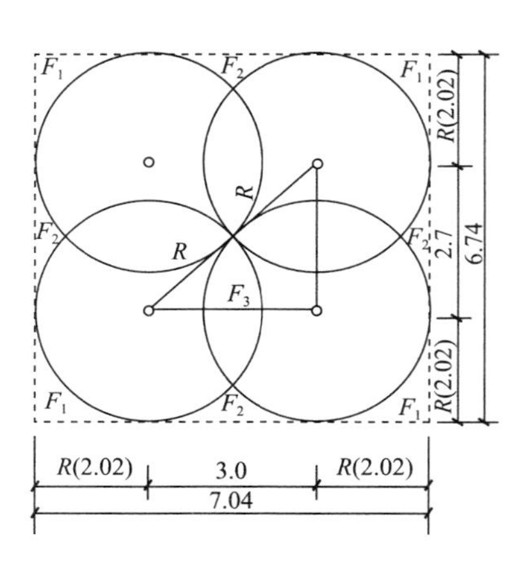

图4.45 4只洒水喷头围合的最大面积

在图4.45中,$F_{矩形}$=(3.0+2×2.02)(2.7+2×2.02)=47.45 m^2。

$F_3=1.92\ m^2$。

$F_2=3.0\times2.02-0.5S_{圆}+F_3=(3.0\times2.02-0.5\times3.14\times2.02^2+1.92)=1.57\ m^2$

$F_1=R\times R-0.5S_{圆}=2.02\times2.02-0.25\times3.14\times2.02^2=0.88\ m^2$

任意 4 只洒水喷头组成的最大面积 S_{max} 为

$S_{max}=F_{矩形}-4F_1-4F_2=47.45-4\times0.88-4\times1.57=37.65\ m^2$

4 只洒水喷头的喷水量为 4×1.33 L/s=5.32 L/s(320 L/min),任意 4 只洒水喷头围合范围内的平均喷水强度为$\frac{320}{S_{max}}=\frac{320}{37.65}=8.5$ L/(min·m²),大于规范规定的喷水强度 8 L/(min·m²)的 85%,满足要求。

7. 选择喷洒泵

喷洒泵设计流量为 $Q_b=32.37$ L/s。

(1)最不利洒水喷头压力:$p_p=0.100$ MPa。

(2)最不利洒水喷头与贮水池之间垂直几何高度:$P_{pi}=48.35$ m。

(3)管网中计算管路压力损失:$\sum p_g=0.324$ MPa。喷洒泵扬程相应的压力 $p_b=0.100+0.324+0.4835=0.9075$ MPa。

选择 DAl-125-6 分段式多级离心泵 2 台,一用一备。其参数为:流量 Q=25~35 L/s,扬程 H=138~90 m,转速 n=2950 r/min,效率 η=75%~73%,电动机功率为 55 kW。

8. 校核最不利洒水喷头

由于水箱高度已定,需校核水箱高度是否满足最不利洒水喷头所需压力。最不利供水方式为水箱—报警阀—14 层最不利喷头。

水箱与最不利洒水喷头的垂直距离为:55.90-50.70+0.80=6.00 m,水箱安装高度不能满足最不利层洒水喷头压力 0.10 MPa,需设置局部增压设施。为保证供水安全,决定在水箱间采用气压罐加压,其调节水量为 5 个洒水喷头 30 s 的用水量:

$$V_S=5\times30\ L=150\ L=0.15\ m^3, V_0=\beta\frac{V_S}{1-\alpha}=1.05\times\frac{0.15}{1-0.70}=0.53\ m^3$$

选择 SQL800×0.6 气压罐给水设备,与设在地下水泵房相比可减少稳压泵扬程(稳压泵计算从略)。

9. 水泵结合器

按《高层民用建筑设计防火规范》(GB 50016)规定:每个水泵接合器的流量应按 10~15 L/s 计算,本建筑室内消防设计水量为 30 L/s,故设置 2 套水泵结合器,型号为 SQBI50。

10. 减压孔板

为防止低层洒水喷头的流量大于高层洒水喷头的流量,设计中采用减压孔板技术措施以均衡各层管道的流量(计算从略)。

第五章 二氧化碳灭火系统设计

第一节 二氧化碳灭火机理和应用范围

一、二氧化碳的性质

在常温常压条件下，二氧化碳以无色、无嗅的气体存在，单位体积重量约为空气的1.5倍。二氧化碳不能燃烧或者助燃，达到一定浓度时可令人窒息。二氧化碳的临界温度是31.4 ℃，临界压力为7.4 MPa（绝对压力）。固、液、气三相共存点温度为－56.6 ℃，压力为0.52 MPa（绝对压力），具体见图5.1的二氧化碳蒸汽压力曲线。从图5.1可以看出，在临界点与三相点之间的二氧化碳是以气、液两相共存的。二氧化碳灭火系统就是根据这一物理特性储存二氧化碳的，储存方式有两种：①常温储存，即高压储存，储存温度为0～49 ℃；②低温储存，即低压储存，储存温度为－20～－18 ℃。

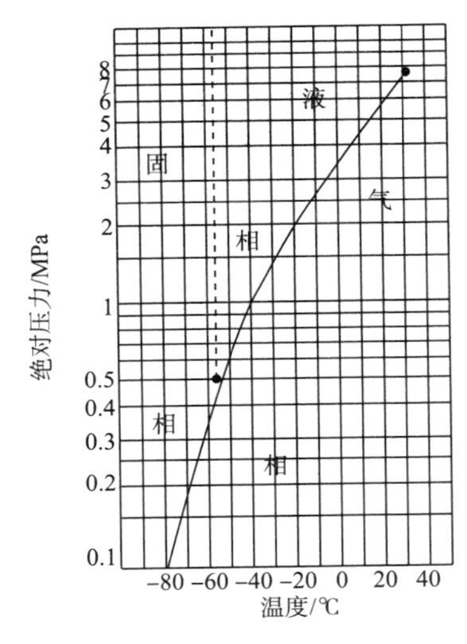

图5.1 二氧化碳蒸汽压力曲线

二、灭火机理

二氧化碳灭火作用主要在于窒息，其次是冷却。灭火时，二氧化碳从储存系统中释放出来，压力会骤然下降，使得二氧化碳迅速由液态转变成气态；又因焓降的关系，温度会急剧下降，当其达到－56 ℃以下时，气相的二氧化碳有一部分会转变成细微粒子（固相）——干冰，这时干冰的温度一般为－78 ℃。干冰吸取周围的热量而升华，即产生冷却燃烧物的作用。二氧化碳的蒸发潜热为577 kJ/kg，只相当于水的蒸发潜热的1/10。二氧化碳在喷放过程中转变成固相的成分与其储存温度有密切关系，低温储存系统喷放的固相成分最高可达46%，常温储存系统喷放的固相成分只占15%～30%。由此可见，二氧化碳在灭火中的冷却作用是较小的，而且常温储存比低温储存的冷却作用还要小。另一方面，释放出来的二氧化碳，可以稀释燃烧物周围空气中的含氧量，使燃烧时热的产生率减小，当热产生率减小至低于热散失率的程度，燃烧就会停下来，这就是二氧化碳的窒息作用。

三、应用范围

二氧化碳可以扑救下列火灾：①灭火前可切断气源的气体火灾。②液体或石蜡、沥青等可熔化的固体火灾。③固体表面火灾及棉毛、织物、纸张等部分固体的深位火灾。④电气火灾。

二氧化碳不能扑救下列火灾：①硝化纤维、火药等含氧化剂的化学制品火灾。②钾、钠、镁、钛、锆等活泼金属火灾。③氰化钾、氰化钠等金属氰化物火灾。

第二节 系统的分类和控制方式

一、系统的构成

二氧化碳灭火系统通常有三种分类方式，即：①按储压等级分类可分为高压系统和低压系统；②按防护区的特征和灭火方式分类可分为全淹没式灭火系统和局部应用灭火系统；③按系统结构特点分类可分为管网输送系统和无管网灭火装置，而管网输送系统又可分为均衡管网系统和非均衡管网系统。上述几种系统是相互包含的，如高压系统本身可能又是全淹没系统或局部应用系统。本节以高压系统和低压系统为主介绍二氧化碳灭火系统的构成和控制方式，以全淹没灭火系统和局部应用灭火系统为主介绍二氧化碳灭火系统设计。

高压系统和低压系统的区别主要在于两种灭火系统二氧化碳的储存，分为高压储存装置和低压储存装置。

高压储存装置指二氧化碳在常温下的储存装置。当环境温度为21 ℃时，储存压力为5.17 MPa。

与低压储存装置相比，高压储存装置储存压力高，更适用于管道长、管网复杂的系统，这样可以有效地克服管道的阻力损失，保证系统末端喷嘴入口处的最低压力。另外，高压储存装置可以标准化生产，质量容易控制，便于运输和安装，但储存容器中二氧化碳的温度随储存地点环境温度的变化而变化，容器必须能够承受最高储存温度时所产生的压力。储存容器中的压力还受二氧化碳充装密度的影响，要注意控制最高储存温度下的充装密度，以免充装密度过大。否则，当环境温度升高时可能因液体膨胀造成保护膜片破裂而误喷二氧化碳。高压储存装置因储存压力高，容易泄漏，需要经常补充二氧化碳。高压储存装置宜用于正常环境温度为－20～100 ℃的小型消防工程。当用于大、中型消防工程时，因瓶组多，占地大，阀门管件多，压力高，使安装难度大，维护复杂。

低压储存装置指二氧化碳在－18 ℃下的储存装置。储存容器内二氧化碳的温度利用绝缘和制冷手段被控制在－18 ℃，储存压力为2.07 MPa。

低压储存装置在压力容器外包绝缘体，以隔绝容器内外的热传递。绝缘体外用密封的金属壳保护。储存容器的一端安装一个风冷装置，它的冷却蛇管装于储存容器内。风冷装置由压力开关和监控器自动控制，自动将二氧化碳温度维持在－18～20 ℃，蒸汽压力维持在2.07 MPa左右。当储存容器压力上升到2.10 MPa时，压缩机启动，降低储存容器内的温度，进而降低压力；当储存容器压力下降到2.03 MPa时，压缩机停机，如此循环往复。

与高压储存装置相比，低压储存装置具有以下优点：①可以将大量的二氧化碳液体储存在一个薄壁压力容器内，降低了容器的储压等级，减少了空间和占地面积。工程越大，投资相对越省，占地面积越小。②可以按预定的用量向发生火灾的防护区喷放二氧化碳，并可随时手动开启或关闭，特别适用于火灾重复发生频率较高的场所或设备的保护。当用于这些场所或设备的保护时，在储存容器内除了要储存设计用量以外，需要再储存一定的备用量。③性能完善，管网简单，运行维护方便。④只要在储存容器内部的液面上保持足够的蒸汽空间用于液体膨胀，充装密度就不会影响内部的压力。⑤受环境温度影响较小，安全性能好。当内部压力升高，超过正常工作范围时，可自动减压，超压严重时，安全阀自动打开进行泄压。⑥可以就地补充二氧化碳，避免了高压系统需将储存容器拆卸下来，运到特定的工厂进行重新充装的麻烦，缩短了维修周期，提高了系统的安全可靠性。

小型低压储存容器吸收了大型低压储存容器储存压力低、充装率高和高压储存容器标准化生产的特点，克服了大型低压储存容器在高层建筑中使用不方便而高压储存容器储存压力高、储存量少的缺点，可随意组合，使用方便。

低压储存装置靠制冷机组维持其内部的低温状态，需要消耗一定的电量，增加了运行费用。另外，低压储存装置通常只设一套制冷机组，当出现机械故障或断电时，内部可能会因温度升高出现超压，需要泄压，造成二氧化碳的浪费。为保证供电安全，一定要设双电源或双回路供电。保护安全要求较高的场所或设备，还应设置备用制冷机组。低压系统宜用于正常环境温度在－30～50 ℃的大、中、小型消防工程。

相应于两种不同的储存装置，二氧化碳灭火系统可分为高压系统和低压系统。图5.2为高压系统的原理图，图5.3为高压组合分配系统图，图5.4为高压系统的控制程序图。表5.1为高压系统的构成及各部分功能。图5.5为典型的低压系统图，图5.6为低压系统原理图，图5.7为低压系统控制程序图。表5.2为低压系统的构成及各部分功能。

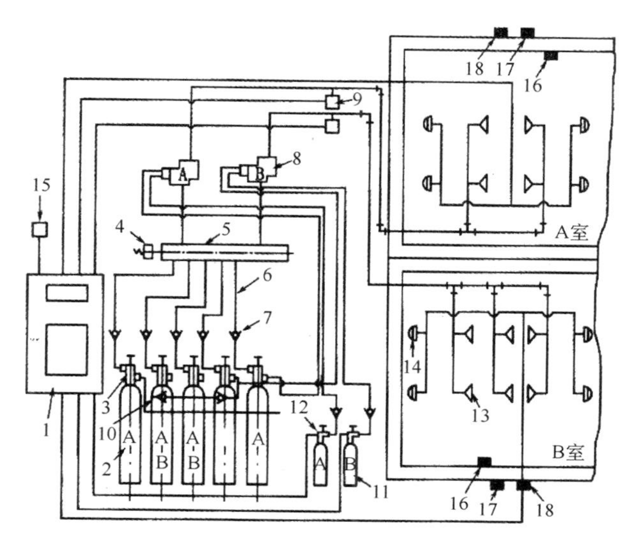

图 5.2 高压系统原理图

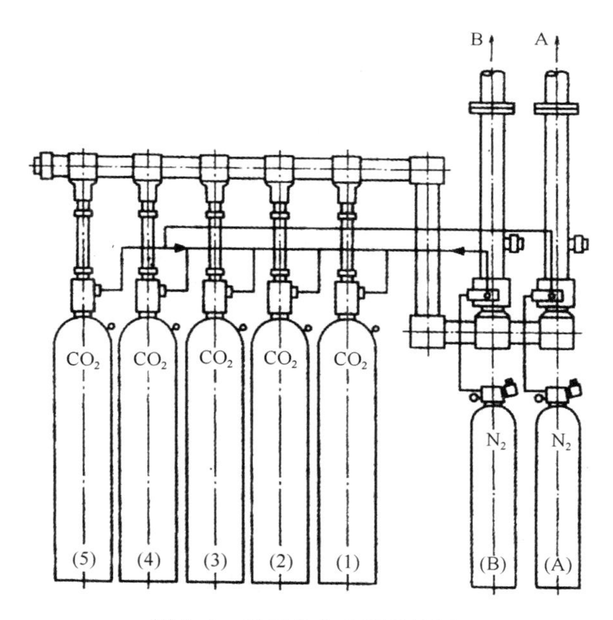

图 5.3 高压组合分配系统图

表 5.1 高压系统的构成及各部分的功能

序号	名称	功能
1	总控制箱	接收火警信号,自动或手动发出启动系统指示,同时发出报警信号
2	高压储存容器	储存二氧化碳灭火剂
3	容器阀	充装或泄放二氧化碳灭火剂

续表

序号	名称	功能
4	安全阀	当管道内压力超过允许值时，自动打开泄压
5	集流管	汇集各储瓶喷放的二氧化碳灭火剂，向各防护区输送
6	高压软管	连接储存容器与集流管上的止回阀
7	止回阀	与高压软管相连，用以控制灭火剂流动方向
8	选择阀	控制灭火剂流向防护区
9	反馈装置	把压力信号反馈给总控制柜
10	启动管道止回阀	装于启动管道上，控制气体流向
11	启动钢瓶	盛装高压气体，用于启动系统
12	电动启动阀	释放启动气体，开启系统
13	喷嘴	向防护区或保护物喷放二氧化碳灭火剂
14	火灾探测器	探测火灾并向总控制柜发出报警信号
15	分区检控箱	用于各分区的检测与控制
16	声光报警器	发出声光报警，指示防护区内的人员迅速撤离
17	紧急启动按钮	手动发出开启系统指示
18	放气指示灯	指示系统已经开启，警告人们不要进入防护区

表 5.2　低压系统的构成及各部分的功能

序号	名称	功能
1	低压储存容器	储存二氧化碳灭火剂
2	储存容器截止阀	常开，用于关闭系统
3	主阀（包括气启动阀）	控制灭火剂流向选择阀
4	选择阀（包括气启动器）	控制灭火剂流向防护区，每一个防护区对应一个选择阀
5	旁通管道止回阀	与主阀并联，用于系统喷放之后，将残留在主阀与选择阀之间封闭管道内的二氧化碳灭火剂排回储存容器中
6	喷嘴	向防护区或保护物喷放二氧化碳灭火剂
7	启动气路截止阀	关闭启动气路
8	启动气路调节阀	调节启动气路的压力
9	启动气路电磁阀	通过控制启动气路来控制主阀或选择阀的开启或关闭
10	反馈装置	把压力信号反馈给总控制柜
11	紧急启动按钮	手动发出开启系统
12	紧急停止按钮	手动发出关闭系统
13	放气指示灯	指示系统已经开启，警告人们不要进入防护区
14	声光报警器	发出声光报警，指示防护区内的人员迅速撤离
15	火灾探测器	探测火灾并向报警控制柜发出报警信号
16	报警控制柜	接收火灾探测器发出的火警信号，并向灭火控制器发出报警信号
17	灭火控制器	接收火警信号，自动或手动发出启动系统指示，同时发出报警信号

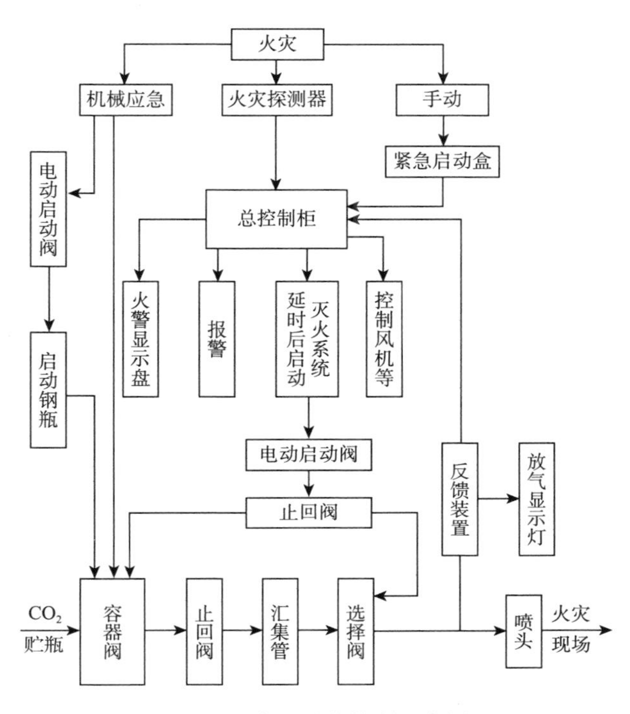

图 5.4　高压系统控制程序图

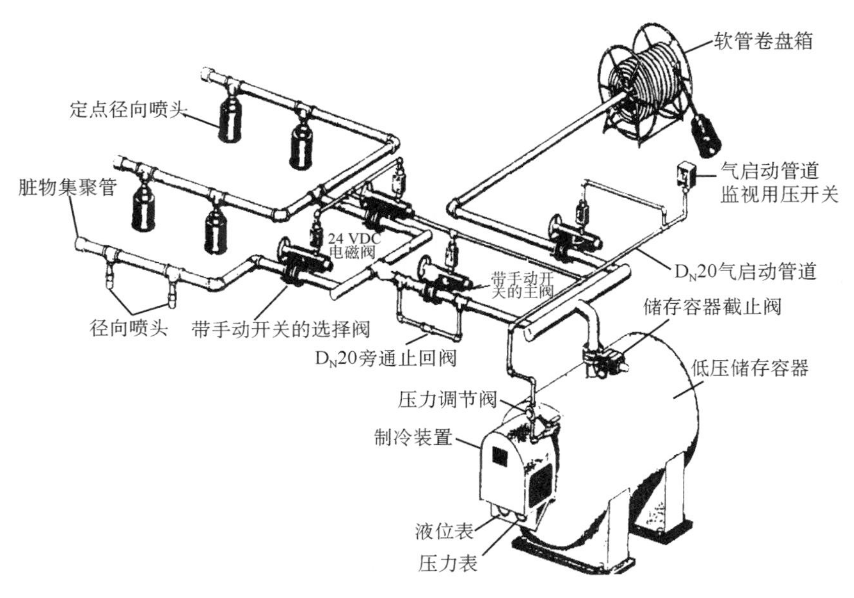

图 5.5　典型低压二氧化碳灭火系统

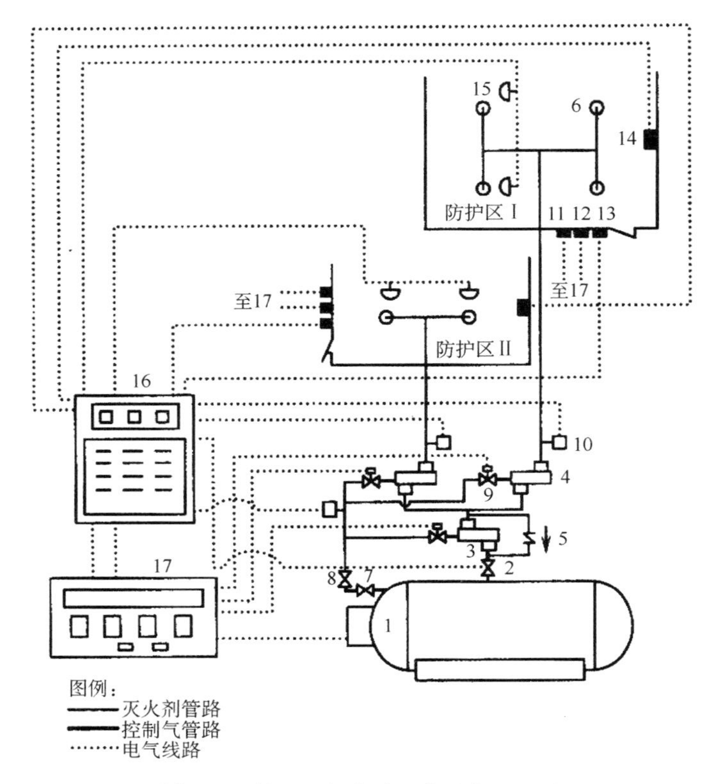

图 5.6　低压二氧化碳灭火系统原理图

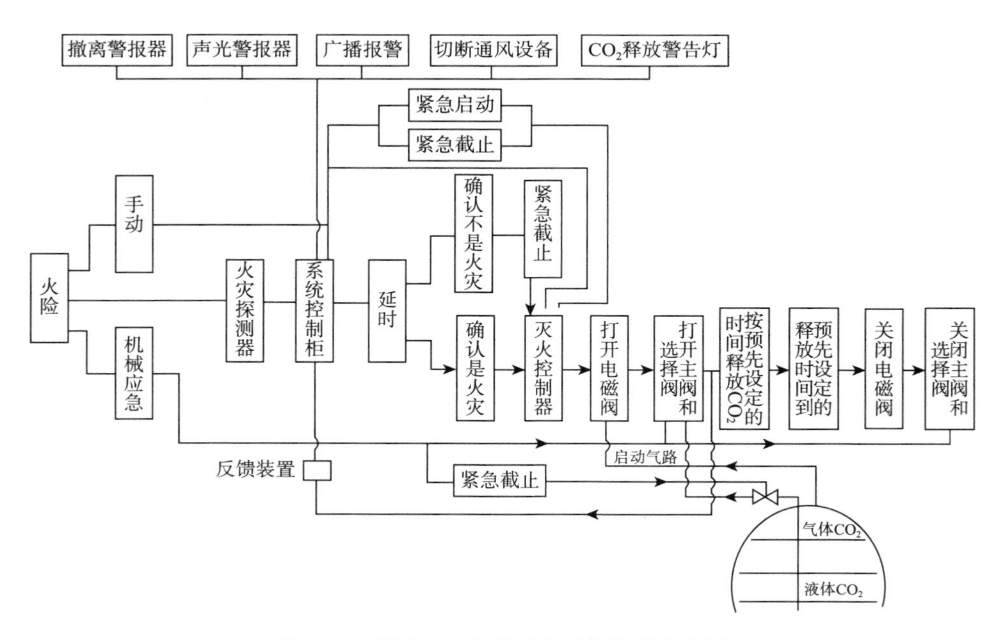

图 5.7　低压二氧化碳灭火系统控制程序图

二、系统的控制方式

(1)二氧化碳灭火系统应设有自动控制、手动控制和机械应急操作三种启动方式。当局部应用系统用于经常有人保护的场所时,可不设自动控制。

(2)当采用火灾探测器时,灭火系统的自动控制应在接收到两个独立的或不同种类的信号后才能启动。根据人员疏散的要求,宜延迟启动,但延迟时间不应大于30 s。

(3)手动操作装置应设在防护区外便于操作的地方,并应能在一处完成系统启动的全部操作。局部应用系统的手动操作装置应设在被保护对象的附近。

(4)系统的供电与自动控制应符合现行国家标准《火灾自动报警系统设计规范》的有关规定。当采用气动动力源时,应保证系统操作与控制所需的压力和用气量。

三、按结构特点分类

1. 无管网灭火系统

无管网灭火系统是指按一定的应用条件,将灭火剂储存装置和喷放组件等预先设计、组装成套且具有联动控制功能的灭火系统,又称预制灭火系统。该系统又分为柜式气体灭火装置和悬挂式气体灭火装置两种类型,适用于较小的、无特殊要求的防护区。

2. 管网灭火系统

管网灭火系统是指按一定的应用条件进行计算,将灭火剂从储存装置经由干管、支管输送至喷放组件实施喷放的灭火系统。

管网系统又可分为组合分配系统和单元独立系统。

单元独立系统是指用一套灭火剂储存装置保护一个防护区的灭火系统(图5.8)。一般说来,用单元独立系统保护的防护区在位置上是单独的,离其他防护区较远不便于组合,或是两个防护区相邻,但有同时失火的可能。一个防护区包括两个以上封闭空间时也可以用一个单元独立系统来保护,但设计时必须做到系统储存的灭火剂能够满足这几个封闭空间同时灭火的需要,并能同时供给它们各自所需的灭火剂量。当两个防护区需要灭火剂量较多时,也可采用两套或数套单元独立系统保护一个防护区,但设计时必须做到这些系统同步工作。

组合分配系统是指用一套灭火系统储存装置同时保护两个或两个以上防护区或保护对象的气体灭火系统(图 5.9)。组合分配系统的灭火剂设计用量是按最大的一个防护区或保护对象来确定的,如组合中某个防护区需要灭火,则通过选择阀、容器阀等控制,定向释放灭火剂。这种灭火系统的优点使储存容器数和灭火剂用量可以大幅度减少,有较高应用价值。

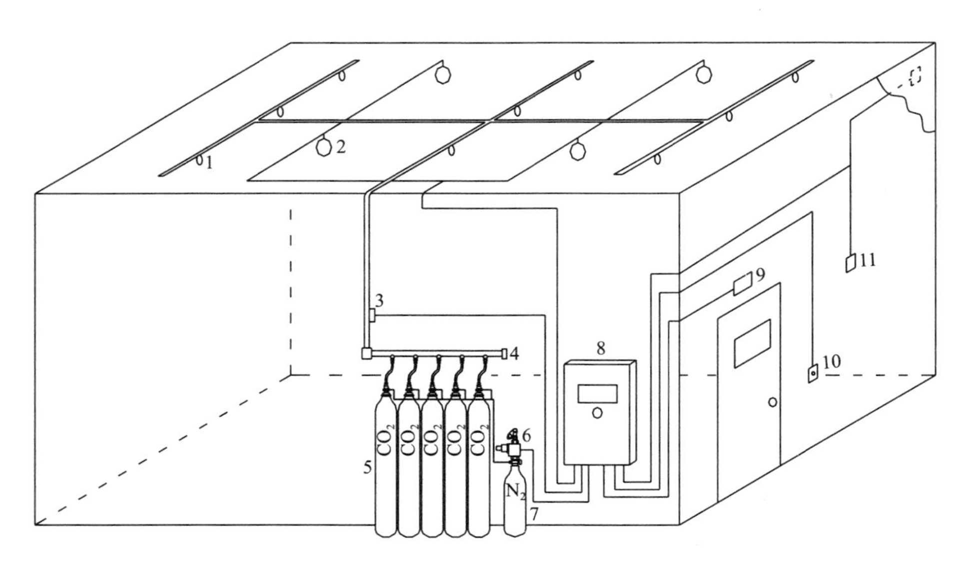

图 5.8 单元独立系统示意图

1. 喷头;2. 火灾探测器;3. 压力开关;4. 安全阀;5. CO_2 灭火瓶组;6. 电磁启动器;7. 启动气瓶;8. 报警控制器;9. 喷洒指示灯;10. 紧急启动/停止按钮;11. 声光讯响器

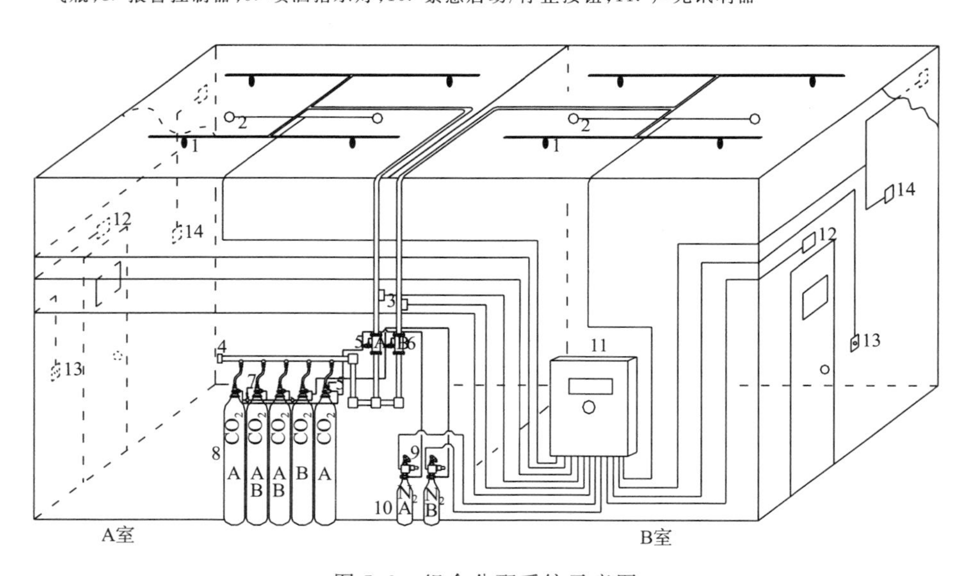

图 5.9 组合分配系统示意图

1. 喷头;2. 火灾探测器;3. 压力开关;4. 安全阀;5. 气动启动头;6. 选择阀;7. 单向阀;8. CO_2 灭火瓶组;9. 电磁启动器;10. 启动气瓶;11. 报警控制器;12. 喷洒指示灯;13. 紧急启动/停止按钮;14. 声光讯响器

四、按应用方式分类

1. 全淹没灭火系统

全淹没灭火系统是指在规定的时间内，向防护区喷射一定浓度的气体灭火剂，并使其均匀地充满整个防护区的灭火系统。全淹没灭火系统的喷头均匀布置在防护区的顶部，火灾发生时，喷射的灭火剂与空气的混合气体，迅速在此空间内建立有效扑灭火灾的灭火浓度，并将灭火剂浓度保持一段所需要的时间，即通过灭火剂气体将封闭空间淹没实施灭火。

2. 局部应用灭火系统

局部应用灭火系统指在规定的时间内向保护对象以设计喷射率直接喷射气体，在保护对象周围形成局部高浓度，并持续一定时间的灭火系统。局部应用灭火系统的喷头均匀布置在保护对象的四周，火灾发生时，将灭火剂直接而集中地喷射到保护对象上，使其笼罩整个保护对象外表面，即在保护对象周围局部范围内达到较高的灭火剂气体浓度实施灭火。

第三节　系统设计的基本要求

一、防护区的设置要求

(1)防护区的确定。防护区的划分应根据封闭空间结构特点和位置来确定。

全淹没系统防护区的面积大于 500 m^2 或总容积大于 2000 m^3 时，宜采用防火分区的办法，将其分成两个或两个以上的防护区，用组合分配系统保护，以节省投资。

局部应用系统的防护面积不宜大于 25 m^2，最多不应超过 50 m^2；对于固体火灾，其防护体积不宜大于 50 m^3，最多不应超过 100 m^3。

局部应用系统保护对象周围的空气流动速度不宜大于 3 m/s，必要时应采取挡风措施。在喷嘴与保护对象之间，喷嘴的喷射角范围内不应有遮挡物。当保护对象为可燃液体时，液面至容器缘口的距离不应小于 150 mm，以防燃烧的溶液溅出。

防护区的正常环境温度范围为－20～100 ℃，当防护区环境温度超出该范围时，全淹没系统二氧化碳设计用量应予以增加。

(2)防护区建筑构件的耐火性能和耐压性能要求。防护区内的围护结构及门、窗的耐火极限不应小于 0.5 h；吊顶的耐火极限不应低于 0.25 h。

向全封闭空间施放灭火剂时，如果维护结构及门、窗因耐压强度不够而爆裂，就会造成灭火剂流失、灭火失败、火灾蔓延的严重后果。维护结构及门、窗的允许压强不宜小于 1200 Pa。

(3)防护区的泄压。无门、窗的全封闭防护区应设泄压口,并宜设在外墙上,其高度应大于防护区净高的 2/3。当防护区设有防爆泄压孔时,可不单独设置泄压孔。泄压口的面积按下式计算:

$$A_x = 0.0076Q_t / \sqrt{P_t} \tag{5.1}$$

式中:A_x——泄压口的面积(m^2);

Q_t——二氧化碳喷射速率(kg/min);

P_t——防护区围护结构允许压强(Pa)。

有门窗的防护区一般可不设泄压口。

(4)防护区的开口。全淹没系统的防护区应为封闭空间,防护区的开口应满足下列要求:

①全淹没防护区尽量不设不能关闭的开口;

②凡能关闭的开口,要能与报警连锁自动关闭;

③无法关闭的开口不能开在底面,且不得大于防护区总表面积的 3%。

上述要求无法满足时,应采用局部应用系统。

(5)防护区的安全要求:

①防护区的出口和通道应保证在 30 s 内使人员疏散,并应有疏散指示标志和应急照明装置。

②防护区内和入口处应有声光报警装置,入口处还应设有灭火系统防护标志和灭火剂喷放指示灯。

③防护区的门应向疏散方向开启,并能自动关闭和随意从防护区内打开。

④防护区门外应设专用的空气呼吸器或氧气呼吸器。

⑤地下防护区、无窗或只有固定窗扇的地上防护区应有机械排气装置。

⑥施放二氧化碳前或当时,必须切断可燃、助燃气体的气源。

⑦当系统管道设置在可燃气体、蒸气或有爆炸危险的粉尘场所时,应设防静电接地。

二、储存容器和储存容器间设置要求

(1)高压储存容器

①在同一灭火系统中,储存容器的规格、型号、灭火剂的充装量和充装压力应完全一致。

②二氧化碳充装率应符合现行国家标准《气瓶监察规程》的规定。一般为 0.6～0.67,不得大于 0.67。

③储存容器内的压力随环境温度而变化。在设计温度为 21 ℃时,储存压力为 5.17 MPa。储存容器内的压力应根据环境温度和充装率按表 5.3 校正。

表 5.3 二氧化碳储存压力(MPa)与温度的关系

充装率＼温度	0 ℃	5 ℃	10 ℃	15 ℃	20 ℃	25 ℃	30 ℃	35 ℃	40 ℃	45 ℃	50 ℃
0.6	3.50	3.90	4.60	5.20	5.86	6.60	7.50	8.60	10.10	11.25	12.50
0.67	3.50	3.90	4.60	5.20	5.86	6.60	7.90	9.70	11.30	13.00	12.60
0.75	3.50	3.90	4.60	5.20	5.86	6.60	9.50	11.70	13.90	15.90	18.10

④储存容器的工作压力不应小于 1.5 MPa,储存容器或容器阀上应设泄压装置。

⑤储存容器应设称重装置,当重量降到设计重量的 90%以下时,应及时补充二氧化碳或更换瓶组。

⑥储存装置的布置应方便检查和维护,并应保持干燥和良好通风。应尽量避免储存装置被阳光直射,其环境温度为 0～49 ℃。

(2)低压储存容器

①低压系统的储存容器中二氧化碳的充装率应符合现行国家标准《储存容器安全技术监察规程》的规定。

②储存容器的设计压力不应小于 2.4 MPa。储存容器上至少应设置两个安全阀。

③储存容器上应设高压、低压两种报警装置,高压报警压力不应大于 2.2 MPa;低压报警压力不应小于 1.8 MPa。低压系统中储存容器应有良好的绝热措施,其风冷机组应自动控制,使容器灭火剂的温度维持在－18～－20 ℃的范围内。

④储存装置的布置应方便检查和维护,并应保持干燥和良好通风。

(3)储存容器间

①全淹没灭火系统储存容器一般应设置在专用储存容器间内,储存容器间要靠近防护区,其出口要通向室外或通道,耐火等级不应低于二级。环境温度要求在 0～49 ℃。局部应用系统储存容器可按需要设置在防护区附近的安全栏内。

②储存容器间内储存容器操作面距墙或相对操作面之间的距离不宜小于 1 m。

③储存容器必须固定牢靠。固定件及支、框架应作防腐处理。

④储存容器间设备的全部手动操作点,应有标明对应防护区名称的耐久标志。全部手动操作机构应有加铅封的安全销或防护罩。

三、管网设计要求

(1)管网布置。管网最好布置成均衡系统,并且宜满足下列要求:

①选用同一规格尺寸的喷嘴,喷嘴布置应使防护区内二氧化碳均匀分布。喷嘴应接近天花板或屋顶安装。对于高度在 5～10 m 的防护区,宜在其净高 1/3 和 2/3 处安装辅助喷嘴。隐蔽空间的净高大于 0.8 m 时,应增设一层喷嘴。

②均衡布置管网。为保证每只喷嘴的设计流量基本相等,系统计算结果宜满足

下式要求：

$$(h_{max} - h_{min})/h_{max} < 0.1 \tag{5.2}$$

式中：h_{max}——装在最不利点的喷嘴的全程阻力损失；

h_{min}——装在最有利点的喷嘴的全程阻力损失。

③管网布置还应符合下列规定；a. 分流不应采用“四通”；b.“三通”分流出口应为水平布置；c.“三通”两侧分流比不应小于 4∶6；d.“三通”直侧分流比例，直流部分不小于 60%。

分流出口应按图 5.10 布置，不得采用图 5.11 所示的位置布置。

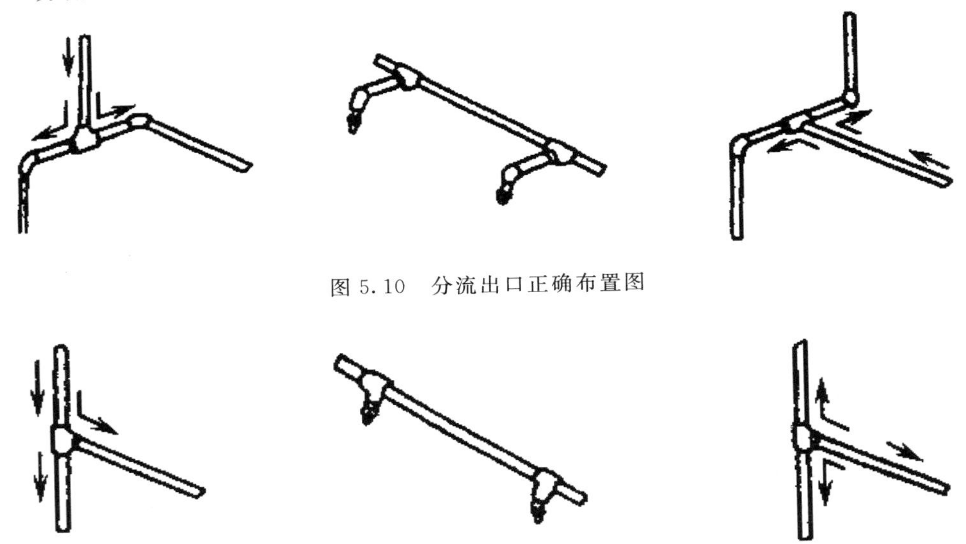

图 5.10 分流出口正确布置图

图 5.11 分流出口错误布置图

(2)管材。管道及其附件应能承受最高环境温度下二氧化碳的储存压力，并应符合下列规定：

①管道一般采用内外镀锌的无缝钢管，其标准应符合现行国家标准《冷拔或冷轧精密无缝钢管》(GB 8163)中规定的无缝钢管要求。当环境对镀锌层有防腐蚀和特殊要求时，管道也可采用不锈钢管、铜管或其他材质。

②连接软管必须能承受系统的工作压力，并宜采用符合现行国家标准中规定的不锈钢软管连接。

(3)管道连接方式。管道的连接可采用法兰连接、螺纹连接或焊接。公称直径等于或小于 80 mm 的管道，宜采用中、高压螺纹连接；公称直径大于 80 mm 的管道，宜采用法兰连接。无缝钢管采用法兰连接时，应在焊接法兰后进行内外镀锌处理。

(4)管道的安全装置。阀门之间的封闭管段(如组合分配系统中的集流管)，应设泄压装置(如安全阀或安全膜片)，其泄压动作压力对高压系统和低压系统分别为(15±0.75)MPa 和(2.38±0.12)MPa。

低压系统的管网中应设膨胀收缩措施。主阀与储存容器之间的封闭管道应进行保温。

在可能发生爆炸的场所,管网应悬吊安装。

每条管道的末端应设一段长度至少为 51 mm 的带盲堵的短管,用以聚集脏物,以防堵塞喷嘴。

(5)管道穿墙壁和楼板。管道穿墙壁或楼板处,应安装套管。穿过墙壁的套管长度与墙厚相等,穿过楼板的套管长度应高出地面 50 mm。

(6)管道支、吊架。管道支、吊架间距不应大于表 5.4 的规定。管道末端喷嘴处应采用支架固定。喷嘴与支、吊架间的管道长度不应大于 50 mm。

表 5.4 支、吊架之间的最大间距

管道公称直径/mm	15	20	25	32	40	50	65	80	100	150
最大间距/m	1.5	1.8	2.1	2.4	2.7	3.4	3.5	3.7	4.3	5.2

(7)系统管道、组件与带电设备的安全距离见表 5.5。

表 5.5 系统组件与带电设备的安全距离

标称线路电压/kV	最小间距/m
≤10	0.18
35	0.34
100	0.94
220	1.90
330	2.90
500	3.60

注:海拔高度高于 1000 m 的防护区,高度每增加 100 m,表中的最小间距应增加 1%。

第四节 全淹没系统设计计算

一、二氧化碳用量计算

(1)二氧化碳灭火浓度:根据极限氧含量计算理论,二氧化碳灭火浓度可按下式计算:

$$C = (21 - [O_2]) \times 100/2 \tag{5.3}$$

式中:C——氧化碳灭火浓度(临界值,体积百分比);

21——空气中的含氧量(体积百分比);

$[O_2]$——二氧化碳与空气混合气中某物质维持燃烧的极限氧含量(体积百分比)。

二氧化碳与空气混合气中一些物质维持燃烧的极限氧含量见表 5.6。

表 5.6 空气混合气中一些物质维持燃烧的极限氧含量

燃料	甲烷	乙烷	丙烷	丁烷	汽油	己烷	正庚烷	一氧化碳
极限氧含量(体积%)	14.6	13.4	14.3	14.5	14.4	14.5	14.4	5.9
燃料	乙醚	苯	氢	乙烯	甲醇	乙醇	天然气	二硫化碳
极限氧含量(体积%)	13.0	13.9	5.9	11.7	13.5	13.0	14.4	8

(2)二氧化碳设计灭火浓度:二氧化碳设计灭火浓度不应小于灭火浓度(临界值)的 1.7 倍,并且规定最小设计灭火浓度为 34%。

为计算方便,取最小设计灭火浓度 34%作基数,令其等于 1,制定出各物质二氧化碳设计灭火浓度对最小设计灭火浓度 34%的折算系数,即物质系数:

$$K_b = \ln(1 - C')/\ln(1 - 0.34) \tag{5.4}$$

式中:K_b——某物质的物质系数;

C'——某物质的二氧化碳设计灭火浓度。

一些常用可燃物质的物质系数、二氧化碳设计灭火浓度、熄灭阴燃火的最小抑制时间见表 5.7。

(3)二氧化碳设计用量计算:

全淹没灭火系统二氧化碳设计用量按下式计算:

$$M = K_b(0.2A + 0.7V) \tag{5.5}$$

$$A = A_v + 30A_0$$

$$V = V_v - V_g$$

式中:M——二氧化碳设计用量(kg);

K_b——物质系数,按表 5.7 选用;

0.2——面积系数(kg/m^2);

0.7——体积系数(kg/m^2);

30——开口补偿系数;

A——折算面积(m^2);

A_v——防护区(包括开口)总面积(m^2);

A_0——防护区开口总面积(m^2),

V——防护区的净容积(m^3);

V_v——防护区容积(m^3);

V_g——防护区内不燃烧体或难燃烧体的总体积(m^3)。

当防护区内存在两个或两个以上防护区时,应按防护区中最大的二氧化碳设计灭火浓度计算(表 5.7)。

当防护区环境温度介于−20~100 ℃时,无须进行二氧化碳用量的补偿;当上限超过 100 ℃时,物体容易再燃,需要增加二氧化碳用量,使二氧化碳灭火浓度维持较长一段时间，以冷却燃烧物，减少物体再燃的机会，当下限低于－20 ℃时，二氧化碳灭火剂由于温度低而使其密度变大，从防护区开口或缝隙流失的二氧化碳灭火剂量增多，因此，也需要对其进行补偿。二氧化碳设计用量在上述计算值的基础上，当环境温度高于100 ℃时，每高5 ℃增加2%；低于－20 ℃时，每低1 ℃增加2%。

表 5.7 可燃物质相关系数

可燃物质	物质系数 K_b	二氧化碳设计灭火浓度/%	抑制时间/min	可燃物质	物质系数 K_b	二氧化碳设计灭火浓度/%	抑制时间/min
Ⅰ. 液体与气体类				环丙烷	1.10	37	
丙酮	1.00	34		柴油	1.00	34	
乙炔	2.57	66		乙醚	1.22	40	
航空燃油 115/45	1.06	36		二甲醚	1.22	40	
苯、粗苯	1.10	37		二甲苯	1.47	46	
丁二烯	1.26	41		乙烷	1.22	40	
丁烷	1.00	34		乙醇	1.34	43	
丁烷－1	1.10	37		二乙醚	1.47	46	
二硫化碳	2.03	72		乙烯	1.60	49	
一氧化碳	2.43	64		二氯乙烯	1.00	34	
煤气、天然气	1.10	37		环氧乙烯	1.80	53	
汽油	1.00	34		Ⅱ. 固体类			
己烷	1.03	35		纤维材料	2.25	6258	20
庚烷	1.03	35		棉花	2.0	62	20
氢	3.3	75		皱纹纸	2.25	58	20
硫化碳	1.06	36		颗粒状塑料	2.0	34	20
异丁烷	1.06	36		聚苯乙烯	1.0	34	
异丁烯	1.00	34		聚氨基甲酸酯	1.0	47	
二异丁甲酸酯	1.00	34		Ⅲ. 特种场合			
JP-4	1.06	36		电缆室	1.6	47	10
煤油	1.00	34		数据储存区	2.25	62	20
甲烷	1.00	34		电子计算机设备	1.5	47	10
醋酸甲酯	1.03	35		电气开关和配电室	1.2	40	
甲醇	1.22	40		发电机及冷却设备	2.0	58	至停转
甲基丁烯－1	1.06	36		油浸变压器	2.0	58	
甲基乙基甲酮	1.22	40		输出终端打印设备	2.25	62	20
甲基酯	1.18	39		喷漆和干燥设备	1.2	40	
戊烷	1.03	35		纺织机	2.0	58	
丙烷	1.06	36		电器绝缘材料	1.5	47	10
丙烯	1.06	36		皮毛储存间	3.30	75	20
淬火油、润滑油	1.00	34		吸尘装置	3.30	75	20

(4)二氧化碳储存量计算。高压系统二氧化碳储存量应包括设计灭火用量、管网内和储存容器内的二氧化碳的剩余量。剩余量一般按设计用量的10%计。

$$M_c = 1.1M \tag{5.6}$$

式中：M_c——二氧化碳储存量(kg)。

二、管网计算

管网计算的任务是确定储存容器的个数、储存压力和充装率、各管段管径、喷嘴的孔口面积。管网计算的原则是使管道直径满足输送设计流量的要求，同时应保证各喷嘴入口压力不低于喷嘴最低工作压力的要求。具体计算步骤如下：

(1)储存容器个数估算。储存容器个数可按下式估算：

$$N_p = M_c/(\alpha_0 V_0) \tag{5.7}$$

式中：N_p——储存容器个数(个)；

V_0——单个储存容器的容积(L)；

α_0——储存容器中二氧化碳的充装率(kg/L)，对于高压系统取 α_0 为 0.6～0.67 kg/L。

设计高压组合分配系统时，应根据各防护区所需的二氧化碳储存用量选择适当的 V_0 和 α_0，尽量使每一个防护区所需的二氧化碳储存量接近单瓶储剂量的整倍数，即各防护区都对应相应的瓶数，保证系统设计的合理性。

(2)管网设计流量计算。低压系统的二氧化碳从储罐中喷出时是处于饱和压力下的低温液体，当液体流过喷射管网时，由于温度增加，液体二氧化碳开始气化，形成液体和蒸气的混合物。气相二氧化碳的流量远远小于液相二氧化碳的流量，为了在规定的喷放时间内达到设计浓度，在实际流量估算时需要对管道蒸发量进行补偿。高压系统管道蒸发量取0值，低压系统管道蒸发量按下式计算：

$$M_v = M_g C_p (T_1 - T_2)/H \tag{5.8}$$

式中：M_v——管道蒸发量(kg)；

M_g——管道质量(kg)；

C_p——管道金属比热[kJ/(kg·℃)]，对钢管取 C_p 为 0.46[kJ/(kg·℃)]；

T_1——喷放二氧化碳前管道平均温度(℃)；

T_2——二氧化碳平均温度(℃)，正常情况下，高压储存系统取 15.6 ℃，低压储存系统取−20.6 ℃；

H——液态二氧化碳蒸发潜热(kJ/kg)，高压储存系统取 150.7kJ/kg，低压储存系统取 276.3kJ/kg。

对于管道长度较小、管网简单的情况，因计算出的 M_v 值较小，可将其忽略不计。

①管网中干管的设计流量按下式计算：

$$Q_g = (M + M_v)/t \tag{5.9}$$

式中：Q_g——干管的设计流量(kg/min)；

t——二氧化碳喷射时间(min)。

全淹没灭火系统扑救表面火灾时，二氧化碳喷放时间不应大于 1 min；扑救固体深位火灾时，二氧化碳喷放时间不大于 7 min，并应在前 2 min 之内使防护区的浓度达到 30%。30%浓度的物质系数可按公式 5.4 计算：

$$K_b = \ln(1-C')/\ln(1-0.34) = \ln(1-0.3)/\ln(1-0.34) = 0.86$$

根据计算出的物质系数和公式 5.5，就可以算出为达到 30%浓度所需的喷放二氧化碳灭火剂的用量，再用这个用量除以 2 min，就可得出扑救固体深位火灾所需的设计流量。

②管网中喷嘴的设计流量：

$$Q_i = Q_g/N \tag{5.10}$$

式中：Q_i——单个喷嘴的设计流量(kg/min)；

N——喷嘴总数。

③管网中支管的设计流量：

$$Q = N_g Q_i \tag{5.11}$$

式中：Q——支管的设计流量(kg/min)；

N_g——安装在计算支管下游的喷嘴数量。

(3)初定内径：

$$D = (1.5 \sim 2.5)\sqrt{Q} \tag{5.12}$$

式中：D——管道内径(mm)。

(4)根据管路布置，确定计算管段的计算长度(管段计算长度应为管段实长与管道附件当量长度之和)。管道附件当量长度见表 5.8。

表 5.8 管道附件当量长度

管道公称直径/mm	螺纹连接			焊接		
	90°弯头/m	“三通”的直通部分/m	“三通”的侧通部分/m	90°弯头/m	“三通”的直通部分/m	“三通”的侧通部分/m
15	1.52	0.3	1.04	0.24	0.21	0.84
20	0.67	0.43	1.37	0.33	0.27	0.85
25	0.85	0.55	1.74	0.43	0.34	1.07
32	1.13	0.7	2.29	0.55	0.46	1.4
40	1.31	0.82	2.65	0.64	0.52	1.65
50	1.68	1.07	3.42	0.85	0.87	2.1
65	2.01	1.25	4.09	1.01	0.82	2.5
80	2.50	1.56	5.06	1.25	1.01	3.11

续表

管道公称直径/mm	螺纹连接			焊接		
	90°弯头/m	“三通”的直通部分/m	“三通”的侧通部分/m	90°弯头/m	“三通”的直通部分/m	“三通”的侧通部分/m
100				1.66	1.34	4.09
125				2.04	1.68	5.12
150				2.47	2.01	6.16

(5)低压系统获得均质流的延迟时间校核。低压系统获得均质流的延迟时间按下式计算：

$$t_d = M_g C_p (T_1 - T_2)/0.507Q + 16850V_D/Q \tag{5.13}$$

式中：t_d——延迟时间(s)；

V_D——管道容积(m^3)。

低压系统获得均质流的延迟时间对全淹没灭火系统和局部应用灭火系统分别不宜大于 60 s 和 30 s，否则应重新布置管网，减少管道的质量和容积，直到符合要求为止。

(6)二氧化碳管道压力降计算。二氧化碳管道压力降计算有两种方法：公式计算法、图解法。图解法使用方便，但精度比计算法差些。

①公式计算法

$$Q^2 = 0.8725 \times 10^{-4} D^{5.25} \cdot Y/(0.04319D^{1.25}Z + L) \tag{5.14}$$

为便于计算，将公式 5.14 转换成公式 5.15。

$$Y_2 = Y_1 + ALQ^2 + B(Z_2 - Z_1)Q^2 \tag{5.15}$$

式中：$A=1/(0.8725\times10^{-5}D^{5.25})$；

$B=4905/D^4$；

Y——压力系数(MPa·kg/m^3)；

Z——密度系数；

Y_1——计算管道的始端 Y 值；

Y_2——计算管道的终端 Y 值；

Z_1——计算管道的始端 Z 值；

Z_2——计算管道的终端 Z 值；

D——管段内径(mm)；

L——管段计算长度(m)。

Y 值和 Z 值可以从表 5.9 和表 5.10 中查得(为便于展示和阅读，将相关数值放大 10 倍，并在单位处增加 10^{-1} 标注，后同)。

表 5.9 高压储存系统各压力点的 Y、Z 值

压力/(10^{-1}MPa)	Y/(10^{-1}MPa·kg/m^3)	Z	压力/(10^{-1}MPa)	Y/(10^{-1}MPa·kg/m^3)	Z
51.7	0	0	35	9277	0.83
51	554	0.0035	32.5	10050	0.95
50.5	972	0.06	30	10823	1.086
50	1325	0.0825	27.5	11507	1.24
47.5	3037	0.21	25	12193	1.43
45	4606	0.33	22.5	12502	1.62
42.5	6129	0.427	20	12855	1.84
40	7256	0.57	17.5	13187	2.14
37.5	8283	0.7	14	13408	2.59

表 5.10 低压储存系统各压力点的 Y、Z 值

压力/(10^{-1}MPa)	Y/(10^{-1}MPa·kg/m^3)	Z	压力/(10^{-1}MPa)	Y/(10^{-1}MPa·kg/m^3)	Z
20.7	0	0	15	3696	0.994
20	665	0.12	14	4045	1.169
19	1500	0.295	13	4338	1.344
18	2201	0.47	12	4584	1.519
17	2780	0.645	11	4789	1.693
16	3285	0.82	10	4962	1.868

②图解法

将公式计算法中的式 5.14 变换成式 5.16：

$$L/D^{1.25} = 0.8725 \times 10^{-4} Y/(Q/D^2)^2 - 0.04319Z \qquad (5.16)$$

令比管长 $L/D^{1.25}$ 为横坐标，压力 P(10^{-1}MPa)为纵坐标，依照式 5.16 关系在该坐标系中取不同的比流量 Q/D^2 的值，可得两组曲线簇，如图 5.12 和图 5.13 所示。据此，就可用图解法来求出管道的压力降值。

使用图解法时，先计算出各计算管段的比管长 $L/D^{1.25}$ 和比流量 Q/D^2 值。以储存容器的储存压力为管网的起点压力，找出第一计算管段的终端压力，再以第一计算管段的终端压力等于第二计算管段的始端压力，又可找出第二计算管段的终端压力，以此类推，直至求得系统最末端的压力。

(7)高程压力校正。在二氧化碳管网计算中，对管段两端的高差应进行高程压力校正，并将其计入计算管段的终端压力。二氧化碳向上流动时高程压力校正值取负值，二氧化碳向下流动时高程压力校正值取正值。

高程压力校正值等于高程与校正系数之乘积。高程压力校正系数见表 5.11、表 5.12。

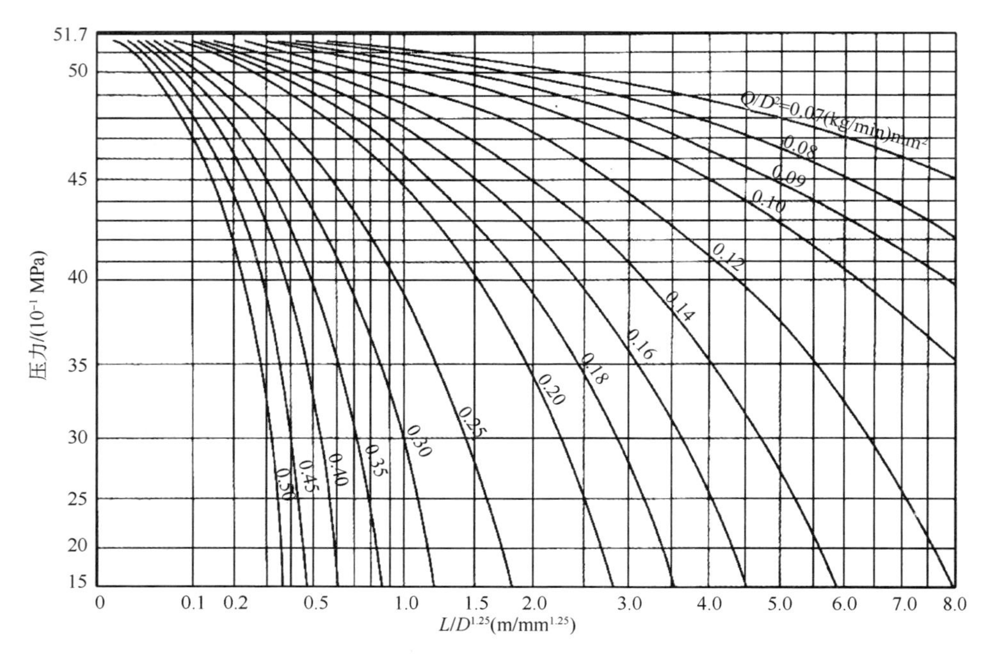

图 5.12 高压系统管道压力降

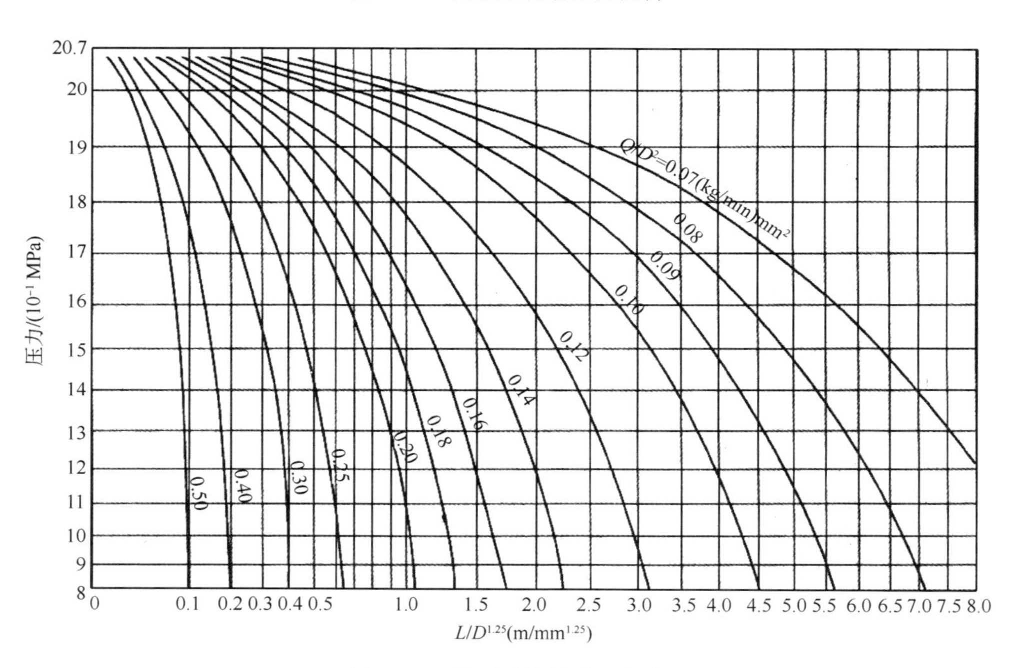

图 5.13 低压系统管道压力降

表 5.11 高压储存系统各压力下的高程压力校正系数

管段平均压力/(10^{-1}MPa)	51.7	48.3	44.8	41.4	37.9	34.5
高程压力校正系数/(10^{-1} MPa)	0.0796	0.0679	0.0577	0.0486	0.0400	0.0339
管段平均压力/(10^{-1}MPa)	31.0	27.6	24.1	20.7	17.2	14.0
高程压力校正系数/(10^{-1} MPa)	0.0283	0.0238	0.0192	0.0158	0.0124	0.0102

表 5.12 低压储存系统各压力下的高程压力校正系数

管段平均压力/(10^{-1}MPa)	20.7	19.3	17.9	16.5	15.2	13.8	12.4	11.0	10.0
高程压力校正系数/(10^{-1} MPa)	0.1000	0.0776	0.0599	0.0468	0.0378	0.0303	0.0242	0.0192	0.0162

(8)喷嘴的选择。根据每个喷嘴流量和入口压力，算出喷嘴等效孔口面积，再根据等效孔口面积选定喷嘴产品规格。

喷嘴入口压力即是系统最末管段(或支管)终端压力。高压系统喷嘴入口压力不应小于 1.4 MPa；低压系统喷嘴入口压力不应小于 1.0 MPa。如果计算出来的喷嘴入口压力不符合这些要求，可改变管路布置，调整公称直径，直到符合要求为止。

喷嘴的等效孔口喷射率是以流量系数 0.98 标准孔口进行测算的，它是储存容器内压力的函数。高压系统和低压系统的等效孔口喷射率测算数据见表 5.13、表 5.14。

表 5.13 高压储存系统等效孔口的喷射率

喷嘴入口压力 /(10^{-1} MPa)	喷射率 /[kg/(min·mm^2)]	喷嘴入口压力 /(10^{-1} MPa)	喷射率 /[kg/(min·mm^2)]
51.7	3.255	32.8	1.233
50.0	2.703	31.0	1.139
48.3	2.401	29.3	1.062
46.5	2.172	27.6	0.9843
44.8	1.993	25.9	0.9070
43.1	1.839	24.1	0.8296
41.4	1.705	22.4	0.7593
39.6	1.589	20.7	0.6890
37.9	1.487	17.2	0.5484
36.2	1.396	14.0	0.4333
34.5	1.308		

表 5.14 低压储存系统等效孔口的喷射率

喷嘴入口压力 /(10^{-1} MPa)	喷射率 /[kg/(min·mm^2)]	喷嘴入口压力 /(10^{-1} MPa)	喷射率 /[kg/(min·mm^2)]
20.7	2.967	15.2	0.9175
20.0	2.309	14.5	0.8507

续表

喷嘴入口压力 /(10^{-1} MPa)	喷射率 /[kg/(min·mm²)]	喷嘴入口压力 /(10^{-1} MPa)	喷射率 /[kg/(min·mm²)]
19.3	1.670	13.8	0.7910
18.6	1.441	13.1	0.7368
17.9	1.283	12.4	0.6869
17.2	1.164	11.7	0.6412
16.5	1.072	11.0	0.5990
15.9	0.9913	10.0	0.5400

喷嘴等效孔口面积通过等效孔口面积的喷射率求出，其计算公式如下：

$$F = Q_i / q_0 \tag{5.17}$$

式中：F——喷嘴等效孔口面积(mm^2)；

Q_i——单个喷嘴流量(kg/min)；

q_0——等效孔口单位面积的喷射率[kg/(min·mm²)]。

求得等效孔口面积之后，即可从产品样本或表 5.15 中选取与等效孔口面积等值喷射性能符合设计规定的喷嘴。

表 5.15 喷嘴等效孔口尺寸

等效孔口面积 /mm²	等效单孔直径 /mm	喷嘴规格代号 No.	等效孔口面积 /mm²	等效单孔直径 /mm	喷嘴规格代号 No.
1.98	1.59	2	71.29	9.53	12
4.45	2.38	3	83.61	10.3	13
7.94	3.18	4	96.97	11.1	14
12.39	3.97	5	111.3	11.9	15
17.81	4.76	6	126.7	12.7	16
24.26	5.56	7	160.3	14.3	18
31.68	6.35	8	197.9	15.9	20
40.06	7.14	9	239.5	17.5	22
49.48	7.94	10	285.0	19.1	24
59.87	8.73	11			

选用喷嘴时还须注意：

①二氧化碳喷嘴分为全淹没系统用喷嘴和局部应用系统用喷嘴。前者使二氧化碳呈雾状喷放，力求在整个防护区空间分布均匀；后者使二氧化碳呈液态及少量固态喷射直喷到被保护对象表面。

②喷嘴的性能指除压力流量曲线外，还应有不同安装高度下的保护面积——设计流量性能指标。

至此，管网设计计算全部完成。

第五节 全淹没灭火系统实例计算

【例 5.1】某汽油清洗间采用高压二氧化碳灭火系统进行保护，系统形式为全淹没。防护区围墙为钢筋混凝土结构，屋顶上部设有高出屋面的采光和通气用的天窗，火灾时无法关闭，天窗的面积为 6 m^2。屋顶为复合板，耐火极限 0.6 h，发生闪爆时可向上泄压，因此，可不设泄压孔。防火区的通风机和通风管道中的防火阀，在喷放二氧化碳灭火前可自动关闭。请进行系统计算。

解：(1)二氧化碳设计用量计算。经过计算，防护区内表面积 $A_v=203\ m^2$，开口面积 $A_v=6\ m^2$($A_0/A_v=6/202.93=3\%$，基本上符合要求)，防护区容积 $V_v=182\ m^3$。查表 5.7，二氧化碳的物质系数 $K_b=1$。根据公式 5.5 计算二氧化碳设计用量：

$$M=K_b(0.2A+0.7V)=1\times[0.2\times(203+30\times6)+0.7\times182]=204\ kg$$

根据公式 5.6，二氧化碳储存量为 $M_c=1.1M=1.1\times204=224.4\ kg$。

(2)储存容器个数估算。采用容积为 $V_0=40$ L 的高压储存容器，储存容器中二氧化碳的充装率 $\alpha_0=0.65$(kg/L)，储存容器个数按公式 5.7 估算：

$$N_p=M_c/(\alpha_0V_0)=224.4/(0.65\times40)=8.63\ (个)$$

向上取整数，采用 9 个 $V_0=40$ L 的高压储存容器。

(3)管网布置。管网布置成均衡系统，具体如图 5.14 所示。

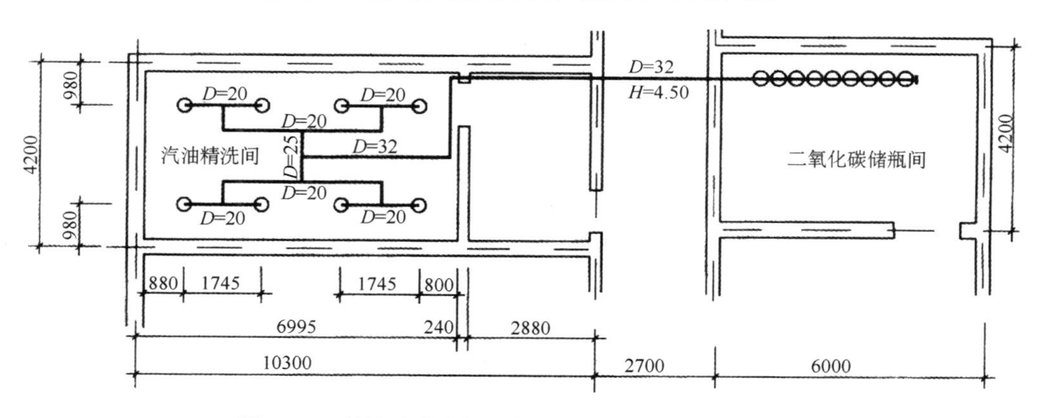

图 5.14 某汽油清洗间二氧化碳灭火系统平面布置图

(4)管网设计流量计算。

①管网中干管的设计流量按公式 5.9 计算。二氧化碳喷放时间 $t=1$ min，高压系统蒸气补偿量 $M_v=0$，所以系统干管的设计流量为：

$$Q_g=(M+M_v)/t=(204+0)/1=204\ kg/min$$

②管网中喷嘴的设计流量按公式 5.10 计算。

$$Q_i=Q_g/N=204\div8=25.5\ kg/min$$

③管网中支管的设计流量按公式 5.11($Q=N_gQ_i$)计算，具体结果见图 5.15。

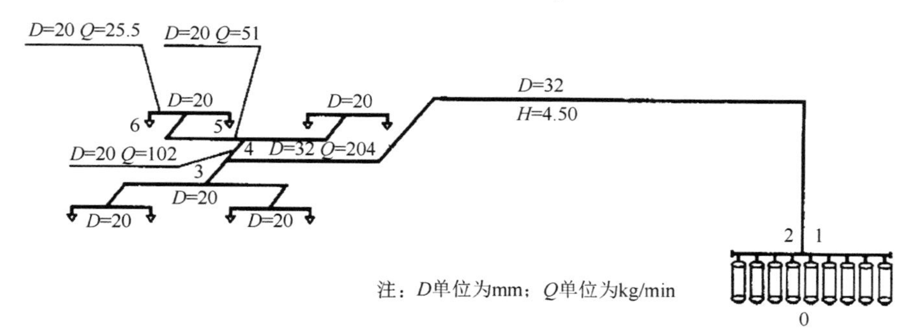

图 5.15 某汽油清洗间二氧化碳灭火系统图

(5)初定内径。各管段内径按公式 5.12：$D=(1.5\sim2.5)\sqrt{Q}$估算，具体结果见图 5.15。

(6)确定管段计算长度应为管段实长与管道附件当量长度之和，管道附件当量长度从表 5.8 中查出，具体见步骤 7。

(7)二氧化碳管道压力降计算。采用图解法计算二氧化碳管道压力降。设 $x=L/D^{1.25}$，$y=P$，各管段压力降计算具体如下：

①0～1 管段：

流量 $Q=22.67$ kg/min，内径 $D=13$ mm，高程 1.70 m，沿程长度 1.70 m，局部损失当量长度 2.46+10.5=12.96 m(止回阀+瓶头阀)，所以管段计算长度 $L=1.70+12.96=14.66$ m，则：

$$L/D^{1.25}=14.66/13^{1.25}=0.59$$

$$Q/D^2=22.67/13^2=0.13$$

始端 0 点坐标为：

纵坐标：$y_0=P_0=51.7$

横坐标：$x_{-0}=0$

终端 1 坐标为：

横坐标：$x_{-1}=0+L/D^{1.25}=0+0.59=0.59$

查图 5.10，得纵坐标($x_1=0.59$ 与 $Q/D^2=0.13$ 曲线的交点)：$y_1=P_1=50.2$

静压水头：以平均压力(51.7+50.2)/2=50.95 MPa，采用内插法查表 5.11 得高程压力校正系数为 0.0070，则 $P_H=1.70\times0.0770=0.13(10^{-1}\text{MPa/m})$，所以校正后 1 点计算压力 $P_1=50.95-0.13=50.82(10^{-1}\text{MPa/m})$。

②1～2 管段：

本管段内径 $D=25$，高程 0 m。

平均流量：由于每瓶容器的储存量为 204/9=22.66 kg，所以该管段的平均流量 $Q=24.66\times5=113.33$ kg/min。

平均计算长度：最远点，沿程长度 0.4 m，局部损失当量长度 1.74 m（1 个 $D=25$ 的侧“三通”），所以管段计算长度 $L=0.4+1.74=2.14$ m。

$L/D^{1.25}=2.14/25^{1.25}=0.04$

$Q/D^2=113.33/25^2=0.18$

始端 1 坐标为：

纵坐标：$y'_1=y_1=50.82$

横坐标（$y'_1=50.82$ 与 $Q/D^2=0.18$ 曲线的交点）：$x_1=0.20$

终端 2 坐标为：

横坐标：$x_2=0.2+L/D^{1.25}=0.2+0.18=0.38$

纵坐标（$x_2=0.38$ 与 $Q/D^2=0.18$ 曲线的交点）：$y_2=P_2=49.8$

③2～3 管段：

流量 $Q=204$ kg/min，内径 $D=32$，高程 2.8 m，沿程长度 18.22 m，局部损失当量长度 $2.29+3\times1.13=5.68$（1 个 $D=32$ 的侧“三通”+3 个 $D=32$ 的 90°弯头），所以管段计算长度为：$L=18.22+5.68=23.90$，则：

$L/D^{1.25}=23.90/32^{1.25}=0.31$

$Q/D^2=204/32^2=0.20$

始端 2 坐标为：

纵坐标：$y'_2=P_2=49.8$

横坐标（$y'_2=49.8$ 与 $Q/D^2=0.20$ 曲线的交点）：$x_2=0.30$

终端 3 坐标为：

横坐标：$x_3=0.30+L/D^{1.25}=0.30+0.31=0.61$

纵坐标（$x_3=0.61$ 与 $Q/D^2=0.20$ 曲线的交点）：$y_3=P_3=47.8$

静压水头：以平均压力 $(49.8+47.8)/2=48.8$ MPa，采用内插法查表 5.11 得高程压力校正系数为 0.0696，$P_H=2.8\times0.0696=0.19$（10^{-1} MPa/m），所以 3 点上计算压力 $y_3=P_3=47.8-0.19=47.61$（10^{-1} MPa/m）。

④3～4 管段：

流量 Q=102 kg/min，内径 $D=25$，沿程长度 0.60 m，局部损失当量长度 2.29 m（1 个 $D=32$ 的侧“三通”），所以：$L=0.60+2.29=2.89$ m，则：

$L/D^{1.25}=2.89/25^{1.25}=0.05$

$Q/D^2=102/25^2=0.16$

始端 3 点坐标为：

纵坐标：$y'_3=P_3=47.61$

横坐标（$y'_3=47.61$ 与 $Q/D^2=0.16$ 曲线的交点）：$x_3=1.05$

终端 4 坐标为：

横坐标：$x_4=1.05+L/D^{1.25}=1.05+0.05=1.10$

纵坐标（$x_4=1.10$ 与 $Q/D^2=0.16$ 曲线的交点）：$y_4=P_4=47.2$

⑤4～5 管段：

流量 Q=51 kg/min，内径 D=20，沿程长度 2.27 m，局部损失当量长度 1.74+0.67=2.41 m(1 个 D=25 的侧“三通”+1 个 D=20 的 90°弯头)，所以：L=2.27+2.41=4.68 m，则：

$L/D^{1.25} = 4.68/20^{1.25} = 0.11$

$Q/D^2 = 50/20^2 = 0.13$

始端 4 坐标为：

纵坐标：$y'_4 = P_4 = 47.2$

横坐标(y'_4=47.2 与 Q/D^2=0.13 曲线的交点)：x'_4=1.75

终端 5 坐标为：

横坐标：$x_5 = 1.75 + L/D^{1.25} = 1.75 + 0.11 = 1.86$

纵坐标(x_5=1.86 与 Q/D^2=0.13 曲线的交点)：$y'_5 = P_5 = 46.5$

⑥5～6 管段：

流量 Q=25.5 kg/min，内径 D=20，沿程长度 0.87 m，局部损失当量长度 1.37+0.67=2.04 m(1 个 D=25 的侧“三通”+1 个 D=20 的 90°的弯头)，所以：L=0.87+2.04=2.91 m，则：

$L/D^{1.25} = 2.91/20^{1.25} = 0.07$

$Q/D^2 = 25.5/20^2 = 0.06$

因图 5.10 中最小 Q/D^2 为 0.07，所以按 0.07 计。

始端 5 坐标为：

纵坐标：$y'_5 = P_5 = 46.5$

横坐标(y'_5=46.5 与 Q/D^2=0.07 曲线的交点)：x'_5=6.40

终端 6 坐标为：

横坐标：$x_6 = 6.40 + L/D^{1.25} = 6.40 + 0.07 = 6.47$

纵坐标(x_6=6.47 与 Q/D^2=0.07 曲线的交点)：$y_6 = P_6 = 46.3$

亦即喷嘴入口压力为 4.63 MPa，大于规范规定的 1.4 MPa，符合要求。

(8)喷嘴的选择。每个喷嘴流量为 25.5 kg/min，入口压力为 4.63 MPa，采用内插法查表 5.13 得喷嘴单位孔口面积的喷射率 g_0=2.151 kg/(min·mm²)。

喷嘴等效孔口面积按公式 5.17 计算：

$$F = Q/q_0 = 25.5/2.151 = 11.86 \text{ mm}^2$$

查表 5.15，选用 5 号喷嘴，其等效孔口面积为 12.39 mm²，符合要求。

【例 5.2】上述汽油清洗间拟采用低压二氧化碳灭火系统保护，试进行设计计算。

解：(1)二氧化碳设计用量和储存量。根据例 5.1，二氧化碳设计用量和储存量分别为 204 kg 和 224.4 kg，选用 XA500 型柜式低压二氧化碳灭火储存系统，二氧化碳储存量为 500 kg，多余部分作为系统的备用量，这样比高压系统更加安全，但造价也相应提高。

(2)除储存装置外,管网布置与例5.1相同。

(3)管网设计流量计算。

①低压系统管道蒸发量按公式5.8式计算:

$$M_v = M_g C_p (T_1 - T_2)/H$$

经计算,管道质量和容积分别为 $M_g=97.56$ kg 和 $V_D=18.74$ m^3,又钢管 $C_p=0.46$ kJ/(kg·℃),喷放二氧化碳前管道平均温度 $T_1=25$ ℃,低压系统二氧化碳平均温度 $T_2=-20.6$ ℃,蒸发潜热 $H=276.3$ kJ/kg,则:

$$M_v = 97.56 \times 0.46 \times (25 + 20.6)/276.3 = 7.41 \text{ kg}$$

②二氧化碳喷放时间 $t=1$ min,干管的设计流量按公式5.9计算:

$$Q_g = (M + M_v)/t = (204 + 7.41)/1 = 211.41 \text{ kg/min}$$

(4)初定内径。内径按公式5.12($D=(1.5\sim2.5)\sqrt{Q}$)估算,干管内径为

$$D_g = 2\sqrt{211.41} = 29.08 \text{ mm}$$

采用 $D_g=32$,支管内径计算从略。

(5)低压系统获得均质流的延迟时间校核。低压系统获得均质流的延迟时间按公式5.13计算:

$$t_d = M_g C_p (T_1 - T_2)/0.507Q + 16850 V_D/Q$$

0~2管段:管道质量 $M_g=12.34$ kg,管道容积 $V_D=0.002$ m^3,流量 $Q=211.41\times5/9=117.45$ min,所以延迟时间为:

$$t_d = 12.34 \times 0.46 \times (25 + 20.6)/(0.517 \times 117.45) + 16850 \times 0.002/117.45 = 4.55 \text{ s}$$

同理:

2~3管段:$M_g=75.98$ kg,$V_D=0.015$m^3,$Q=211.41$ kg/min,$t_d=15.78$ s

3~4管段:$M_g=1.96$ kg,$V_D=0.0003$m^3,$Q=105.71$ kg/min,$t_d=0.80$ s

4~5管段:$M_g=4.61$ kg,$V_D=0.0007$m^3,$Q=52.85$ kg/min,$t_d=3.76$ s

5~6管段:$M_g=2.58$ kg,$V_D=0.0004$m^3,$Q=26.42$ kg/min,$t_d=4.21$ s

所以,该系统获得均质流的延迟时间为:

$t_d = 4.55 + 15.78 + 0.80 + 3.76 + 4.21 = 29.1 < 60$ s,符合要求。

管网计算略。

【例5.3】某计算机房尺寸为30 m宽×15 m长×3.2 m高,拟采用高压全淹没二氧化碳灭火保护系统。试计算二氧化碳灭火剂的需要量和干管内径。

解:防护区内主要为电器设备,火灾类型为固体深位火灾,防护区环境温度为25 ℃。防护区的所有开口在灭火剂喷放前都能自动关闭。

(1)二氧化碳设计用量采用公式5.5计算:

$$M = K_b(0.2A + 0.7V)$$

根据题意

$K_b=1.5$

$A=2\times(30\times3.2+15\times3.2)+2\times30\times15=1188\ m^2$

$V=30\times15\times3.2=1440\ m^3$

代入公式5.5得 $M=1.5\times(0.2\times1188+0.7\times1440)=1868.40$ kg

(2)二氧化碳储存量按公式5.6计算：

$$M_c=1.1M=1.1\times1868.40=2055.24\ kg$$

(3)设计流量计算：

规范规定，扑救固体深位火灾时，二氧化碳设计用量应在7 min之内喷完，并在2 min之内应达到30%的体积浓度的要求。根据公式5.4计算出30%浓度的物质系数 $K_b=0.86$，因此为达到30%浓度所需的喷放二氧化碳灭火剂的用量 $M=0.86\times(0.2\times1188+0.7\times1440)=1071.22$ kg。

则管道的设计流量 $Q_g=(M+M_v)/t=(1071.22+0)/2=535.61$ kg/min。

(4)按公式5.12计算干管内径：

$$D=2.0\sqrt{Q_g}=2.0\times\sqrt{535.61}=46.29\ mm$$

取 $D=50$ mm。

第六节 局部应用系统设计计算

一、二氧化碳设计用量计算

局部应用系统二氧化碳设计用量计算有两种方法：面积法和体积法。当保护对象的表面比较平直时，宜采用面积法；当保护对象是不规则物体时，宜采用体积法。

二氧化碳局部应用系统的喷射时间不应小于0.5 min，对于燃点温度低于沸点温度的可燃液体和可熔固体，其喷射时间不应小于1.5 min。

设计中选用的喷嘴应具有以试验为依据的技术参数，这些参数是以物质系数 $K_b=1$ 时喷嘴在不同安装高度(指喷嘴与被保护物表面的距离)的额定保护面积和喷射速率来确定的。设计者可根据要保护的面积、喷嘴可能安装的高度以及尽可能减少喷嘴数量这三条原则来选用适当的喷嘴。

1. 面积法

采用面积法设计时，首先应确定所需保护面积。计算保护面积时应将火灾的临界部分考虑进去，必要时还得考虑火灾可能蔓延到的部位。具体方法如下。

(1)保护对象计算面积应取被保护表面整体的垂直投影面积。

(2)架空型喷嘴应以喷嘴的出口至保护对象表面的距离来确定喷嘴的设计流量

和相应的正方形保护面积。

(3)架空型喷嘴宜垂直于保护对象的表面。其瞄准点是喷嘴保护面积的中心。当需要采用非垂直布置时，与保护对象表面的夹角不应小于45°。其瞄准点应偏向安装喷嘴的一侧(图5.16)，瞄准点偏离保护面积中心的距离可按表5.16的规定取值。

(4)喷嘴非垂直布置时的设计流量和保护面积应与垂直布置相同。

(5)槽边型喷嘴的保护面积应以喷嘴的设计喷射速率来确定。这是由于槽边型喷嘴的保护面积是其喷射宽度和射程的函数，喷射宽度和射程又是喷射速率的函数，设计喷射速率计入了一定的安全系数，所以可作为确定喷嘴保护面积的依据。

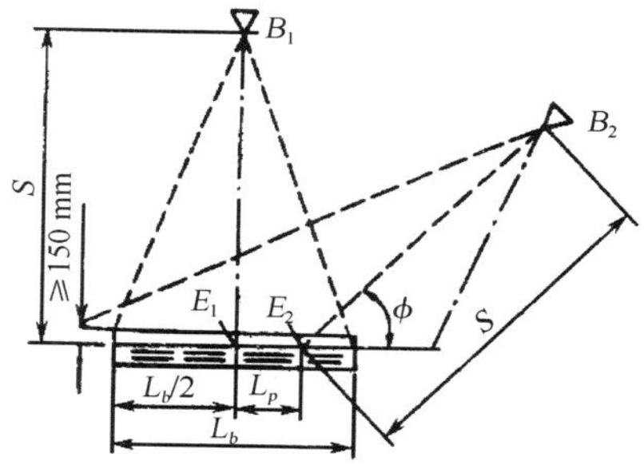

图 5.16 架空型喷嘴示意图

B_1、B_2——喷嘴布置位置；E_1、E_2——喷嘴瞄准点；S——喷嘴出口至瞄准点的距离(m)；L_b——单个喷嘴正方形保护面积的边长(m)；L_p——瞄准点偏离喷嘴保护面积中心的距离(m)；ϕ——喷嘴安装角(°)

表 5.16 瞄准点偏离保护面积中心的距离

喷嘴安装角	瞄准点偏离保护中心的距离 L_p/m
40°～60°	$0.25L_b$
60°～75°	$0.125\sim0.25L_b$
75°～90°	$0\sim0.125L_b$

(6)喷嘴宜等距布置。应充分利用每只喷嘴在设计高度下的额定保护面积，采用喷嘴的正方形保护面积组合排列，使其完全覆盖被保护对象表面，所需喷嘴的数量可按下式计算：

$$N = K_b S_L / S_i \tag{5.18}$$

式中：N——喷嘴数量(只)；

K_b——物质系数，按表5.7的规定使用；

S_L——保护面积(m^2)；

S_i——单个喷嘴的保护面积(m^2)。

二氧化碳设计用量根据下式计算：

$$M = NQ_i t \tag{5.19}$$

式中：M——二氧化碳设计用量(kg)；

Q_i——单个喷嘴的设计流量(kg/min)；

t——喷射时间(min)。

2. 体积法

用体积法计算时，喷嘴的数量和布置应使喷射的二氧化碳分布均匀，并满足喷射强度和设计用量的要求。

(1)保护对象的计算体积采用假定封闭罩的体积。封闭罩的底应是保护对象的实际底面，当封闭罩的侧面和顶部无实际维护结构时，它们至保护对象外缘的距离不应小于 0.6 m。

(2)二氧化碳的单位体积喷射率按下式计算：

$$q_v = K_b(16 - 12A_p/A_t) \tag{5.20}$$

式中：q_v——单位体积的喷射率[kg/(min·m³)]；

K_b——物质系数，按表 5.7 的规定使用；

A_p——在假定的封闭罩中存在的实墙体等实际围封面的面积(m^2)；

A_t——假定的封闭罩侧面围封面面积(m^2)。

二氧化碳设计用量按下式计算：

$$M = V_1 q_v t \tag{5.21}$$

式中：V_1——计算体积(m^3)。

二、二氧化碳储存量计算

局部应用系统采用局部施放用喷嘴，把二氧化碳以液态形式直接喷到被保护对象表面进行灭火。试验表明，只有液态的二氧化碳才能有效地灭火。为保证二氧化碳基本设计用量全部呈液态形式喷出，必须增加二氧化碳灭火剂储存量以补偿所喷出二氧化碳灭火剂的气化部分。这部分补偿量用二氧化碳设计用量乘以一个裕度系数来表示，高压系统裕度系数为 1.4，低压系统裕度系数为 1.1。

另外，液体二氧化碳在管道内输送过程中因吸收管道的热量而部分发生蒸发气化，因此还必须补偿管道蒸发量。管道蒸发量 M_v 按公式 5.8 计算。

二氧化碳储存量按下式计算：

$$M_c = K_v M + M_v \tag{5.22}$$

式中：K_v——裕度系数，高压系统 K_v=1.4，低压系统 K_v=1.1。

组合分配系统的储存量应按储存量最大的一个保护对象的储存量来计算。

第七节　系统主要设备和组件

一、高压系统

(1)高压储瓶。其规格型号见表 5.17。

表 5.17 高压储瓶规格型号

型号	容积/L	公称工作压力/MPa	公称直径 D/mm	高度 H/mm	瓶重/kg	瓶口连接尺寸	材料
ER40/15	40	15	219	1360	58	ZW27.8	锰钢
ER70/15	70	15	273	1510	83	Z31.46	铬钼钢

(2)瓶头阀。其规格型号见表 5.18。

表 5.18 瓶头阀规格型号

型号	公称直径/mm	公称工作压力/MPa	进口尺寸	出口尺寸	启动接口尺寸	当量长度/m
EU16/15	16	15	Z31.46	M27×1.5(阳)	M12×1.5(阳)	5.6

(3)止回阀。其规格型号见表 5.19。

表 5.19 止回阀规格型号

型号	公称直径/mm	公称工作压力/MPa	动作压力/MPa	当量长度/m	进口尺寸	出口尺寸
EID16/15	16	15	0.15	3.8	M27×1.5(阳)	ZGI

(4)选择阀。其规格型号见表 5.20。

表 5.20 选择阀规格型号

型号	公称直径/mm	公称工作压力/MPa	当量长度/m	进出口尺寸	外形尺寸/mm			
					L	B	H	h
EIS40/12	40	12	5	ZG1.5	146	110	137	59
EIS50/12	50	12	6	ZG2	146	124	153	67
EIS65/12	65	12	7.5	ZG2.5	176	151	190	81
EIS80/12	80	12	9	ZG3	198	175	220	95

(5)喷头。有三种,样式见图 5.17;其规格性能见表 5.21～表 5.25。

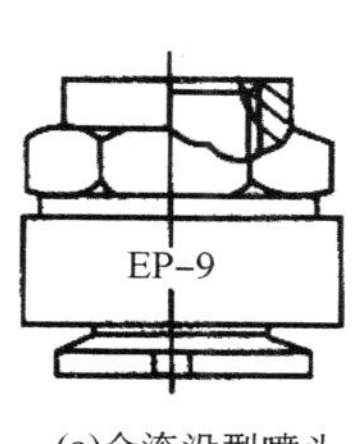

(a)全淹没型喷头

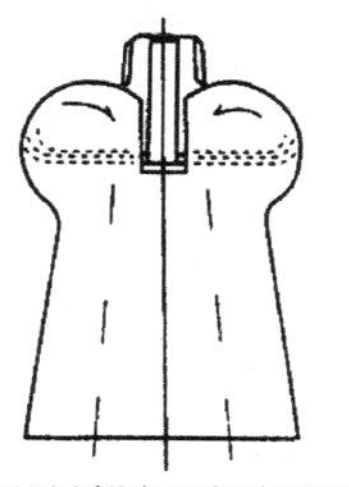
(b)局部应用架空型喷头

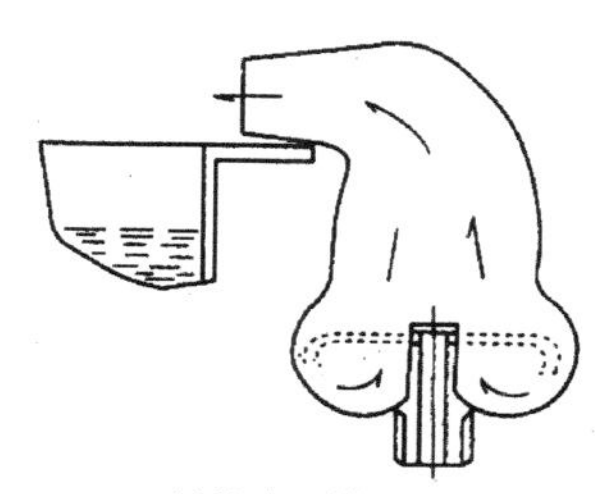
(c)局部应用槽边型喷头

图 5.17 喷头结构图

表 5.21　全淹没型喷头性能规格

型号	接管尺寸	当量标准号	喷口计算面积/mm²	保护半径/m	应用高度/m
EP-5	ZG0.5(阴)	5	12.4	5.5	～3
EP-6	ZG0.5(阴)	6	17.8	5.5	～3
EP-7	ZG0.5(阴)	7	24.3	6.0	～4
EP-8	ZG0.5(阴)	8	31.7	6.0	～4
EP-9	ZG0.5(阴)	9	40.1	6.0	～4
EP-10	ZG0.75(阴)	10	49.5	6.5	～4.5
EP-11	ZG0.75(阴)	11	59.9	6.5	～4.5
EP-12	ZG0.75(阴)	12	71.3	6.5	～4.5
EP-13	ZG0.75(阴)	13	83.6	6.5	～5
EP-14	ZG0.75(阴)	14	97.0	6.5	～5
EP-15	ZG0.75(阴)	15	111.3	6.5	～5
EP-16	ZG1(阴)	16	126.7	6.5	～6
EP-18	ZG1(阴)	18	160.3	6.5	～6
EP-20	ZG1(阴)	20	197.7	6.5	～6
EP-22	ZG1.25(阴)	22	239.5	6.5	～8
EP-24	ZG1.25(阴)	24	285.0	6.5	～8

表 5.22　局部应用架空型喷头性能规格

型号	接管尺寸	当量标准号	喷口计算面积/cm²	安装高度/m
EJP-5	ZG0.375(阴)	5	0.12	0.5～1.5
EJP-6	ZG0.375(阴)	6	0.18	0.5～1.5
EJP-7	ZG0.375(阴)	7	0.24	0.5～1.5
EJP-8	ZG0.5(阴)	8	0.32	1～3
EJP-9	ZG0.5(阴)	9	0.4	1～3
EJP-10	ZG0.75(阴)	10	0.49	1～3
EJP-11	ZG0.75(阴)	11	0.60	1～3
EJP-12	ZG0.75(阴)	12	0.71	1～3
EJP-13	ZG0.75(阴)	13	0.84	1～3
EJP-14	ZG0.75(阴)	14	0.97	1～3

表 5.23　EJP-5～EJP-7 喷头各安装高度下的保护面积

安装高度/m	0.5	0.7	0.9	1.1	1.3	1.5
保护面积/m²	0.9×0.9	1×1	1.05×1.05	1.1×1.1	1.2×1.2	1.2×1.2

表 5.24　EJP-8～EJP-14 喷头各安装高度下的保护面积

安装高度/m	1	1.2	1.4	1.8	2.2	2.6	3
保护面积/m²	1.1×1.1	1.2×1.2	1.3×1.3	1.5×1.5	1.7×1.7	1.85×1.85	2×2

表 5.25　局部应用槽边型喷头性能规格

型号	接管尺寸	当量标准号	喷口计算面积/cm²	流量范围/(kg/s)	保护面积/m²
ECP-5	ZG3/8(阴)	5	0.12	0.2～0.4	0.5×0.5～1×1
ECP-6	ZG3/8(阴)	6	0.18	0.2～0.4	0.5×0.5～1×1
ECP-7	ZG3/8(阴)	7	0.24	0.2～0.4	0.5×0.5～1×1

二、低压系统

(1)低压二氧化碳储存装置(卧式)见图 5.18。

低压二氧化碳储存装置(卧式)安装尺寸见表 5.26。

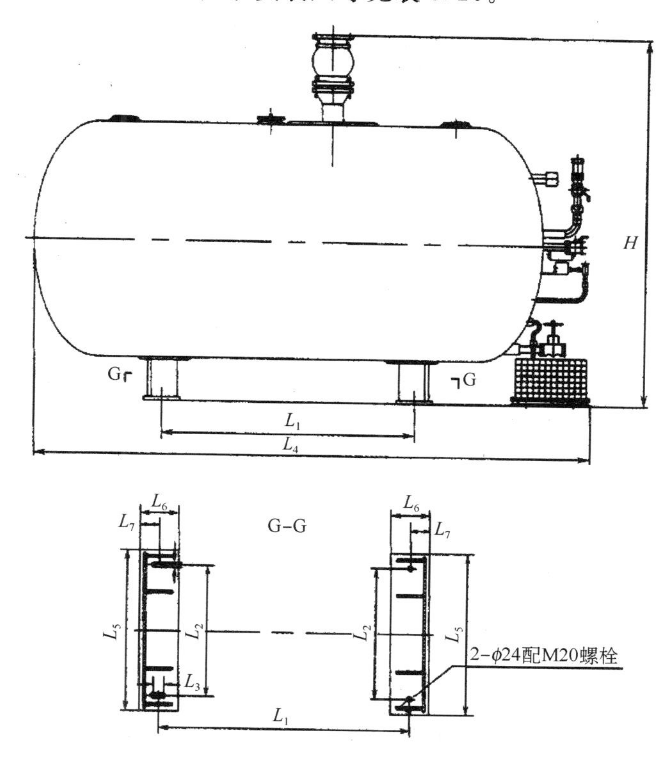

图 5.18 低压二氧化碳储存装置(卧式)

表 5.26 低压二氧化碳储存装置(卧式)安装尺寸

型号	尺寸/mm							
	L_1	L_2	L_3	L_4	L_5	L_6	L_7	H
ZECZ1.3	1230	840	40	3496	1000	170	85	2350
ZECZ1.8	1740	840	40	4131	1000	170	85	2350
ZECZ2.3	2380	840	40	4816	1000	170	85	2550
ZECZ2.8	1750	960	40	4446	1120	220	110	2550
ZECZ3.7	1450	1120	40	4521	1280	220	110	3130
ZECZ4.6	2180	1120	40	4906	1280	220	110	3130
ZECZ5.6	1770	1260	40	4750	1420	220	110	3000
ZECZ7.5	2880	1260	40	5900	1420	220	110	3000
ZECZ9.3	3680	1260	40	6650	1420	220	110	3000
ZECZ11.2	4560	1260	40	7610	1420	220	100	2970

低压二氧化碳储存装置(卧式)特性参数见表 5.27。

表 5.27 低压二氧化碳储存装置(卧式)特性参数

型号	工作压力 /MPa	储罐存储量 /t	剩余量 /kg	储罐重量 /t	制冷功率 /kW	储存装置占地面积/m^2	储存间最小尺寸 /m
ZECZ1.3	2.1	1.425	46	3.02	1.1	1.5×3.5	3.8×3×3
ZECZ1.8	2.1	1.9	53	3.5	1.1	1.5×4.2	4.5×3×3
ZECZ2.3	2.1	2.375	65	3.8	1.1	1.5×4.8	5.1×3×3.2
ZECZ2.8	2.1	2.85	60	3.82	1.1	1.7×4.5	4.8×3.2×3.2
ZECZ3.7	2.1	3.8	70	4.6	2.2	1.9×4.5	4.8×3.4×3.8
ZECZ4.6	2.1	4.75	86	5.4	2.2	1.9×4.9	5.2×3.4×3.8
ZECZ5.6	2.1	5.7	82	6.5	2.2	2.1×4.7	5×3.6×3.8
ZECZ7.5	2.1	7.6	106	7.8	6	2.1×5.9	6.2×3.6×3.8
ZECZ9.3	2.1	9.5	132	9.6	6	2.1×6.7	7×3.6×3.8
ZECZ11.2	2.1	11.4	135	10.3	6	2.3×7.6	7.9×3.8×3.8

(2)低压二氧化碳储存装置(立式)见图 5.19。

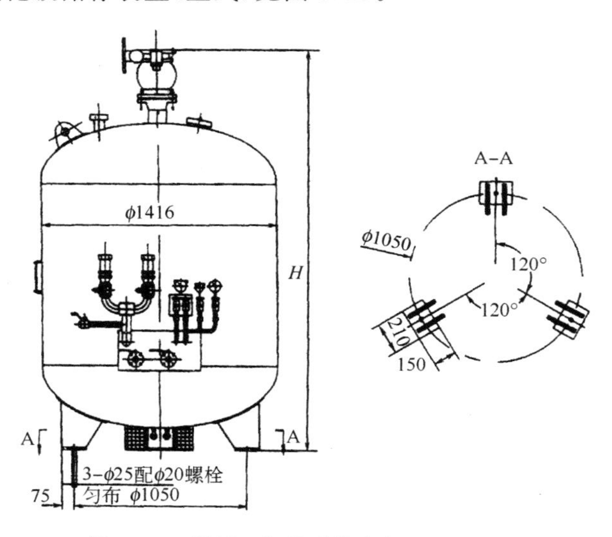

图 5.19 低压二氧化碳储存装置(立式)

低压二氧化碳储存装置(立式)特性参数见表 5.28。

表 5.28 低压二氧化碳储存装置(立式)特性参数

型号	工作压力 /MPa	储罐存储量 /t	剩余量 /kg	储罐重量 /t	制冷功率 /kW	贮罐高度 /m	储存间最小尺寸 /m
ZECZL0.8	2.1	0.95	40	1.58	1.1	2.6	3×3×3.2
ZECZL1.3	2.1	1.425	40	1.92	1.1	3.12	3×3×3.8

(3)主阀(或选择阀)规格型号见表5.29。

表5.29 主阀(或选择阀)规格型号

尺寸	型号							
	ZEFE25	ZEFE32	ZEFE40	ZEFE50	ZEFE65	ZEFE80	ZEFE100	ZEFE150
公称直径/mm	DN25	DN32	DN40	DN50	DN65	DN80	DN100	DN150
当量长度/m	6	7.68	9.6	12	16	19.2	24	36

(4)喷头。参见高压系统组件。

第六章　七氟丙烷和混合气体灭火系统设计

第一节　系统灭火机理

一、七氟丙烷灭火系统

七氟丙烷灭火剂是一种无色无味、不导电的气体，其密度大约是空气密度的6倍，在一定压力下呈液态贮存，物理性质见表6.1。该灭火剂为洁净药剂，释放后不含粒子或油状的残余物，且不会污染环境和被保护的精密设备。七氟丙烷灭火优势主要是去除热量的速度快，其次是灭火剂分散和消耗氧气。七氟丙烷灭火剂是以液态的形式喷射到保护区内的，在喷出喷头时，液态灭火剂迅速转变成气态需要吸收大量的热量，降低了保护区和火焰周围的温度。另一方面，七氟丙烷灭火剂是由大分子组成的，灭火时分子中的一部分键断裂需要吸收热量。而且，保护区内灭火剂的喷射和火焰的存在降低了氧气的浓度，从而降低了燃烧的速度。

表6.1　七氟丙烷物理性质

分子式	CF_3CHFCF_3	蒸汽压力(21 ℃)	4.04 kg/cm^2
分子量	170.03	蒸汽密度(21 ℃)	32.2 kg/m^3
冰点	−131 ℃	液体密度(21 ℃)	1400 kg/m^3
沸点(1大气压)	−16.36 ℃	最大充装密度	1150 kg/m^3

二、IG541混合气体灭火系统

IG541混合气体灭火剂是由氮气、氩气和二氧化碳气体按一定比例混合而成的气体，由于这些气体都在大气层中自然存在，且来源丰富，因此，它对大气层臭氧没有损耗(臭氧耗损潜能值ODP=0)，也不会对地球的“温室效应”产生影响，更不会产生具有长久影响大气寿命的化学物质。混合气体无毒、无色、无味、无腐蚀性，而且不导电，既不支持燃烧，又不与大部分物质产生反应。从环保的角度来看，是一种较为理想的灭火剂。

IG541混合气体灭火机理属于物理灭火。混合气体释放后把氧气浓度降低到不能支持燃烧来扑灭火灾。通常防护区空气中含有21%的氧气和小于1%的二氧化碳。当防护区中氧气浓度降至15%以下时，大部分可燃物将停止燃烧。混合气体能把防护区氧气浓度降至12.5%，同时又把二氧化碳浓度升至4%。二氧化碳比例的提高，加快人的呼吸速率和吸收氧气的能力，从而来补偿环境中氧气的较低浓度。灭火系统中灭火设计浓度不大于43%时，该系统对人体是无害的。

第二节　系统分类

气体灭火系统一般由灭火剂储存装置、启动分配装置、输送释放装置、监控装置等组成。为满足各种保护对象的需要，最大限度地降低火灾损失，根据其充装不同种类灭火剂、采用不同增压方式，气体灭火系统分为多种应用形式。

一、按使用的灭火剂分类

1. 七氟丙烷灭火系统

以七氟丙烷作为灭火介质的气体灭火系统。七氟丙烷灭火剂属于卤代烷灭火剂系列，具有灭火能力强、灭火剂性能稳定的特点，但与卤代烷1301和卤代烷1211灭火剂相比，臭氧层损耗能力(ODP)为0，全球温室效应潜能值(GWP)很小，不会破坏大气环境。但七氟丙烷灭火剂及其分解产物对人有毒性危害，使用时应引起重视。

2. 惰性气体灭火系统

惰性气体灭火系统，包括IG01(氩气)灭火系统、IG100(氮气)灭火系统、IG55(氩气、氮气)灭火系统、IG541(氩气、氮气、二氧化碳)灭火系统。由于惰性气体纯粹来自于自然，是一种无毒、无色、无味、惰性及不导电的纯“绿色”压缩气体，故又称之为洁净气体灭火系统。

二、按系统的结构特点分类

七氟丙烷灭火系统主要由火灾探测控制单元(包括火灾探测器、报警控制器、气体灭火控制盘、声光讯响器、喷洒指示灯、紧急启动/停止按钮等)、灭火系统单元(包括七氟丙烷灭火瓶、钢瓶架、单向阀、集流管、安全泄放装置、驱动装置、软管、选择阀、管网及喷嘴等)组成。

1. 无管网灭火系统

无管网灭火系统是指按一定的应用条件，将灭火剂储存装置和喷放组件等预先设计、组装成套且具有联动控制功能的灭火系统，又称预制灭火系统。该系统又分为柜式气体灭火装置(图 6.1)和悬挂式气体灭火装置两种类型,适用于较小的、无特殊要求的防护区。

2. 管网灭火系统

管网灭火系统是指按一定的应用条件进行计算,将灭火剂从储存装置经由干管、支管输送至喷放组件实施喷放的灭火系统。

管网系统又可分为组合分配系统和单元独立系统。

(1)组合分配系统是指用一套灭火系统储存装置同时保护两个或两个以上防护区或保护对象的气体灭火系统(图 6.2)。组合分配系统的灭火剂设计用量是按最大的一个防护区或保护对象来确定的,如组合中某个防护区需要灭火,则通过选择阀、容器阀等控制,定向释放灭火剂。这种灭火系统的优点使储存容器数和灭火剂用量可以大幅度减少,有较高应用价值。

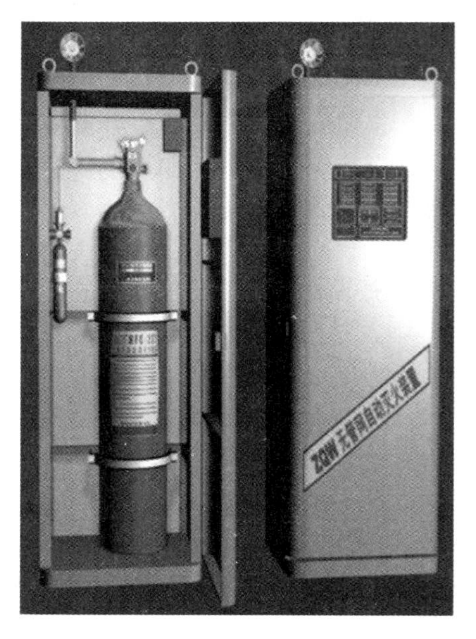

图 6.1 柜式气体灭火装置

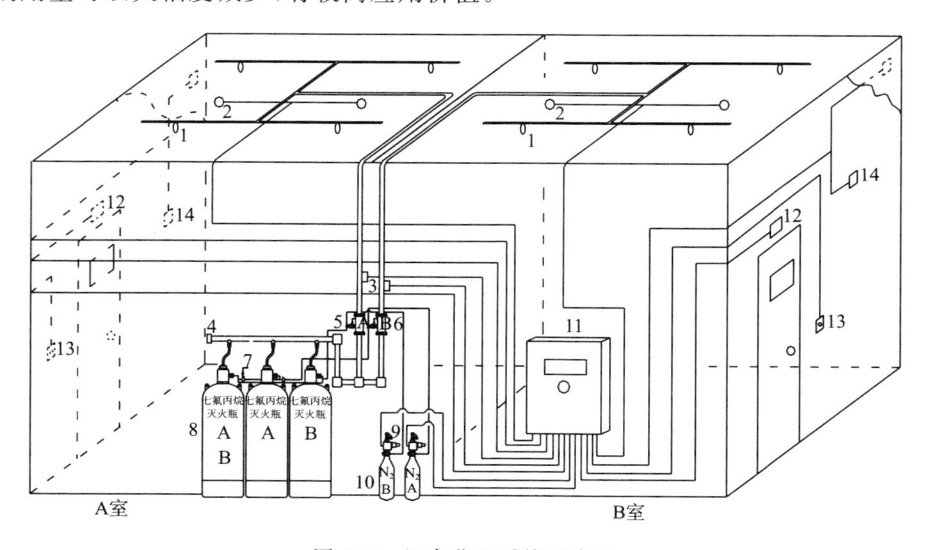

图 6.2 组合分配系统示意图

1. 喷头;2. 火灾探测器;3. 压力开关;4. 安全阀;5. 气动启动头;6. 选择阀;7. 单向阀;8. HFC227EA 灭火瓶组;9. 电磁启动器;10. 启动气瓶;11. 报警控制器;12. 喷洒指示灯;13. 紧急启动/停止按钮;14. 声光讯响器

(2)单元独立系统是指用一套灭火剂储存装置保护一个防护区的灭火系统(图 6.3)。一般说来,用单元独立系统保护的防护区在位置上是单独的,离其他防护区较远，不便于组合，或是两个防护区相邻，但有同时失火的可能。对于一个防护区包括两个以上封闭空间也可以用一个单元独立系统来保护，但设计时必须做到系统储存的灭火剂能够满足这几个封闭空间同时灭火的需要，并能同时供给它们各自所需的灭火剂量。当两个防护区需要灭火剂量较多时，也可采用两套或数套单元独立系统保护一个防护区，但设计时必须做到这些系统同步工作。

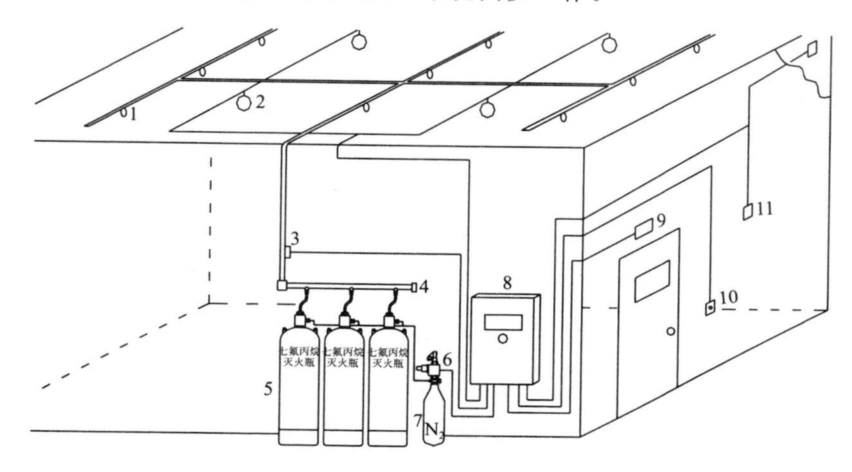

图 6.3 单元独立系统示意图

1. 喷头；2. 火灾探测器；3. 压力开关；4. 安全阀；5. HFC227EA 灭火瓶组；6. 电磁启动器；7. 启动气瓶；8. 报警控制器；9. 喷洒指示灯；10. 紧急启动/停止按钮；11. 声光讯响器

第三节 系统工作原理及控制方式

气体灭火系统主要有自动、手动、机械应急手动和紧急启动/停止四种控制方式，但其工作原理却因灭火剂种类、灭火方式、结构特点、加压方式和控制方式的不同而各不相同。下面列举部分气体灭火系统分别进行介绍。

一、系统工作原理

外储压式七氟丙烷灭火系统，控制器发出系统启动信号，启动驱动气体瓶组上的容器阀释放驱动气体，打开通向发生火灾的防护区的选择阀，同时加压单元气体瓶组的容器阀，加压气体经减压进入灭火剂瓶组，加压后的灭火剂经连接管汇集到集流管，通过选择阀到达安装在防护区内的喷头进行喷放灭火。

二、系统控制方式

气体灭火系统具体控制过程见图 6.4 所示。

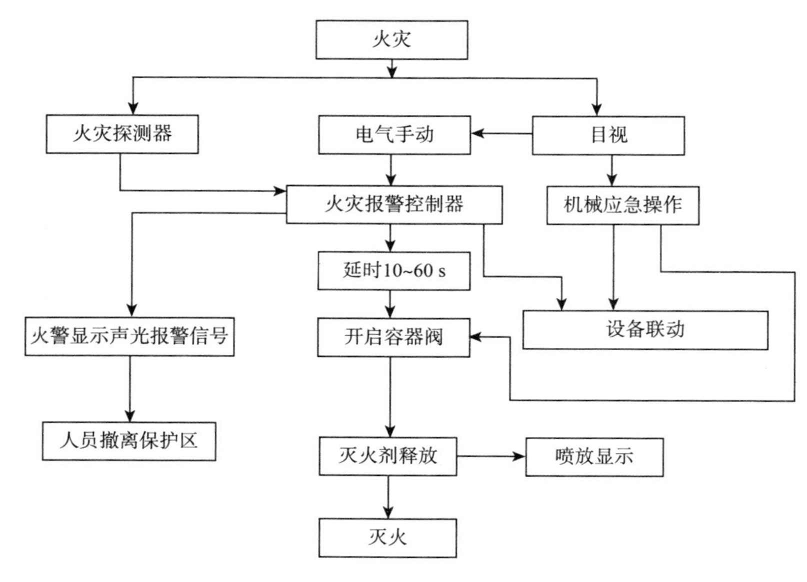

图 6.4 控制流程图

1. 自动控制方式

灭火控制器配有感烟火灾探测器和定温式感温火灾探测器。控制器上有控制方式选择锁，当将其置于“自动”位置时，灭火控制器处于自动控制状态。当只有一种探测器发出火灾信号时，控制器即发出火警声光信号，通知有异常情况发生，而不启动灭火装置释放灭火剂。如确需启动灭火装置灭火时，按下“紧急启动按钮”，即可启动灭火装置释放灭火剂，实施灭火。当两种探测器同时发出火灾信号时，控制器发出火灾声光信号，通知有火灾发生，有关人员应撤离现场，并发出联动指令，关闭风机、防火阀等联动设备，经过一段时间延时后，即发出灭火指令，打开电磁阀，启动气体打开容器阀，释放灭火剂，实施灭火；如在报警过程中发现不需要启动灭火装置，可按下保护区外的或控制操作面板上的“紧急停止按钮”，终止控制灭火指令的发出。

2. 手动控制方式

将控制器上的控制方式选择锁置于“手动”位置时，灭火控制器处于手动控制状态。当火灾探测器发出火警信号时，控制器即发出火灾声光报警信号，而不启动灭火装置，经人员观察，确认火灾已发生时，可按下保护区外或控制器操作面板上的“紧急启动按钮”，启动灭火装置，释放灭火剂，实施灭火。但报警信号仍存在。

无论装置处于自动或手动状态，按下任何紧急启动按钮，都可启动灭火装置，释放灭火剂，实施灭火，同时控制器立即进入灭火报警状态。

3. 机械应急手动工作方式

控制器失效时，如值守人员判断为火灾，应立即通知所有人员撤离现场，在确定所有人员撤离现场后，方可按以下步骤实施应急机械启动：手动关闭联动设备并切断电源；打开对应保护区选择阀；成组或逐个打开对应保护区储瓶组上的容器阀，即刻实施灭火。

4. 紧急启动/停止工作方式

用于紧急状态：情况一，当值守人员发现火情而气体灭火控制器未发出声光报警信号时，应立即通知所有人员撤离现场，在确定所有人员撤离现场后，方可按下紧急启动/停止按钮，系统立即实施灭火操作；情况二，当气体灭火控制器发出声光报警信号并处于延时阶段时，如发现为无报火警，可立即按下紧急启动/停止按钮，系统将停止实施灭火操作，避免不必要的损失。

第四节　系统适用范围

气体灭火系统根据其灭火剂种类、灭火机理不同，适用的范围也各不相同。下面分类进行介绍。

一、七氟丙烷灭火系统

七氟丙烷灭火系统适用于扑救电气火灾，液体表面火灾或可熔化的固体火灾，固体表面火灾，灭火前可切断气源的气体火灾。

本系统不得用于扑救下列物质的火灾：含氧化剂的化学制品及混合物，如硝化纤维、硝酸钠等；活泼金属，如钾、钠、镁、钛、锆、铀等；金属氢化物，如氢化钾、氢化钠等；能自行分解的化学物质，如过氧化氢、联胺等。

二、其他气体灭火系统

适用于扑救电气火灾，固体表面火灾，液体火灾，灭火前能切断气源的气体火灾。

不适用于扑救下列火灾：硝化纤维、硝酸钠等氧化剂或含氧化剂的化学制品火灾；钾、镁、钠、钛、锆、铀等活泼金属火灾；氢化钾、氢化钠等金属氢化物火灾；过氧化氢、联胺等能自行分解的化学物质火灾；可燃固体物质的深位火灾。

第五节　系统设计参数

气体灭火系统的设计应以《气体灭火系统设计规范》(GB 50370)、《气体灭火系统施工及验收规范》(GB 50263)等国家现行规范和标准为依据，根据保护对象、系统设置类型、灭火剂种类等不同，确定设计基本参数。

一、防护区的设置要求

1. 防护区的划分

根据封闭空间的结构特点和位置，防护区划分应符合下列规定：防护区宜以单个封闭空间划分；同一区间的吊顶层和地板下需同时保护时，可合为一个防护区；采用管网灭火系统时，一个防护区的面积不宜大于 800 m^2，且容积不宜大于 3600 m^3；采用预制灭火系统时，一个防护区的面积不宜大于 500 m^2，且容积不宜大于 1600 m^3。

2. 耐火性能

防护区围护结构及门窗的耐火极限均不宜低于 0.50 h；吊顶的耐火极限不宜低于 0.25 h。

全淹没灭火系统防护区建筑物构件耐火时间（一般为 30 min）包括：探测火灾时间、延时时间、释放灭火剂时间及保持灭火剂设计浓度的浸渍时间。延时时间为 30 s。释放灭火剂时间，对于扑救表面火灾应不大于 1 min；对于扑救固体深位火灾不应大于 7 min。

3. 耐压性能

在全封闭空间释放灭火剂时，空间内的压强会迅速增加，如果超过建筑物构件承受能力，防护区就会遭到破坏，从而造成灭火剂流失、灭火失败和火灾蔓延的严重后果。防护区围护结构承受内压的允许压强，不宜低于 1200 Pa。

4. 泄压能力

对于全封闭的防护区，应设置泄压口，七氟丙烷灭火系统的泄压口应位于防护区净高的 2/3 以上。防护区设置的泄压口，宜设在外墙上。泄压口面积按相应气体灭火系统设计规定计算。对于设有防爆泄压设施或门窗缝隙未设密封条的防护区可不设泄压口。

5. 封闭性能

在防护区的围护构件上不宜设置敞开孔洞，否则将会造成灭火剂流失。在必须设置敞开孔洞时，应设置能手动和自动关闭的装置。在喷放灭火剂前，应自动关闭防护区内除泄压口外的开口。

6. 环境温度

防护区的最低环境温度不应低于－10 ℃。

二、安全要求

设置气体灭火系统的防护区应设疏散通道和安全出口，保证防护区内所有人员在 30 s 内撤离完毕。

防护区内的疏散通道及出口，应设消防应急照明灯具和疏散指示标志灯。防护区内应设火灾声报警器，必要时，可增设闪光报警器。防护区的入口处应设火灾声光报警器和灭火剂喷放指示灯，以及防护区采用的相应气体灭火系统的永久性标志牌。灭火剂喷放指示灯信号，应保持到防护区通风换气后，以手动方式解除。

防护区的门应向疏散方向开启，并能自行关闭；用于疏散的门必须能从防护区内打开。

灭火后的防护区应通风换气，地下防护区和无窗或设固定窗扇的地上防护区，应设置机械排风装置，排风口宜设在防护区的下部并应直通室外。通信机房、电子计算机房等场所的通风换气次数应每小时不小于5次。

储瓶间的门应向外开启，储瓶间内应设应急照明；储瓶间应有良好的通风条件，地下储瓶间应设机械排风装置，排风口应设在下部，可通过排风管排出室外。

经过有爆炸危险和变电、配电场所的管网，以及布设在以上场所的金属箱体等，应设防静电接地。

有人工作防护区的灭火设计浓度或实际使用浓度，不应大于有毒性反应浓度。

防护区内设置的预制灭火系统的充压压力不应大于2.5 MPa。

灭火系统的手动控制与应急操作应有防止误操作的警示显示与措施。

热气溶胶灭火系统装置的喷口前1.0 m内，装置的背面、侧面、顶部0.2 m内不应设置或存放设备、器具等。

设有气体灭火系统的场所，宜配置空气呼吸器。

三、气体灭火系统的设计

1. 一般规定

设计思路：确定并划分防护区→灭火剂用量计算→确定灭火剂贮瓶型号和数量→确定灭火剂贮瓶间→喷嘴布局→管网布局→管网计算→确定喷头→提供详细的施工图和材料明细表→提供施工、验收的技术要求及验收标准。

系统设计与管网计算的设计额定温度，应采用20 ℃。储存容器中七氟丙烷的充装率，不应大于1150 kg/m^3。系统管网的管道内容积，不宜大于该系统七氟丙烷充装容积量的80%。

喷头的布置应尽量均匀，数量宜为2、4、8等（依次成倍增加）；喷口不应正对易碎物品，否则会引起飞溅可燃性液体；对于变电所、开关室等防护区，管道和喷头应可靠接地，并应与带电物品有足够的距离。

管网布置宜设计为均衡系统：各个喷头应设计流量相等；在管网上，从第一个分流点至各喷头的管道阻力损失，其相互间的最大差值不应大于20%；不应采用四通管件分流；当采用直通分流时，流量小的一侧分流比不应小于25%，如图6.5所示；当采用侧流“三通”分流时，流量小的一侧分流比应在10%～25%范围内，如图6.6所示。

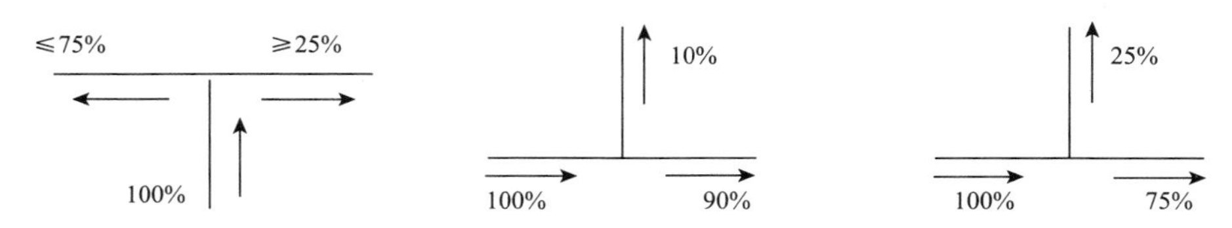

图 6.5 直通分流流量分配图　　图 6.6 侧流“三通”分流流量分配图

七氟丙烷喷放时间，在通信机房和电子计算机房等防护区，不宜大于 7 s；在其他防护区，不应大于 10 s。

采用气体灭火系统保护的防护区，其灭火设计用量或惰化设计用量，应根据防护区内可燃物相应的灭火设计浓度或惰化设计浓度经计算确定。

有爆炸危险的气体、液体类火灾的防护区，应采用惰化设计浓度；无爆炸危险的气体、液体类火灾和固体类火灾的防护区，应采用灭火设计浓度。

几种可燃物共存或混合时，灭火设计浓度或惰化设计浓度，应按其中最大的灭火设计浓度或惰化设计浓度确定。

两个或两个以上的防护区采用组合分配系统时，一个组合分配系统所保护的防护区不应超过 8 个。

组合分配系统的灭火剂储存量，应按储存量最大的防护区确定。

灭火系统的灭火剂储存量，应为防护区的灭火设计用量与储存容器内的灭火剂剩余量和管网内的灭火剂剩余量之和。

灭火系统的储存装置 72 h 内不能重新充装恢复工作的，应按系统原储存量的 100％设置备用量。

灭火系统的设计温度，应采用 20 ℃。

同一集流管上的储存容器，其规格、充压压力和充装量应相同。

同一防护区，当设计两套或三套管网时，集流管可分别设置，系统启动装置必须共用。

各管网上喷头流量均应按同一灭火设计浓度、同一喷放时间进行设计。

管网上不应采用四通管件进行分流。

喷头的保护高度和保护半径，应符合下列规定：最大保护高度不宜大于 6.5 m；最小保护高度不应小于 0.3 m；喷头安装高度小于 1.5 m 时，保护半径不宜大于 4.5 m；喷头安装高度不小于 1.5 m 时，保护半径不应大于 7.5 m。

喷头宜贴近防护区顶面安装，距顶面的最大距离不宜大于 0.5 m。

一个防护区设置的预制灭火系统，其装置数量不宜超过 10 台。

同一防护区内的预制灭火系统装置多于一台时，必须能同时启动，其动作响应时差不得大于 2 s。

单台热气溶胶预制灭火系统装置的保护容积不应大于 160 m^3；设置多台装置时，其相互间的距离不得大于 10 m。

采用热气溶胶预制灭火系统的防护区，其高度不宜大于 6.0 m。

热气溶胶预制灭火系统装置的喷口宜高于防护区地面 2.0 m。

2. 七氟丙烷灭火系统

七氟丙烷灭火系统的灭火设计浓度不应小于灭火浓度的 1.3 倍，惰化设计浓度不应小于惰化浓度的 1.1 倍。

固体表面火灾的灭火浓度为 5.8%，设计规范中未列出的，应经试验确定。

图书、档案、票据和文物资料库等防护区，灭火设计浓度宜采用 10%。

油浸变压器室、带油开关的配电室和自备发电机房等防护区，灭火设计浓度宜采用 9%。

通信机房和电子计算机房等防护区，灭火设计浓度宜采用 8%。

防护区实际应用的浓度不应大于灭火设计浓度的 1.1 倍。

在通信机房和电子计算机房等防护区，设计喷放时间不应大于 8 s；在其他防护区，设计喷放时间不应大于 10 s。

灭火浸渍时间应符合下列规定：木材、纸张、织物等固体表面火灾，宜采用 20 min；通信机房、电子计算机房内的电气设备火灾，应采用 5 min；其他固体表面火灾，宜采用 10 min；气体和液体火灾，不应小于 1 min。

七氟丙烷灭火系统应采用氮气增压输送。氮气的含水量不应大于 0.006%。

储存容器的增压压力宜分为三级，并应符合下列规定：

①一级(2.5+0.1)MPa(表压)；

②二级(4.2+0.1)MPa(表压)；

③三级(5.6+0.1)MPa(表压)。

七氟丙烷单位容积的充装量应符合下列规定：

①一级增压储存容器，不应大于 1120 kg/m^3；

②二级增压焊接结构储存容器，不应大于 950 kg/m^3；

③二级增压无缝结构储存容器，不应大于 1120 kg/m^3；

④三级增压储存容器，不应大于 1080 kg/m^3。

管网的管道内容积，不应大于流经该管网的七氟丙烷储存量体积的 80%。

管网布置宜设计为均衡系统，并应符合下列规定：

①喷头设计流量应相等。

②管网的第 1 分流点至各喷头的管道阻力损失，其相互间的最大差值不应大于 20%。防护区的泄压口面积，宜按下式计算：

$$F_x = 0.15 \frac{Q_x}{\sqrt{P_t}} \tag{6.1}$$

式中：F_x——泄压口面积(m^2)；

Q_x——灭火剂在防护区的平均喷放速率(kg/s)；

P_f——围护结构承受内压的允许压强(Pa)。

灭火设计用量或惰化设计用量和系统灭火剂储存量，应符合下列规定：

①防护区灭火设计用量或惰化设计用量，应按下式计算：

$$W = K \cdot \frac{V}{S} \frac{C_1}{(100 - C_1)} \tag{6.2}$$

式中：W——灭火设计用量或惰化设计用量(kg)；

C_1——最小灭火设计浓度或惰化设计浓度(%)，见表 6.2 和表 6.3；

S——灭火剂过热蒸气在 101 kPa 大气压和防护区最低环境温度下的质量体积(m^3/kg)；

V——防护区的净容积(m^3)；

K——海拔高度修正系数，见表 6.4。

表 6.2 可燃物的最小灭火设计浓度

可燃物	最小灭火设计浓度/%	可燃物	最小灭火设计浓度/%
丙　酮	9.1	液压油	8.0
乙　腈	8.4	氢	17.4
戊　醇	9.6	异丁醇	10.0
苯	8.0	异丙醇	9.9
丁　烷	8.7	JP4 航空油	9.1
丁　醇	10.0	JP5 航空油	9.1
丁乙醇	9.8	煤　油	9.8
丁氧基醋酸酯	9.1	甲　烷	8.0
丁基醋酸酯	9.2	甲　醇	13.7
碳二硫化物	15.6	甲氧基乙醇	12.4
氯乙烷	8.3	甲基异基丁酮	9.8
原　油	8.6	甲基乙丁基酮	9.2
环乙烷	9.5	溶剂油	8.7
环乙胺	8.8	吗　啉	10.4
环戊酮	9.8	硝基甲烷	13.1
二氯乙烷	8.0	戊　烷	9.0
柴　油	8.8	丙　烷	8.8
乙　醚	9.9	丙　醇	10.2
乙　烷	8.8	丙　烯	8.2
乙　醇	11.0	丙二醇	11.4
乙酸乙酯	9.0	吡咯烷	9.6
乙　苯	8.3	四氢呋喃	9.8
乙　烯	11.1	四氢噻吩	8.7
乙二醇	10.0	甲　苯	8.0
汽　油	9.1	甲苯基聚酯	8.0
庚　烷	8.0	变压器油	9.6
乙　烯	8.0	二甲苯	8.0

表 6.3 可燃物的惰化设计浓度

可燃物	惰化设计浓度/%	可燃物	惰化设计浓度/%
1-丁烷	11.3	乙烯氧化物	13.6
1-氯-1.1-二氟乙烷	2.6	甲烷	8.0
1.1-二氟乙烷	8.6	戊烷	11.6
二氯甲烷	3.5	丙烷	11.6

表 6.4 海拔高度修正系数

海拔高度/m	-1000	0	1000	1500	2000	2500	3000	3500	4000	4500
修正系数	1.130	1.000	0.885	0.830	0.785	0.735	0.690	0.650	0.610	0.565

②灭火剂过热蒸气在 101 kPa 大气压和防护区最低环境温度下的质量体积，应按下式计算：

$$S = 0.1269 + 0.000513T \tag{6.3}$$

式中：T——防护区最低环境温度(℃)；

③系统灭火剂储存量应按下式计算：

$$W_0 = W + \Delta W_1 + \Delta W_2 \tag{6.4}$$

式中：W_0——系统灭火剂储存量(kg)；

ΔW_1——储存容器内的灭火剂剩余量(kg)；

ΔW_2——管道内的灭火剂剩余量(kg)。

④储存容器内的灭火剂剩余量，可按储存容器内引升管管口以下的容器容积量换算。

⑤均衡管网和只含一个封闭空间的非均衡管网，其管网内的灭火剂剩余量均可不计。

防护区中含两个或两个以上封闭空间的非均衡管网，其管网内的灭火剂剩余量，可按各支管与最短支管之间长度差值的容积量计算。

管网计算应符合下列规定：

①管网计算时，各管道中灭火剂的流量，宜采用平均设计流量。

②主干管平均设计流量，应按下式计算：

$$Q_w = W/t \tag{6.5}$$

式中：Q_w——主干管平均设计流量(kg/s)；

t——灭火剂设计喷放时间(s)。

③支管平均设计流量，应按下式计算：

$$Q_g = \sum_{1}^{N_g} Q_c \tag{6.6}$$

式中：Q_g——支管平均设计流量(kg/s)；

N_g——安装在计算支管下游的喷头数量(个)；

Q_c——单个喷头的设计流量(kg/s)。

④管网阻力损失宜采用过程中点时储存容器内压力和平均设计流量进行计算。

⑤过程中点时储存容器内压力,宜按下式计算:

$$P_m = \frac{P_0 V_0}{V_0 + \frac{W}{2\gamma} + V_p} \tag{6.7}$$

$$V_0 = nV_b\left(1 - \frac{\eta}{\gamma}\right) \tag{6.8}$$

式中:P_m——过程中点时储存容器内压力(MPa,绝对压力);

P_0——灭火剂储存容器增压压力(MPa,绝对压力);

V_0——喷放前,全部储存容器内的气相总容积(m^3);

γ——七氟丙烷液体密度(kg/m^3),20 ℃时为 1407 kg/m^3;

V_p——管网的管道内容积(m^3);

n——储存容器的数量(个);

V_b——储存容器的容量(m^3);

η——充装量(kg/m^3)。

⑥管网的阻力损失应根据管道种类确定。当采用镀锌钢管时,其阻力损失可按下式计算:

$$\frac{\Delta P}{L} = \frac{5.75 \times 10^5 Q^2}{\left(1.74 + 2 \times \lg \frac{D}{0.12}\right)^2 D^5} \tag{6.9}$$

式中:ΔP——计算管段阻力损失(MPa);

L——管道计算长度(m),为计算管段中沿程长度与局部损失当量长度之和;

Q——管道设计流量(kg/s);

D——管道内径(mm)。

⑦初选内径可按管道设计流量,参照下列公式计算:

当 $Q \leqslant 6.0$ kg/s 时,

$$D = 12 \sim 20\sqrt{Q} \tag{6.10}$$

当 6.0 kg/s$<Q<$160.0 kg/s 时,

$$D = 8 \sim 16\sqrt{Q} \tag{6.11}$$

⑧喷头工作压力应按下式计算:

$$P_c = P_m - \sum_1^{N_d}(\Delta P \pm P_h) \tag{6.12}$$

式中:P_c——喷头工作压力(MPa,绝对压力);

$\sum_1^{N_d}\Delta P$——系统流程阻力总损失(MPa);

N_d——流程中计算管段的数量(个);

P_h——高程压头(MPa)。

⑨高程压头应按下式计算:

$$P_h = 10^{-6}\gamma \cdot H \cdot g \tag{6.13}$$

式中:H——过程中点时,喷头高度相对储存容器内液面的位差(m);

g——重力加速度(m/s^2)。

七氟丙烷气体灭火系统的喷头工作压力的计算结果,应符合下列规定:

①一级增压储存容器的系统 $P_c \geqslant 0.6$(MPa,绝对压力);

二级增压储存容器的系统 $P_c \geqslant 0.7$(MPa,绝对压力);

三级增压储存容器的系统 $P_c \geqslant 0.8$(MPa,绝对压力)。

②$P_c \geqslant \frac{P_m}{2}$(MPa,绝对压力)。

喷头等效孔口面积应按下式计算:

$$F_c = \frac{Q_c}{q_c} \tag{6.14}$$

式中:F_c——喷头等效孔口面积(cm^2);

q_c——等效孔口单位面积喷射率[$(kg/s)/cm^2$],可按《气体灭火系统设计规范》(GB 50370)附录 C 采用。

喷头的实际孔口面积,应经试验确定。

3. IG541 混合气体灭火系统

IG541 混合气体灭火系统的灭火设计浓度不应小于灭火浓度的 1.3 倍,惰化设计浓度不应小于灭火浓度的 1.1 倍。固体表面火灾的灭火浓度为 28.1%,规范中未列出的,应经试验确定。当 IG541 混合气体灭火剂喷放至设计用量的 95%时,其喷放时间不应大于 60 s 且不应小于 48 s。

灭火浸渍时间应符合下列规定:

①木材、纸张、织物等固体表面火灾,宜采用 20 min;

②通信机房、电子计算机房内的电气设备火灾,宜采用 10 min;

③其他固体表面火灾,宜采用 10 min。

储存容器充装量应符合下列规定:

①一级充压(15.0 MPa)系统,充装量应为 211.15 kg/m^3;

②二级充压(20.0 MPa)系统,充装量应为 281.06 kg/m^3。

防护区的泄压口面积,宜按下式计算:

$$F_x = 1.1\frac{Q_x}{\sqrt{P_f}} \tag{6.15}$$

式中:F_x——泄压口面积(m^2);

Q_x——灭火剂在防护区的平均喷放速率(kg/s);

P_f——围护结构承受内压的允许压强(Pa)。

灭火设计用量或惰化设计用量和系统灭火剂储存量，应符合下列规定：

①防护区灭火设计用量或惰化设计用量应按下式计算：

$$W = K \cdot \frac{V}{S}\ln\left(\frac{100}{100-C_1}\right) \tag{6.16}$$

式中：W——灭火设计用量或惰化设计用量(kg)；

C_1——灭火设计浓度或惰化设计浓度(%)；

V——防护区净容积(m^3)；

S——灭火剂气体在 101 kPa 大气压和防护区最低环境温度下的比容(m^3/kg)；

K——海拔高度修正系数，可按规范的规定取值。

②灭火剂气体在 101 kPa 大气压和防护区最低环境温度下的比容，应按下式计算：

$$S = 0.6575 + 0.0024T \tag{6.17}$$

式中：T——防护区最低环境温度(℃)；

③系统灭火剂储存量，应为防护区灭火设计用量及系统灭火剂剩余量之和。系统灭火剂剩余量应按下式计算：

$$W_s \geqslant 2.7V_0 + 2.0V_p \tag{6.18}$$

式中：W_s——系统灭火剂剩余量(kg)；

V_0——系统全部储存容器的总容积(m^3)；

V_p——管网的管道内容积(m^3)。

管网计算应符合下列规定：

①管道流量宜采用平均设计流量。主干管、支管的平均设计流量，应按下列公式计算：

$$Q_w = \frac{0.95W}{t} \tag{6.19}$$

$$Q_g = \sum_1^{N_g} Q_c \tag{6.20}$$

式中：Q_w——主干管平均设计流量(kg/s)；

t——灭火剂设计喷放时间(s)；

Q_g——支管平均设计流量(kg/s)；

N_g——安装在计算支管下游的喷头数量(个)；

Q_c——单个喷头的平均设计流量(kg/s)。

②管道内径宜按下式计算：

$$D = (24 \sim 36)\sqrt{Q} \tag{6.21}$$

式中：D——管道内径(mm)；

Q——管道设计流量(kg/s)。

③灭火剂释放时，管网应进行减压。减压装置宜采用减压孔板。减压孔板宜设

在系统的源头或干管入口处。

④减压孔板前的压力，应按下式计算：

$$P_1 = P_0\left(\frac{0.525V_0}{V_0+V_1+0.4V_2}\right)^{1.45} \tag{6.22}$$

式中：P_1——减压孔板前的压力(MPa，绝对压力)；

P_0——灭火剂储存容器充压压力(MPa，绝对压力)；

V_0——系统全部储存容器的总容积(m^3)；

V_1——减压孔板前管网管道容积(m^3)；

V_2——减压孔板后管网管道容积(m^3)。

⑤减压孔板后的压力，应按下式计算：

$$P_2 = \delta \cdot P_1 \tag{6.23}$$

式中：P_2——减压孔板后的压力(MPa，绝对压力)；

δ——落压比(临界落压比：$\delta=0.52$)。

一级充压(15 MPa)的系统，可在 $\delta=0.52\sim0.60$ 中选用；二级充压(20 MPa)的系统，可在 $\delta=0.52\sim0.55$ 中选用。

⑥减压孔板孔口面积，宜按下式计算：

$$F_k = \frac{Q_k}{0.95\mu_k P_1\sqrt{\delta^{1.38}-\delta^{1.69}}} \tag{6.24}$$

式中：F_k——减压孔板孔口面积(cm^2)；

Q_k——减压孔板设计流量(kg/s)；

μ_k——减压孔板流量系数。

⑦系统的阻力损失宜从减压孔板后算起，并按下式计算压力系数和密度系数；

$$Y_2 = Y_1 + \frac{L\cdot Q^2}{0.242\times10^{-8}\cdot D^{5.25}} + \frac{1.653\times10^7}{D^4}\cdot(Z_2-Z_1)Q^2 \tag{6.25}$$

式中：Q——管道设计流量(kg/s)；

L——计算管段长度(m)；

D——管道内径(mm)；

Y_1——计算管段始端压力系数(10^{-1}MPa·kg/m^3)；

Y_2——计算管段末端压力系数(10^{-1}MPa·kg/m^3)；

Z_1——计算管段始端密度系数；

Z_2——计算管段末端密度系数。

IG541 混合气体灭火系统的喷头工作压力的计算结果，应符合下列规定：

①一级充压(15 MPa)系统，$P_c\geqslant2.0$(MPa，绝对压力)；

②二级充压(20 MPa)系统，$P_c\geqslant2.1$(MPa，绝对压力)。

喷头等效孔口面积，应按下式计算：

$$F_c = \frac{Q_c}{q_c} \tag{6.26}$$

式中：F_c——喷头等效孔口面积(cm^2)；

q_c——等效孔口面积单位喷射率[$kg/(s \cdot cm^2)$]，可按规范要求采用。

喷头的实际孔口面积，应经试验确定。

第六节　系统组件及设置要求

一、一般规定

储存装置应符合下列规定：管网系统的储存装置应由储存容器、容器阀和集流管等组成；七氟丙烷和IG541混合气体灭火系统的储存装置，应由储存容器、容器阀等组成；热气溶胶预制灭火系统的储存装置应由发生剂罐、引发器和保护箱(壳)体等组成；容器阀和集流管之间应采用挠性连接。储存容器和集流管应采用支架固定；储存装置上应设耐久的固定铭牌，并应标明每个容器的编号、容积、皮重、灭火剂名称、充装量、充装日期和充压压力等；管网灭火系统的储存装置宜设在专用储瓶间内。储瓶间宜靠近防护区，并应符合建筑物耐火等级不低于二级的有关规定及有关压力容器存放的规定，且应有直接通向室外或疏散走道的出口。储瓶间和设置预制灭火系统防护区的环境温度应为－10～50 ℃；储存装置的布置，应便于操作、维修及避免阳光照射。操作面距墙面或两操作面之间的距离，不宜小于1.0 m，且不应小于储存容器外径的1.5倍。

储存容器、驱动气体储瓶的设计与使用应符合国家现行《气瓶安全监察规程》及《压力容器安全技术监察规程》的规定。

储存装置的储存容器与其他组件的公称工作压力，不应小于在最高环境温度下所承受的工作压力。

在储存容器或容器阀上，应设安全泄压装置和压力表。组合分配系统的集流管，应设安全泄压装置。安全泄压装置的动作压力，应符合相应气体灭火系统的设计规定。

在通向每个防护区的灭火系统主管道上，应设压力讯号器或流量讯号器。

组合分配系统中的每个防护区应设置控制灭火剂流向的选择阀，其公称直径应与该防护区灭火系统的主管道公称直径相等。

选择阀的位置应靠近储存容器且便于操作。选择阀应设有标明其工作防护区的永久性铭牌。

喷头应有型号、规格的永久性标识。设置在有粉尘、油雾等防护区的喷头，应有防护装置。

喷头的布置应满足喷放后气体灭火剂在防护区内均匀分布的要求。当保护对象属可燃液体时，喷头射流方向不应朝向液体表面。

管道及管道附件应符合下列规定：输送气体灭火剂的管道应采用无缝钢管。其质量应符合现行国家标准《输送流体用无缝钢管》(GB/T 8163)、《高压锅炉用无缝钢管》(GB 5310)等的规定。无缝钢管内外应进行防腐处理，防腐处理宜采用符合环保要求的方式；输送气体灭火剂的管道安装在腐蚀性较大的环境里，宜采用不锈钢管。其质量应符合现行国家标准《流体输送用不锈钢无缝钢管》(GB/T 14976)的规定。输送启动气体的管道，宜采用铜管，其质量应符合现行国家标准《拉制铜管》(GB 1527)的规定。管道的连接，当公称直径小于或等于 80 mm 时，宜采用螺纹连接；大于 80 mm 时，宜采用法兰连接。钢制管道附件应内外做防腐处理，防腐处理宜采用符合环保要求的方式；使用在腐蚀性较大的环境里，应采用不锈钢的管道附件。

系统组件与管道的公称工作压力，不应小于在最高环境温度下所承受的工作压力。

系统组件的特性参数应由国家法定检测机构验证或测定。

二、七氟丙烷灭火系统组件专用要求

储存容器或容器阀以及组合分配系统集流管上的安全泄压装置的动作压力，应符合下列规定：

(1)储存容器增压压力为 2.5 MPa 时，应为(5.0±0.25)MPa(表压)。

(2)储存容器增压压力为 4.2 MPa，最大充装量为 950 kg/m³ 时，应为(7.0±0.35)MPa(表压)；最大充装量为 1120 kg/m³ 时，应为(8.4±0.42)MPa(表压)。

(3)储存容器增压压力为 5.6 MPa 时，应为(10.0±0.50)MPa(表压)。

增压压力为 2.5 MPa 的储存容器宜采用焊接容器；增压压力为 4.2 MPa 的储存容器，可采用焊接容器或无缝容器；增压压力为 5.6 MPa 的储存容器，应采用无缝容器。在容器阀和集流管之间的管道上应设单向阀。

三、IG541 混合气体灭火系统组件专用要求

储存容器或容器阀以及组合分配系统集流管上的安全泄压装置的动作压力，应符合下列规定：

(1)一级充压(15.0 MPa)系统，应为(20.7±1.0)MPa(表压)；

(2)二级充压(20.0 MPa)系统，应为(27.6±1.4)MPa(表压)。

储存容器应采用无缝容器。

四、操作与控制

采用气体灭火系统的防护区，应设置火灾自动报警系统，其设计应符合现行国家标准《火灾自动报警系统设计规范》(GB 50116)的规定，并应选用灵敏度级别高的火

灾探测器。

管网灭火系统应设自动控制、手动控制和机械应急操作三种启动方式。预制灭火系统应设自动控制和手动控制两种启动方式。

采用自动控制启动方式时，根据人员安全撤离防护区的需要，应有不大于 30 s 的可控延迟喷射；对于平时无人工作的防护区，可设置为无延迟的喷射。

灭火设计浓度或实际使用浓度大于无毒性反应浓度（NOAEL 浓度）的防护区和采用热气溶胶预制灭火系统的防护区，应设手动与自动控制的转换装置。当人员进入防护区时，应能将灭火系统转换为手动控制方式；当人员离开时，应能恢复为自动控制方式。防护区内外应设手动、自动控制状态的显示装置。

自动控制装置应在接到两个独立的火灾信号后才能启动。手动控制装置和手动与自动转换装置应设在防护区疏散出口的门外便于操作的地方，安装高度为中心点距地面 1.5 m。机械应急操作装置应设在储瓶间内或防护区疏散出口门外便于操作的地方。

气体灭火系统的操作与控制，应包括对开口封闭装置、通风机械和防火阀等设备的联动操作与控制。

设有消防控制室的场所，各防护区灭火控制系统的有关信息，应传送给消防控制室。

气体灭火系统的电源，应符合现行国家有关消防技术标准的规定；采用气动力源时，应保证系统操作和控制需要的压力和气量。

组合分配系统启动时，选择阀应在容器阀开启前或同时打开。

第七节　七氟丙烷灭火系统设计计算示例

设有一通信机房，房高 4.5 m，长 4.7 m，宽 4.7 m，如采用七氟丙烷灭火系统保护，可按下列步骤进行。

一、确定灭火设计用量

依据规范规定：$W=K\cdot\dfrac{V}{S}\cdot\dfrac{C_1}{(100-C_1)}$

其中：设计浓度为 8%，C_1 取 8；

防护区容积 $V=4.7\times4.7\times4.5=99.405\ \text{m}^3$；

K 取 1；

$S=0.1269+0.000513\times20=0.13716\ \text{m}^3/\text{kg}$。

则 $W=\dfrac{99.405}{0.13716}\times\dfrac{8}{(100-8)}=63(\text{kg})$

(1)依据规范设定灭火剂喷放时间 $t=7$ s。

(2)管网布置及喷头数量见图 6.7。

喷头选用径向喷头，其保护半径 $R=3.5$ m，故设定喷头 1 只；

根据储存间的实际情况，经计算需要 70 L 灭火瓶 1 只。

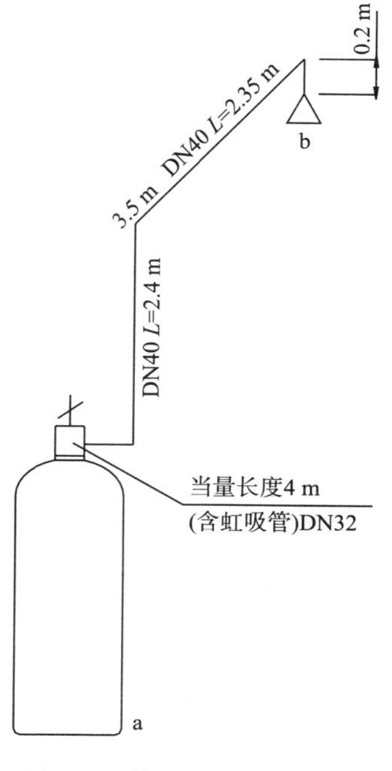

图 6.7 管网及喷头布置

(1)计算管道平均设计流量

主干管：$Q_W=W/\mathrm{t}=63/7=9$ kg/s

支管：$Q_g=Q_W/1=9$ kg/s

储瓶出流管：$Q_P=W/(n\cdot t)=9$ kg/s

(2)确定管道公称直径

以管道平均设计流量选择管道公称直径，其结果标注于图 6.7 上。

(3)计算充装率

系统灭火剂储存量：$W_0=W+\Delta W_1+\Delta W_2$

储瓶内剩余量：$\Delta W_1=n\times2.3=1\times2.3=2.3$

管网内剩余量：$\Delta W_2=0$

充装量：$\eta=\dfrac{W_0}{n\cdot V_b}=\dfrac{63+2.3}{1\times0.07}=932.86\ \mathrm{kg/m^3}$

选用额定增压压力，依据规范中规定，选用 $P_0=4.3$ MPa(绝对压力)。

(4)计算管网管道内容积

依据管网计算图 $V_P=4.75\times0.00126=0.006\ \mathrm{m^3}$

(5)计算全部储瓶气相总容积

依据公式 $V_0=nV_b(1-\dfrac{\eta}{\gamma})=1\times0.07\times(1-\dfrac{932.86}{1407})=0.024\ \mathrm{m^3}$

(6)计算“过程中点”储瓶内压力

$$P_m=\frac{P_0V_0}{V_0+\dfrac{W}{2\gamma}+V_p}=\frac{4.3\times0.024}{0.024+\dfrac{63}{2\times1407}+0.006}=1.97\ \mathrm{MPa}$$

(7)计算管路阻力损失

a—b 段：

$$\frac{\Delta P}{L}=\frac{5.75\times10^5Q^2}{\left(1.74+2\times\lg\dfrac{D}{0.12}\right)^2D^5}$$

其中：$Q=9$ kg/s；

$D=40$ mm。

$L_{ab}=2.4+2.35+4+3+3+0.2=14.95$ m

$\Delta P_{ab}=0.001\times14.95=0.015$ MPa

(8)流程阻力总损失

$$\Delta P=\Delta P_{ab}=0.015\ \text{MPa}$$

(9)计算高程压头

$$P_h=10^{-6}\gamma\cdot H\cdot g$$

其中:$H=2.97$ m(喷头高度相对"过程中点"储瓶液面的位差)。

$P_h=10^{-6}\times2.97\times9.8\times1407=0.041$ MPa

(10)计算喷头工作压力

$$P_c=P_m-\sum_{1}^{N_d}(\Delta P\pm P_h)=1.97-0.015-0.041=1.914\ \text{MPa}$$

(11)验算设计计算结果

根据《规范》的规定,应满足下列条件:

①$P_c>0.5$ MPa(绝压);

②$P_c>P_m/2=1.97/2=0.985$(MPa,绝压)。

皆满足,合格。

(12)计算喷头当量面积及确定喷头规格

根据 $P_c=1.914$ MPa,从表 6.5 中查得,喷头等效孔口单位面积喷射率:$q_c=4$ kg/(s·cm²),喷头平均设计流量:$Q_c=W/1=9$ kg/s。

喷头等效孔口面积:

$$F_c=\frac{Q_c}{q_c}=\frac{9}{4}=2.25\ \text{cm}^2$$

由此,即可依据求得的 F_c 值,从表 6.6 中选用与该值相等、性能跟设计一致的喷头,故选 JP-22 喷头可满足要求。

表 6.5 增压压力为 4.2 MPa(表压)时七氟丙烷灭火系统喷头等效孔口单位面积喷射率

喷头入口压力/MPa(绝对压力)	喷射率/[kg/(s·cm²)]	喷头入口压力/MPa(绝对压力)	喷射率/[kg/(s·cm²)]
3.4	6.04	1.6	3.50
3.2	5.83	1.4	3.05
3.0	5.61	1.3	2.80
2.8	5.37	1.2	2.50
2.6	5.12	1.1	2.20
2.4	4.85	1.0	1.93
2.2	4.55	0.9	1.62
2.0	4.25	0.8	1.27
1.8	3.90	0.7	0.90

注:等效孔口流量系数为 0.98。

表 6.6 喷头规格和等效孔口面积

喷头规格代号	等效孔口面积/cm^2
JP-8	0.3168
JP-9	0.4006
JP-10	0.4948
JP-11	0.5987
JP-12	0.7129
JP-14	0.9697
JP-16	1.267
JP-18	1.603
JP-20	1.979
JP-22	2.395
JP-24	2.850
JP-26	3.345
JP-28	3.879

注:扩充喷头规格,应以等效孔口的单孔直径 0.79375 mm 的倍数设置。

第八节 IG541 混合气体灭火系统设计计算示例

某机房尺寸为 20 m×20 m×3.5 m,最低环境温度 20 ℃,将管网均衡布置。

系统管网计算图 6.8 中:减压孔板前管道(a—b)长 15 m,减压孔板后主管道(b—c)长 75 m,管道连接件当量长度为 9 m;一级支管(c—d)长 5 m,管道连接件当量长度为 11.9 m;二级支管(d—e)长 5 m,管道连接件当量长度为 6.3 m,三级支管(e—f)长 2.5 m,管道连接件当量长度为 5.4 m;末端支管(f—g)长 2.6 m,管道连接件当量长度为 7.1 m。

(1)确定灭火设计浓度。

依据规范,灭火设计浓度为 37.5%,取 $C_1=37.5$。

(2)计算保护空间实际容积。

$$V=20\times20\times3.5=1400\ \text{m}^3$$

(3)计算灭火设计用量。

依据公式 $W=K\cdot\frac{V}{S}\ln(\frac{100}{100-C_1})$ 计算。

其中,$K=1$;

$S=0.6575+0.0024\times20(℃)=0.7055\ \text{m}^3/\text{kg}$;

$W=\frac{1400}{0.7055}\ln(\frac{100}{100-37.5})=932.68\ \text{kg}$。

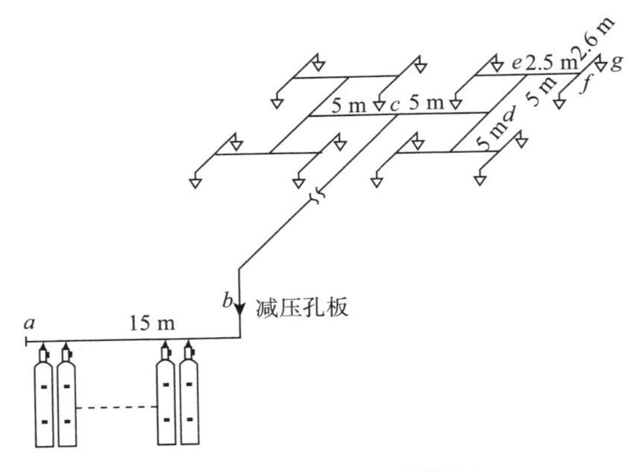

图 6.8　系统管网计算图

(4)设定喷放时间。

依据规范，取 $t=55$ s。

(5)选定灭火剂储存容器规格及储存压力级别。

选用 70 L 的 15.0 MPa 存储容器，根据 $W=932.68$ kg，充装系数 $\eta=211.15\ \mathrm{kg/m^3}$，储瓶数 $n=(932.68/211.15)/0.07=63.1$，向上取整数后，$n=64$ 只。

(6)计算管道平均设计流量。

主干管：$Q_w=\dfrac{0.95W}{t}=95\times932.68/55=16.110$ kg/s；

一级支管：$Q_{g1}=Q_W/2=8.055$ kg/s；

二级支管：$Q_{g2}=Q_{g1}/2=4.028$ kg/s；

三级支管：$Q_{g3}=Q_{g2}/2=2.014$ kg/s；

末端支管：$Q_{g4}=Q_{g3}/2=1.007$ kg/s，即 $Q_c=1.007$ kg/s。

(7)选择管网管道内径。

以管道平均设计流量，依据 $D=24\sim36\sqrt{Q}$，初选内径为：

主干管：125 mm；

一级支管：80 mm；

二级支管：65 mm；

三级支管：50 mm；

末端支管：40 mm。

(8)计算系统剩余量及其增加的储瓶数量。

$V_1=0.1178\ \mathrm{m^3}$，$V_2=1.1287\ \mathrm{m^3}$，$V_P=V_1+V_2=1.2465\ \mathrm{m^3}$；

$V_0=0.07\times64=4.48\ \mathrm{m^3}$；

依据 $W_s\geqslant2.7V_0+2.0V_p\geqslant14.589$ kg，计入剩余量后的储瓶数：

$$n_1\geqslant[(932.68+14.589)/211.15]/0.07\geqslant64.089$$

向上取整数后，$n_1=65$ 只。

(9)计算减压孔板前压力。

依据公式:

$$P_1 = P_0 \left(\frac{0.525V_0}{V_0 + V_1 + 0.4V_2}\right)^{1.45} = 4.954\ \text{MPa}$$

(10)计算减压孔板后压力。

依据规范,$P_2 = \delta \cdot P_1 = 0.52 \times 4.954 = 2.576$ MPa。

(11)计算减压孔板孔口面积

依据公式:$F_k = \dfrac{Q_k}{0.95\mu_k P_1 \sqrt{\delta^{1.38} - \delta^{1.69}}}$,并初选 $\mu_k = 0.61$,

得出 $F_k = 20.570\ \text{cm}^2$,$d = 51.177$ mm。$d/D = 0.4094$。说明 μ_k选择正确。

(12)计算流程损失。

根据 $P_2 = 2.576$ MPa,查表 6.7,得出 b 点 $Y = 566.6$,$Z = 0.5855$。

依据公式:

$$Y_2 = Y_1 + \frac{L \cdot Q^2}{0.242 \times 10^{-8} \cdot D^{5.25}} + \frac{1.653 \times 10^7}{D^4} \cdot (Z_2 - Z_1) Q^2$$

代入各管段平均流量及计算长度(含沿程长度及管道连接件当量长度),并结合表 6.7,推算出:

c 点 $Y = 656.9$,$Z = 0.5855$;该点压力值 $P = 2.3317$ MPa;

d 点 $Y = 705.0$,$Z = 0.6583$;

e 点 $Y = 728.6$,$Z = 0.6987$;

f 点 $Y = 744.8$,$Z = 0.7266$;

g 点 $Y = 760.8$,$Z = 0.7598$。

(13)计算喷头等效孔口面积。

因 g 点为喷头入口处,根据其 Y、Z 值,查表 6.7,推算出该点压力 $P_c = 2.011$ MPa;喷头等效单位面积喷射率 $q_c = 0.4832\ \text{kg/(s} \cdot \text{cm}^2)$。

$$F_c = \frac{Q_c}{q_c} = 2.084\ \text{cm}^2$$

查表 6.6,可选用规格代号为 JP-22 的喷头(16 只)。

表 6.7 一级充压(15 MPa)IG541 混合气体灭火系统喷头等效孔口单位面积喷射率

喷头入口压力/(MPa,绝对压力)	喷射率/[kg/(s·cm²)]
3.7	0.97
3.6	0.94
3.5	0.91
3.4	0.88
3.3	0.85
3.2	0.82

续表

喷头入口压力/(MPa,绝对压力)	喷射率/[kg/(s·cm²)]
3.1	0.79
3.0	0.76
2.9	0.73
2.8	0.70
2.7	0.67
2.6	0.64
2.5	0.62
2.4	0.59
2.3	0.56
2.2	0.53
2.1	0.51
2.0	0.48

注:等效孔口流量系数为0.98。

第七章 干粉灭火系统

第一节 系统灭火机理

干粉灭火系统的灭火剂类型虽然不同,但其系统灭火机理无非是化学抑制、隔离、冷却与窒息。本节重点介绍干粉灭火系统灭火剂的种类、注意事项及其灭火机理。

一、干粉灭火剂

干粉灭火剂是由灭火基料(如小苏打、碳酸铵、磷酸的铵盐等)和适量润滑剂(硬脂酸镁、云母粉、滑石粉等)、少量防潮剂(硅胶)混合后共同研磨制成的细小颗粒,是用于灭火的干燥且易于飘散的固体粉末灭火剂。

二、干粉灭火剂的类型

1. 普通干粉灭火剂

这类灭火剂可扑救 B 类、C 类、E 类火灾,因而又称为 BC 干粉灭火剂。属于这类的干粉灭火剂有:

(1)以碳酸氢钠为基料的钠盐干粉灭火剂(小苏打干粉);

(2)以碳酸氢钾为基料的紫钾干粉灭火剂;

(3)以氯化钾为基料的超级钾盐干粉灭火剂;

(4)以硫酸钾为基料的钾盐干粉灭火剂;

(5)以碳酸氢钠和钾盐为基料的混合型干粉灭火剂;

(6)以尿素和碳酸氢钠(碳酸氢钾)的反应物为基料的氨基干粉灭火剂(毛耐克斯(Monnex)干粉)。

2. 多用途干粉灭火剂

这类灭火剂可扑救 A 类、B 类、C 类、E 类火灾,因而又称为 ABC 干粉灭火剂。属于这类的干粉灭火剂有:

(1)以磷酸盐为基料的干粉灭火剂；

(2)以磷酸铵和硫酸铵混合物为基料的干粉灭火剂；

(3)以聚磷酸铵为基料的干粉灭火剂。

3. 专用干粉灭火剂

这类灭火剂可扑救D类火灾，又称为D类专用干粉灭火剂。属于这类的干粉灭火剂有：

(1)石墨类：在石墨内添加流动促进剂；

(2)氯化钠类：氯化钠广泛用于制作D类干粉灭火剂，选择不同的添加剂适用于不同的灭火对象；

(3)碳酸氢钠类：碳酸氢钠是制作BC干粉灭火剂的主要原料，添加某些结壳物料后也宜制作成D类干粉灭火剂。

三、注意事项

(1)BC类与ABC类干粉灭火剂不能兼容。

(2)BC类干粉灭火剂与蛋白泡沫或者化学泡沫不兼容。因为干粉灭火剂对蛋白泡沫和一般合成泡沫有较大的破坏作用。

(3)对于一些扩散性很强的气体，如氢气、乙炔气体，干粉喷射后难以稀释整个空间的气体，对于精密仪器、仪表会留下残渣，用干粉灭火剂不合适。

(4)干粉灭火系统是重要的灭火设施，但不是考虑了这种灭火手段后，就不必考虑其他辅助设施。例如易燃可燃液体贮罐发生火灾，采用干粉灭火系统扑救火灾的同时，消防冷却用水也是不可少的。其次，在防护区的设置上，应正确划分防护区的范围，确定防护区的位置。根据防护区的大小、形状、开口和通风等情况，以及防护区内可燃物品的性质、数量、分布情况，可能发生的火灾类型和火源、起火部位等情况，合理选择系统操作控制方式、选择和布置系统部件等。

四、干粉的灭火机理

干粉灭火剂在动力气体(氮气、二氧化碳或燃气、压缩空气)的推动下射向火焰进行灭火。干粉灭火剂在灭火过程中，粉雾与火焰接触、混合，发生一系列物理和化学作用，既具有化学灭火剂的作用，同时又具有物理抑制剂的特点，其灭火机理介绍如下。

1. 化学抑制作用

燃烧过程是一种连锁反应过程，OH^*和H^*上的*是维持燃烧连锁反应的关键自由基，它们具有很高的能量，非常活泼，而寿命却很短，一经生成，立即引发下一步反应，生成更多的自由基，使燃烧过程得以延续且不断扩大。干粉灭火剂的灭火组分是燃烧的非活性物质，当把干粉灭火剂加入燃烧区与火焰混合后，干粉粉末与火焰中的自由基接触时，捕获 OH* 和 H*，自由基被瞬时吸附在粉末表面。当大量的粉末以雾状形式喷向火焰时，火焰中的自由基被大量吸附和转化，使自由基数量急剧减少，致使燃烧反应链中断，最终使火焰熄灭。

2. 隔离作用

干粉灭火系统喷出的固体粉末覆盖在燃烧物表面，构成阻碍燃烧的隔离层。尤其当粉末覆盖达到一定厚度时，还可以起到防止复燃的作用。

3. 冷却与窒息作用

干粉灭火剂在动力气体推动下喷向燃烧区进行灭火时，干粉灭火剂的基料在火焰高温作用下，将会发生一系列分解反应，钠盐和钾盐干粉在燃烧区吸收大量的热量，并放出大量水蒸气和二氧化碳气体，起到冷却和稀释可燃气体的作用。磷酸盐等化合物还具有导致碳化的作用，它附着于着火固体表面可碳化，碳化物是热的不良导体，可使燃烧过程变得缓慢，使火焰的温度降低。

第二节 系统的组成和分类

干粉灭火系统根据其灭火方式、保护情况、驱动气体储存方式等不同可分为 10 余种类型，本节主要介绍系统的组成及其分类。

一、干粉灭火系统的组成

干粉灭火系统在组成上与气体灭火系统相类似。干粉灭火系统由干粉灭火设备和自动控制两大部分组成。前者有干粉储罐、动力气瓶、减压阀、输粉管道以及喷嘴等；后者有火灾探测器、启动瓶、报警控制器等，见图 7.1。

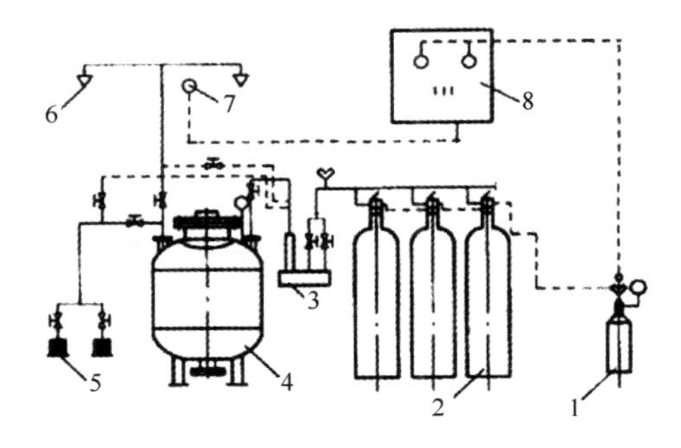

图 7.1 干粉系统组成示意图

1—启动气体瓶组；2—高压驱动气体瓶组；3—减压器；4—干粉储罐；5—干粉枪及卷盘；6—喷嘴；7—火灾探测器；8—控制装置

二、干粉灭火系统的分类

(一)按灭火方式分类

1. 全淹没式干粉灭火系统

指将干粉灭火剂释放到整个防护区,通过在防护区空间建立起灭火浓度来实施灭火的系统形式。该系统的特点是对防护区提供整体保护,适用于较小的封闭空间、火灾燃烧表面不宜确定且不会复燃的场合,如油泵房等类场合。

2. 局部应用式干粉灭火系统

指通过喷嘴直接向火焰或燃烧表面喷射灭火剂实施灭火的系统。当不宜在整个房间建立灭火浓度或仅保护某一局部范围、某一设备、室外火灾危险场所等,可选择局部应用式干粉灭火系统,例如用于保护甲、乙、丙类液体的敞顶罐或槽,不怕粉末污染的电气设备以及其他场所等。

3. 手持软管干粉灭火系统

手持软管干粉灭火系统具有固定的干粉供给源,并配备有一条或数条输送干粉灭火剂的软管及喷枪,火灾时通过人来操作实施灭火。

(二)按设计情况分类

1. 设计型干粉灭火系统

指根据保护对象的具体情况,通过设计计算确定的系统形式。该系统中的所有参数都须经设计确定,并根据需求选择各部件设备型号。一般较大的保护场所或有特殊要求的场所宜采用设计型系统。

2. 预制型干粉灭火系统

指由工厂生产的系列成套干粉灭火设备,系统的规格是通过对保护对象做灭火试验后预先设计好的,即所有设计参数都已确定,使用时只需选型,不必进行复杂的设计计算。当保护对象不很大且为无特殊要求的场合,一般选择预制型系统。

(三)按系统保护情况分类

1. 组合分配系统

当一个区域有几个保护对象且每个保护对象发生火灾后又不会蔓延时,可选用组合分配系统,即用一套系统同时保护多个保护对象。

2. 单元独立系统

若火灾的蔓延情况不能预测,则每个保护对象应单独设置一套系统保护,即单元独立系统。

(四)按驱动气体储存方式分类

1. 储气式干粉灭火系统

指将驱动气体(氮气或二氧化碳气体)单独储存在储气瓶中,灭火使用时,再将驱动气体充入干粉储罐，进而携带驱动干粉喷射实施灭火。干粉灭火系统大多数采用的是该种系统形式。

2. 储压式干粉灭火系统

指将驱动气体与干粉灭火剂同储于一个容器，灭火时直接启动干粉储罐。这种系统结构比储气系统简单，但要求驱动气体不能泄漏。

3. 燃气式干粉灭火系统

指驱动气体不采用压缩气体，而是在火灾时点燃燃气发生器内的固体燃料，通过形成的燃气压力来驱动干粉喷射实施灭火。

第三节 系统工作原理

干粉灭火系统启动方式可分为自动控制和手动控制，本节主要介绍其各类控制方式的工作原理。

一、自动控制方式

当保护对象着火后，温度上升达到规定值，探测器发出火灾信号到控制器，然后由控制器打开相应报警设备(如声光及警铃)。当启动机构接收到控制器的启动信号后将启动瓶打开，启动瓶内的氮气通过管道将高压驱动气体瓶组的瓶头阀打开。瓶中的高压驱动气体进入集气管，经过高压阀进入减压阀，减压至规定压力后，通过进气阀进入干粉储罐内，搅动罐中干粉灭火剂，使罐中干粉灭火剂疏松形成便于流动的气粉混合物。当干粉罐内的压力上升到规定压力数值时，定压动作机构开始动作，打开干粉罐出口球阀。干粉灭火剂则经过总阀门、选择阀、输粉管和喷嘴向着火对象，或者经喷枪射到着火对象的表面，进行灭火。

在实际应用中，不论哪种类型的探测器，由于受其自身的质量和环境的影响，在长期运行中不可避免地存在出现误报的可能。为了提高系统的可靠性，最大限度地避免由于探测器误报引起灭火系统误动作，从而带来不必要的经济损失，通常在保护场所设置两种不同类型或两组同一类型的探测器进行复合探测。只有当两种不同类型或两组同一类型的火灾探测器均检测出保护场所存在火灾时，才能发出启动灭火系统的指令。

二、手动控制方式

手动启动装置是防护区内或保护对象附近的人员在发现火险时启动灭火系统的手段之一，故要求它们安装在靠近防护区或保护对象，同时又能够确保操作人员安全的位置。为了避免操作人员在紧急情况下错按其他按钮，要求所有手动启动装置都应明显地标示出其对应的防护区或保护对象的名称。

手动紧急停止装置是在系统启动后的延迟时段内发现不需要或不能够实施喷放灭火剂的情况时采用的一种使系统中止下来的手段。产生这种情况的原因很多,比如有人错按了启动按钮;火情未到非启动灭火系统不可的地步,可改用其他简易灭火手段;区域内还有人员尚未完全撤离等。一旦系统开始喷放灭火剂,手动紧急停止装置便失去了作用。启用紧急停止装置后,虽然系统控制装置停止了后继动作,但干粉储罐增压仍然继续,系统处于蓄势待发的状态,这时仍有可能需要重新启动系统,释放灭火剂。比如有人错按了紧急停止按钮,防护区内被困人员已经撤离等,所以,要求做到在使用手动紧急停止装置后,手动启动装置可以再次启动。

根据使用对象和场合的不同,灭火系统亦可与感温、感烟探测器联动。在经常有人的地方也可采用半自动操作,即人工确认火灾,启动手动按钮完成全部喷粉灭火动作。

第四节　系统适用范围

干粉灭火系统迅速可靠,尤其适用于火焰蔓延迅速的易燃液体。它造价低,占地小,不冻结,对于我国无水及寒冷的北方尤为适宜。

一、系统适用范围

(1)易燃、可燃液体。例如,液体燃料罐、油罐、淬火油槽、洗涤油槽、浸渍槽、涂料反应釜、涂漆生产流水线、飞机库、汽车停车场、锅炉房、加油站、油泵房、液化气站、化学危险品仓库等。

(2)伴有压力喷出的易燃液体或气体设施。例如,输油泵、反应塔、换热器、煤气站、天然气井、石油气灌充站等。

(3)室内外变压油浸短路开关、变压器油箱等电气火灾。

(4)印刷厂、造纸厂干燥炉、粘接胶带造纸、棉纺厂等。

(5)三乙基铝储存罐、电缆等火灾。

二、干粉灭火系统不适用范围

(1)火灾中产生含有氧的化学物质,例如硝酸纤维。

(2)可燃金属,例如钠、钾、镁等。

(3)固体深位火灾。

第八章 建筑灭火器配置

第一节 灭火器的分类

不同种类的灭火器，适用于不同物质的火灾，其结构和使用方法也各不相同。灭火器的种类较多，按其移动方式不同可分为手提式和推车式；按驱动灭火剂的动力来源不同可分为储气瓶式、储压式；按所充装的灭火剂不同则又可分为水基型、干粉、二氧化碳灭火剂、洁净气体灭火剂等；按灭火类型不同分为A类灭火器、B类灭火器、C类灭火器、D类灭火器、E类灭火器等。

各类灭火器一般都有特定的型号与标识。我国灭火器的型号是按照《消防产品型号编制方法》编制的。它由类、组、型式号及主要参数几部分组成。类、组、型式号用大写汉语拼音字母表示，一般编在型号首位，是灭火器本身的代号，通常用"M"表示。灭火剂代号编在型号第二位：F——干粉灭火剂；T——二氧化碳灭火剂；Y——1211灭火剂；Q——清水灭火剂。型式号编在型号中的第三位，是各类灭火器结构特征的代号。目前我国灭火器的结构特征有手提式(包括手轮式)、推车式、鸭嘴式、舟车式、背负式五种，其中型号分别用S、T、Y、Z、B表示。型号最后面的阿拉伯数字代表灭火剂重量或容积，一般单位为千克或升，如"MF/ABC2"表示2 kg ABC干粉灭火器；"MQS9"表示容积为9 L的手提式清水灭火器；"MFT50"表示灭火剂重量为50 kg的推车式(碳酸氢钠)干粉灭火器。国家标准规定，灭火器型号应以汉语拼音大写字母和阿拉伯数字标于筒体。

根据《建筑灭火器配置验收及检查规范》(GB 50444)规定，酸碱型灭火器、化学泡沫灭火器、倒置使用型灭火器以及氯溴甲烷、四氯化碳灭火器应报废处理，也就是说，这几类灭火器已被淘汰。目前常用灭火器的类型主要有水基型灭火器、干粉灭火器、二氧化碳灭火器、洁净气体灭火器等。

一、水基型灭火器

水基型灭火器是指内部充入的灭火剂是以水为基础的灭火器，一般由水、氟碳表面活性剂、碳氢表面活性剂、阻燃剂、稳定剂等多种组分配合而成，以氮气(或二氧化碳)为驱动气体，是一种高效的灭火剂。常用的水基型灭火器有清水灭火器、水基型泡沫灭火器和水基型水雾灭火器三种。

(一)清水灭火器

清水灭火器是指筒体中充装的是清洁的水，并以二氧化碳(氮气)为驱动气体的灭火器。一般有 6 L 和 9 L 两种规格，灭火器容器内分别盛装 6 L 和 9 L 的水。

清水灭火器由保险帽、提圈、筒体、二氧化碳(氮气)气体贮气瓶和喷嘴等部件组成，使用时摘下保险帽，用手掌拍击开启杆顶端灭火器头，清水便会从喷嘴喷出。它主要用于扑救固体物质火灾，如木材、棉麻、纺织品等的初起火灾，但不适用于扑救油类、电气、轻金属以及可燃气体火灾。清水灭火器的有效喷水时间为 1 min 左右，所以当灭火器中的水喷出时，应迅速将灭火器提起，将水流对准燃烧最猛烈处喷射；同时，清水灭火器在使用中应始终与地面保持大致垂直状态，不能颠倒或横卧，否则会影响水流的喷出。

(二)水基型泡沫灭火器

水基型泡沫灭火器内部装有 AFFF 水成膜泡沫灭火剂和氮气，除具有氟蛋白泡沫灭火剂的显著特点外，还可在烃类物质表面迅速形成一层能抑制其蒸发的水膜，靠泡沫和水膜的双重作用迅速有效地灭火，是化学泡沫灭火器的更新换代产品。它能扑灭可燃固体、液体的初起火灾，更多用于扑救石油及石油产品等非水溶性物质的火灾(抗溶性泡沫灭火器可用于扑救水溶性易燃、可燃液体火灾)。水基型泡沫灭火器具有操作简单、灭火效率高、使用时不需倒置、有效期长、抗复燃、双重灭火等优点，是木竹类、织物、纸张及油类物质的开发加工、贮运等场所的消防必备品，并广泛应用于油田、油库、轮船、工厂、商店等场所。

(三)水基型水雾灭火器

水基型水雾灭火器灭火原理为物理性，火灾发生时，对着燃烧物喷射后，形成一片细水雾，能够迅速漫布火灾现场，蒸发大量热量，从而达到降温目的。另外，灭火器内部装有的表面活性剂喷射在燃烧物表面会瞬间形成一层水膜，使可燃物与空气中的氧气隔绝，防止复燃。简单来说就是“降温”与“隔氧”双重作用。水基型水雾灭火器有四种组成剂，分别是碳氢表面活性剂、氟碳表面活性剂、阻燃剂和助剂。表面活性剂分子由亲水和亲油两部分组成。亲油部分为碳氢化合物的表面活性剂，就是碳氢表面活性剂，比较常见的表面活性剂很多都是碳氢表面活性剂。氟碳表面活性剂，即碳氢表面活性剂亲油基中的氢原子全部或部分被氟原子取代。另外一种说法就是氢碳表面活性剂的非极性基团(即亲油部分)为碳氢链，而氟碳表面活性剂的非极性基团为氟碳链。阻燃剂主要是针对阻碍高分子材料聚合物的易燃性而设计的，比较好的阻燃剂有非卤素阻燃剂中的红磷，具有量少、阻燃率高、低烟、低毒、用途广泛等优点。

二、干粉灭火器

干粉灭火器是利用氮气作为驱动动力，将筒内的干粉喷出灭火的灭火器。干粉灭火器内充装的是干粉灭火剂。干粉灭火剂是用于灭火的干燥且易于流动的微细粉末，由具有灭火效能的无机盐和少量的添加剂经干燥、粉碎、混合而成的微细固体粉末组成。它是一种在消防中得到广泛应用的灭火剂，且主要用于灭火器中。除扑救金属火灾的专用干粉化学灭火剂外，干粉灭火剂一般分为BC干粉灭火剂和ABC干粉灭火剂两大类。目前国内已经生产的产品有磷酸铵盐、碳酸氢钠、氯化钠、氯化钾干粉灭火剂等。

干粉灭火器可扑灭一般可燃固体火灾，还可扑灭油、气等燃烧引起的火灾，主要用于扑救石油、有机溶剂等易燃液体、可燃气体和电气设备的初期火灾，广泛用于油田、油库、炼油厂、化工厂、化工仓库、船舶、飞机场以及工矿企业等。

三、二氧化碳灭火器

二氧化碳灭火器的容器内充装的是二氧化碳气体，靠自身的压力驱动喷出进行灭火。二氧化碳是一种不燃烧的惰性气体。它在灭火时具有两大作用：一是窒息作用。当把二氧化碳施放到灭火空间时，由于二氧化碳的迅速汽化、稀释燃烧区的空气，使空气的氧气含量减少到低于维持物质燃烧时所需的极限含氧量，物质就不会继续燃烧从而熄灭。二是具有冷却作用。当二氧化碳从瓶中释放出来，由于液体迅速膨胀为气体，会产生冷却效果，致使部分二氧化碳瞬间转变为固态的干冰。干冰迅速汽化的过程中要从周围环境中吸收大量的热量，从而达到灭火的效果。二氧化碳灭火器具有流动性好、喷射率高、不腐蚀容器和不易变质等优良性能，用来扑灭图书、档案、贵重设备、精密仪器、600 V以下电气设备及油类的初起火灾。

四、洁净气体灭火器

这类灭火器是将洁净气体（如IG541、七氟丙烷、三氟甲烷等）灭火剂直接加压充装在容器中，使用时，灭火剂从灭火器中排出形成气雾状射流射向燃烧物，当灭火剂与火焰接触时发生一系列物理化学反应，使燃烧中断，达到灭火目的。洁净气体灭火器适用于扑救可燃液体、可燃气体和可融化的固体物质以及带电设备的初期火灾，可在图书馆、宾馆、档案室、商场、企事业单位以及各种公共场所使用。其中IG541灭火剂的成分为50%的氮气、40%的二氧化碳和10%的惰性气体。洁净气体灭火器对环境无害，在大自然中存留期短，灭火效率高且低毒，适用于有工作人员常驻的防护区，是卤代烷灭火器在现阶段较为理想的替代产品。

卤代烷灭火器又称哈龙灭火器，是将卤代烷1211、1301（分别为二氟一氯一溴甲烷、三氟一溴甲烷的代号）灭火剂以液态状充装在容器中，并用氮气或二氧化碳加压作为灭火剂的喷射动力灭火器。卤代烷灭火剂是一种低沸点的液化气体，它在灭火过程中的基本原理是化学中断作用，最大程度上不伤及着火物件，所以最适合扑救易燃、可燃液体、气体、带电设备以及固体物质的表面初起火灾。由于卤代烷灭火剂对大气臭氧层有较大的破坏作用，所以我国早在1994年11月就下发了《关于在非必要场所停止再配置哈龙灭火器的通知》，规定在非必要使用场所一律不准新配置1211等哈龙灭火器，并鼓励使用对环境保护没有影响的哈龙替代技术，如洁净气体灭火器等。

第二节　灭火器的构造

不同规格类型的灭火器不仅灭火机理不一样，其构造也根据其灭火机理与使用功能需要而有所不同，如手提式与推车式、储气瓶式与贮压式的结构都有着明显差别。

一、灭火器配件

灭火器配件主要由灭火器筒体、阀门（俗称器头）、灭火剂、保险销、虹吸管、密封圈和压力指示器（二氧化碳灭火器除外）等组成。

为保障建筑灭火器的合理安装配置和安全使用，及时有效地扑救初起火灾，减少火灾危害，保护人身和财产安全，建筑物中配置的灭火器应定期检查、检测和维修。灭火器配件损坏、失灵的应及时维修更换，无法修复的应按照有关规定要求作出报废处理。《灭火器维修与报废规程》（GA 95）就灭火器维修条件、维修技术要求、维修期限和应予报废的情形以及报废期限等都做了明确规定。如在规定的检修期到期检修或使用后再充装，灭火剂和密封圈必须更换。检修时发现筒体不合格，则整具灭火器应报废；其他配件不合格，须更换经国家认证的灭火器配件生产企业生产的配件。

二、灭火器构造

（一）手提式灭火器

手提式灭火器结构根据驱动气体的驱动方式不同可分为贮压式、外置储气瓶式、内置储气瓶式三种形式。外置储气瓶式和内置储气瓶式主要应用于干粉灭火器，随着科技的发展，性能安全可靠的贮压式干粉灭火器逐步取代了储气瓶式干粉灭火器。储气瓶式干粉灭火器较贮压式干粉灭火器构造复杂、零部件多、维修工艺繁杂，在贮存时此类灭火器筒体内干粉易吸潮结块，如若维护保管不当将影响到灭火器的安全使用性能；在使用过程中，平时不受压的筒体及密封连接处瞬间受压，一旦灭火器筒体承受不住瞬时充入的高压气体，容易发生爆炸事故。目前这两种结构的灭火器已经停止生产，市场上主要是贮压式结构的灭火器，像1211灭火器、干粉灭火器、水基型灭火器等都是贮压式结构，见图8.1。

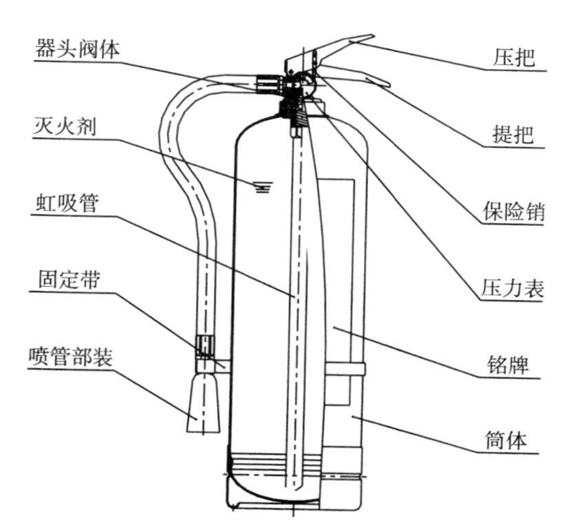

图8.1 手提贮压式灭火器结构图

手提贮压式灭火器主要由筒体、器头阀门、喷(头)管、保险销、灭火剂、驱动气体(一般为氮气，与灭火剂一起充装在灭火器筒体内，额定压力一般在1.2～1.5 MPa)、压力表以及铭牌等组成。在待用状态下，灭火器内驱动气体的压力通过压力表显示出来，以便判断灭火器是否失效。

手提式干粉灭火器使用时，应手提灭火器的提把或肩扛灭火器到火场。在距燃烧处5 m左右，放下灭火器，先拔出保险销，一手握住开启把，另一手握在喷射软管前端的喷嘴处。如灭火器无喷射软管，可一手握住开启压把，另一手扶住灭火器底部的底圈部分。先将喷嘴对准燃烧处，用力握紧开启压把，对准火焰根部扫射。在使用干粉灭火器灭火的过程中要注意，如果在室外，应尽量选择在上风方向。

手提式二氧化碳灭火器结构与手提贮压式灭火器结构相似，只是充装压力较高而已，一般在2.0 MPa左右，二氧化碳既是灭火剂又是驱动气体。以前二氧化碳灭火器除鸭嘴式外还有一种手轮式结构，由于操作不便、开启速度慢等原因，现已明令淘汰。手提式二氧化碳灭火器结构见图8.2。

手提式二氧化碳灭火器的结构与其他手提式灭火器的结构基本相似，只是二氧化碳灭火器的充装压力较大，取消了压力表，增加了安全阀。判断二氧化碳灭火器是否失效，常采用称重法。我国国家标准要求二氧化碳灭火器每年至少检查一次，低于额定充装量的95%就应进行检修。

灭火时只要将灭火器提到火场，在距燃烧物5 m左右，放下灭火器拔出保险销，一手握住喇叭筒根部的手柄，另一只手紧握启闭阀的压把。对没有喷射软管的二氧化碳灭火器，应把喇叭筒往上扳 70°～90°。灭火时，当可燃液体呈流淌状燃烧时，使用者将二氧化碳灭火剂的喷流由近而远向火焰喷射。如果可燃液体在容器内燃烧，使用者应将喇叭筒提起，从容器的一侧上部向燃烧的容器中喷射。但不能将二氧化碳射流直接冲击可燃液面，以防止将可燃液体冲出容器而扩大火势，造成灭火困难。使用二氧化碳灭火器扑救电气火灾时，如果电压超过 600 V，应先断电后灭火。

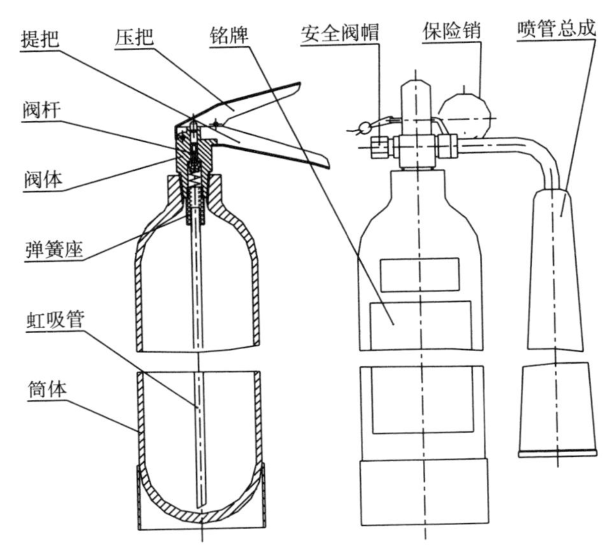

图 8.2 手提式二氧化碳灭火器结构图

注意事项：使用二氧化碳灭火器时，在室外使用的，应选择在上风方向喷射，使用时宜佩戴手套，不能直接用手抓住喇叭筒外壁或金属连接管，防止手被冻伤；在室内狭小空间使用的，灭火后操作者应迅速离开，以防窒息。

(二)推车式灭火器

推车式灭火器结构见图 8.3。

推车式灭火器主要由灭火器筒体、阀门机构、喷管、喷枪、车架、灭火剂、驱动气体(一般为氮气，与灭火剂一起密封在灭火器筒体内)、压力表及铭牌组成。铭牌的内容与手提式灭火器的铭牌内容基本相同。

推车式灭火器一般由两人配合操作，使用时两人一起将灭火器推或拉到燃烧处，在离燃烧物 10 m 左右停下，一人快速取下喷枪(二氧化碳灭火器为喇叭筒)并展开喷射软管后，握住喷枪(二氧化碳灭火器为喇叭筒根部的手柄)，另一人快速按逆时针方向旋动手轮，并开到最大位置。灭火方法和注意事项与手提式灭火器基本一致。

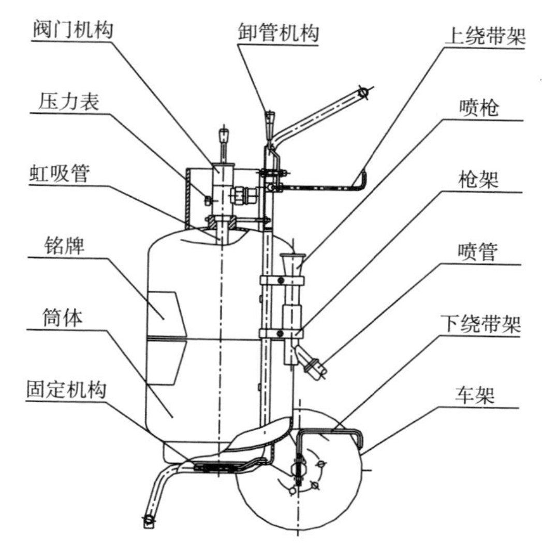

图 8.3 推车式灭火器结构图

第三节 灭火器的灭火机理与适用范围

灭火的方法有冷却、窒息、隔离等物理方法,也有化学抑制的方法,不同类型的火灾需要有针对性的灭火方法。灭火器正是根据这些方法而进行专门设计、研制的,因此,各类灭火器也有着不同的灭火机理与各自的适用范围。

一、灭火器的灭火机理

灭火器的灭火机理,即灭火器在一定环境条件下实现灭火目的具体的工作方式及其特定的规则和原理。以下仅就最为常用的干粉和二氧化碳灭火器加以说明。

(一)干粉灭火器

干粉灭火器的主要灭火机理,一是靠干粉中无机盐的挥发性分解物,与燃烧过程中燃料所产生的自由基或活性基团发生化学抑制和副催化作用,使燃烧的链反应中断而灭火;二是靠干粉的粉末落在可燃物表面外,发生化学反应,并在高温作用下形成一层玻璃状覆盖层,从而隔绝氧气,进而窒息灭火。另外,还有部分稀氧和冷却作用。

(二)二氧化碳灭火器

二氧化碳作为灭火剂已有一百多年的历史,其价格低廉,获取、制备容易。二氧化碳主要依靠窒息作用和部分冷却作用灭火。二氧化碳具有较高的密度,约为空气的 1.5 倍。在常压下,液态的二氧化碳会立即汽化,一般 1 kg 的液态二氧化碳可产生约 0.5 m^3 的气体。因而，灭火时，二氧化碳气体可以排出空气而包围在燃烧物体的表面或分布于较密闭的空间中，降低可燃物周围和防护空间内的氧浓度，产生窒息作用而灭火。另外，二氧化碳从储存容器中喷出时，会由液体迅速汽化成气体，而从吸收周围部分热量，起到冷却的作用。

二、灭火器的适用范围

国家标准《火灾分类》(GB/T 4968)根据可燃物的类型和燃烧特性将火灾分为六类，各种类型的火灾所适用的灭火器依据灭火剂的性质应有所不同。

(一)A 类火灾(固体物质火灾)

水基型(水雾、泡沫)灭火器、ABC 干粉灭火器，都能有效扑救 A 类火灾。

(二)B 类火灾(液体或可融化的固体物质火灾)

这类火灾发生时，可使用水基型(水雾、泡沫)灭火器、BC 类或 ABC 类干粉灭火器、洁净气体灭火器进行扑救。

(三)C 类火灾(气体火灾)

发生 C 类火灾发生时，可使用干粉灭火器、水基型(水雾)灭火器、洁净气体灭火器、二氧化碳灭火器进行扑救。

(四)D 类火灾(金属火灾)

这类火灾发生时可用 7150 灭火剂(俗称液态三甲基硼氧六环，这类灭火器我国目前没有现成的产品，它是特种灭火剂，适用于扑救 D 类火灾。其主要化学成分为偏硼酸三甲酯)灭火，也可用干沙、土或铸铁屑粉末代替进行灭火。在扑救此类火灾的过程中要注意必须有专业人员指导，以避免在灭火过程中不合理地使用灭火剂而适得其反。

(五)E 类火灾(带电火灾)

物体带电燃烧的火灾发生时，最好使用二氧化碳灭火器或洁净气体灭火器进行扑救，如果没有，也可以使用干粉、水基型(水雾)灭火器扑救。应注意的是，使用二氧化碳灭火器扑救电气火灾时，为了防止短路或触电不得选用装有金属喇叭喷筒的二氧化碳型灭火器；如果电压超过 600 V，应先断电后灭火(600 V 以上电压可能会击穿二氧化碳，使其导电，危害人身安全)。

(六)F 类火灾(烹饪器具内的烹饪物火灾)

F 类火灾通常在家庭或饭店发生。当烹饪器具内的烹饪物，如动植物油脂发生火灾时，由于二氧化碳灭火器对 F 类火灾只能暂时扑灭，容易复燃，一般可选用 BC 类干粉灭火器(试验表明，ABC 类干粉灭火器对 F 类火灾灭火效果不佳)、水基型(水雾、泡沫)灭火器进行扑救。

三、灭火器配置场所的危险等级

(一)工业建筑

工业建筑灭火器配置场所的危险等级，应根据其生产、使用、储存物品的火灾危险性，可燃物数量，火灾蔓延速度，扑救难易程度等因素，划分为以下三级：

(1)严重危险级。火灾危险性大，可燃物多，起火后蔓延迅速，扑救困难，容易造成重大财产损失的场所。

(2)中危险级。火灾危险性较大，可燃物较多，起火后蔓延较迅速，扑救较难的场所。

(3)轻危险级。火灾危险性较小，可燃物较少，起火后蔓延较缓慢，扑救较易的场所。

工业建筑内生产、使用和储存可燃物的火灾危险性是划分危险等级的主要因素。可以按照现行国家标准《建筑设计防火规范》对厂房和库房中的可燃物火灾危险性分类，来划分工业建筑场所的危险等级。以上规定可简要地概括为表8.1。

表8.1　灭火器配置场所与危险等级对应关系

危险等级 配置场所	严重危险级	中危险级	轻危险级
厂房	甲、乙类物品 生产场所	丙类物品 生产场所	丁、戊类物品 生产场所
库房	甲、乙类物品 储存场所	丙类物品 储存场所	丁、戊类物品 储存场所

工业建筑灭火器配置场所的危险等级举例见表8.2。

表8.2　工业建筑灭火器配置场所的危险等级举例

危险等级	举例	
	厂房和露天、半露天生产装置区	库房和露天、半露天堆场
严重危险级	1. 闪点<60 ℃的油品和有机溶剂的提炼、回收、洗涤部位及其泵房、罐桶间 2. 橡胶制品的涂胶和胶浆部位 3. 二硫化碳的粗馏、精馏工段及其应用部位 4. 甲醇、乙醇、丙酮、丁酮、异丙醇、醋酸乙酯、苯等的合成、精制厂房 5. 植物油加工厂的浸出厂房 6. 洗涤剂厂房石蜡裂解部位、冰醋酸裂解厂房 7. 环氧氢丙烷、苯乙烯厂房或装置区 8. 液化石油气罐瓶间	1. 化学危险物品库房 2. 装卸原油或化学危险物品的车站、码头 3. 甲、乙类液体储罐区、桶装库房、堆场 4. 液化石油气储罐区、桶装库房、堆场 5. 棉花库房及散装堆场 6. 稻草、芦苇、麦秸等堆场 7. 赛璐珞及其制品、漆布、油布、油纸及其制品，油绸及其制品库房 8. 酒精度为60度以上的白酒库房

续表

危险等级	举例	
	厂房和露天、半露天生产装置区	库房和露天、半露天堆场
严重危险级	9. 天然气、石油伴生气、水煤气或焦炉煤气的净化(如脱硫)厂房压缩机室及鼓风机室 10. 乙炔站、氢气站、煤气站、氧气站 11. 硝化棉、赛璐珞厂房及其应用部位 12. 黄磷、赤磷制备厂房及其应用部位 13. 樟脑或松香提炼厂房,焦化厂精萘厂房 14. 煤粉厂房和面粉厂房的碾磨部位 15. 谷物筒仓工作塔、亚麻厂的除尘器和过滤器室 16. 氯酸钾厂房及其应用部位 17. 发烟硫酸或发烟硝酸浓缩部位 18. 高锰酸钾、重铬酸钠厂房 19. 过氧化钠、过氧化钾、次氯酸钙厂房 20. 各工厂的总控制室、分控制室 21. 国家和省级重点工程的施工现场 22. 发电厂(站)和电网经营企业的控制室、设备间	
中危险级	1. 闪点≥60 ℃的油品和有机溶剂的提炼、回收工段及其抽送泵房 2. 柴油、机器油或变压器油罐桶间 3. 润滑油再生部位或沥青加工厂房 4. 植物油加工精炼部位 5. 油浸变压器室和高、低压配电室 6. 工业用燃油、燃气锅炉房 7. 各种电缆廊道 8. 油淬火处理车间 9. 橡胶制品压延、成型和硫化厂房 10. 木工厂房和竹、藤加工厂房 11. 针织品厂房和纺织、印染、化纤生产的干燥部位 12. 服装加工厂房、印染厂成品厂房 13. 麻纺厂粗加工厂房、毛涤厂选毛厂房 14. 谷物加工厂房 15. 卷烟厂的切丝、卷制、包装厂房 16. 印刷厂的印刷厂房 17. 电视机、收录机装配厂房 18. 显像管厂装配工段烧枪间 19. 磁带装配厂房 20. 泡沫塑料厂的发泡、成型、印片、压花部位 21. 饲料加工厂房 22. 地市级及以下的重点工程的施工现场	1. 丙类液体储罐区、桶装库房、堆场 2. 化学、人造纤维及其织物和棉、毛、丝、麻及其织物的库房、堆场 3. 纸、竹、木及其制品的库房、堆场 4. 火柴、香烟、糖、茶叶库房 5. 中药材库房 6. 橡胶、塑料及其制品的库房 7. 粮食、食品库房、堆场 8. 电脑、电视机、收录机等电子产品及家用电器库房 9. 汽车、大型拖拉机停车库 10. 酒精度小于60度的白酒库房 11. 低温冷库

续表

危险等级	举例	
	厂房和露天、半露天生产装置区	库房和露天、半露天堆场
轻危险级	1. 金属冶炼、铸造、铆焊、热轧、锻造、热处理厂房 2. 玻璃原料熔化厂房 3. 陶瓷制品的烘干、烧成厂房 4. 酚醛泡沫塑料的加工厂房 5. 印染厂的漂炼部位 6. 化纤厂后加工润湿部位 7. 造纸厂或化纤厂的浆粕蒸煮工段 8. 仪表、器械或车辆装配车间 9. 不燃液体的泵房和阀门室 10. 金属(镁合金除外)冷加工车间 11. 氟利昂厂房	1. 钢材库房、堆场 2. 水泥库房、堆场 3. 搪瓷、陶瓷制品库房、堆场 4. 难燃烧或非燃烧的建筑装饰材料库房、堆场 5. 原木库房、堆场 6. 丁、戊类液体储罐区、桶装库房、堆场

(二)民用建筑

民用建筑灭火器配置场所的危险等级,应根据其使用性质、人员密集程度、用电用火情况、可燃物数量、火灾蔓延速度、扑救难易程度等因素,划分为以下三级:

(1)严重危险级。使用性质重要,人员密集,用电用火多,可燃物多,起火后蔓延迅速,扑救困难,容易造成重大财产损失或人员群死群伤的场所。

(2)中危险级。使用性质较重要,人员较密集,用电用火较多,可燃物较多,起火后蔓延较迅速,扑救较难的场所。

(3)轻危险级。使用性质一般,人员不密集,用电用火较少,可燃物较少,起火后蔓延较缓慢,扑救较易的场所。

以上规定可简要地概括为表 8.3。

表 8.3 危险因素与危险等级对应关系

危险因素 / 危险等级	使用性质	人员密集程度	用电用火设备	可燃物数量	火灾蔓延速度	扑救难度
严重危险级	重要	密集	多	多	迅速	大
中危险级	较重要	较密集	较多	较多	较迅速	较大
轻危险级	一般	不密集	较少	较少	较缓慢	较小

民用建筑灭火器配置场所的危险等级举例详见表 8.4。

表 8.4 民用建筑灭火器配置场所的危险等级举例

危险等级	举例
严重危险级	1. 县级及以上的文物保护单位、档案馆、博物馆的库房、展览室、阅览室 2. 设备贵重或可燃物多的实验室 3. 广播电台、电视台的演播室、道具间和发射塔楼

续表

危险等级	举例
严重危险级	4. 专用电子计算机房 5. 城镇及以上的邮政信函和包裹分检房、邮袋库、通信枢纽及其电信机房 6. 客房数在50间以上的旅馆、饭店的公共活动用房、多功能厅、厨房 7. 体育场(馆)、电影院、剧院、会堂、礼堂的舞台及后台部位 8. 住院床位在50张及以上的医院的手术室、理疗室、透视室、心电图室、药房、住院部、门诊部、病历室 9. 建筑面积在2000 m^2 及以上的图书馆、展览馆的珍藏室、阅览室、书库、展览厅 10. 民用机场的候机厅、安检厅及空管中心、雷达机房 11. 超高层建筑和一类高层建筑的写字楼、公寓楼 12. 电影、电视摄影棚 13. 建筑面积在1000 m^2 及以上的经营易燃易爆化学物品的商场、商店的库房及铺面 14. 建筑面积在200 m^2 及以上的公共娱乐场所 15. 老人住宿床位在50张及以上的养老院 16. 幼儿住宿床位在50张及以上的托儿所、幼儿园 17. 学生住宿床位在100张及以上的学校集体宿舍 18. 县级及以上的党政机关办公大楼的会议室 19. 建筑面积在500 m^2 及以上的车站和码头的候车(船)室、行李房 20. 城市地下铁道、地下观光隧道 21. 汽车加油站、加气站 22. 机动车交易市场(包括旧机动车交易市场)及其展销厅 23. 民用液化气、天然气灌装站、换瓶站、调压站
中危险级	1. 县级以下的文物保护单位、档案馆、博物馆的库房、展览室、阅览室 2. 一般的实验室 3. 广播电台电视台的会议室、资料室 4. 设有集中空调、电子计算机、复印机等设备的办公室 5. 城镇以下的邮政信函和包裹分检房、邮袋库、通信枢纽及其电信机房 6. 客房数在50间以下的旅馆、饭店的公共活动用房、多功能厅和厨房 7. 体育场(馆)、电影院、剧院、会堂、礼堂的观众厅 8. 住院床位在50张以下的医院的手术室、理疗室、透视室、心电图室、药房、住院部、门诊部、病历室 9. 建筑面积在2000 m^2 以下的图书馆、展览馆的珍藏室、阅览室、书库、展览厅 10. 民用机场的检票厅、行李厅 11. 二类高层建筑的写字楼、公寓楼 12. 高级住宅、别墅 13. 建筑面积在1000 m^2 以下的经营易燃易爆化学物品的商场、商店的库房及铺面 14. 建筑面积在200 m^2 以下的公共娱乐场所 15. 老人住宿床位在50张以下的养老院 16. 幼儿住宿床位在50张以下的托儿所、幼儿园 17. 学生住宿床位在100张以下的学校集体宿舍

续表

危险等级	举例
中危险级	18. 县级以下的党政机关办公大楼的会议室 19. 学校教室、教研室 20. 建筑面积在 500 m^2 以下的车站和码头的候车(船)室、行李房 21. 百货大楼、超市、综合商场的库房、铺面 22. 民用燃油、燃气锅炉房 23. 民用的油浸变压器室和高、低压配电室
轻危险级	1. 日常用品小卖店及经营难燃烧或非燃烧的建筑装饰材料商店 2. 未设集中空调、电子计算机、复印机等设备的普通办公室 3. 旅馆、饭店的客房 4. 普通住宅 5. 各类建筑物中以难燃烧或非燃烧的建筑构件分隔的并主要存贮难燃烧或非燃烧材料的辅助房间

第四节　灭火器的配置要求

为了合理配置建筑灭火器，有效地扑救工业与民用建筑初起火灾，减少火灾损失，保护人身和财产安全，国家颁布了《建筑灭火器配置设计规范》(GB 50140，以下简称《规范》)，对灭火器的类型选择、配置设计等作出了明确的规定。

一、灭火器的基本参数

灭火器的基本参数主要反映在灭火器的铭牌上。依据《手提式灭火器通用技术条件》(GB 4351.1)的规定，灭火器的铭牌包含有以下内容：

(1)灭火器的名称、型号和灭火剂种类；

(2)灭火器的灭火种类和灭火级别；

(3)灭火器使用温度范围；

(4)灭火器驱动气体名称和数量或压力；

(5)灭火器水压试验压力(应用钢印打在灭火器不受内压的底圈或颈圈等处)；

(6)灭火器认证等标志；

(7)灭火器生产连续序号(可印刷在铭牌上，也可用钢印打在不受压的底圈上)；

(8)灭火器生产年份；

(9)灭火器制造厂名称或代号；

(10)灭火器的使用方法，包括一个或多个图形说明和灭火种类代码，该说明和代码应在铭牌的明显位置，在筒体上应不超过 120°；

(11)再充装说明和日常维护说明。

其中,灭火器的灭火级别,表示灭火器能够扑灭不同种类火灾的效能,由表示灭火效能的数字和灭火种类的字母组成,如 MF/ABC1 灭火器对 A、B 类火灾的灭火级别分别为 1A 和 21B。对于建设工程灭火器配置,灭火器的灭火类别和灭火级别是主要参数。

二、灭火器的配置

现行消防法规规定,对于生产、使用或储存可燃物的新建、改建、扩建的工业与民用建筑(生产或储存炸药、弹药、火工品、花炮的厂房或库房除外)均须按照规范要求进行灭火器配置。

(一)灭火器的设置

灭火器的设置应遵循以下规定:

(1)灭火器不应设置在不易被发现和黑暗的地点,且不得影响安全疏散。

(2)对有视线障碍的灭火器设置点,应设置指示其位置的发光标志。

(3)灭火器的摆放应稳固,其铭牌应朝外。手提式灭火器宜设置在灭火器箱内或挂钩、托架上,其顶部离地面高度不应大于 1.50 m;底部离地面高度不宜小于 0.08 m。灭火器箱不应上锁。

(4)灭火器不应设置在潮湿或强腐蚀性的地点,当必须设置时,应有相应的保护措施。灭火器设置在室外时,亦应有相应的保护措施。

(5)灭火器不得设置在超出其使用温度范围的地点。

(二)灭火器的选择

灭火器的选择应考虑下列因素:

(1)灭火器配置场所的火灾种类;

(2)灭火器配置场所的危险等级;

(3)灭火器的灭火效能和通用性;

(4)灭火剂对保护物品的污损程度;

(5)灭火器设置点的环境温度;

(6)使用灭火器人员的体能。

(三)灭火器配置场所的配置设计计算

为了科学合理经济地对灭火器配置场所进行灭火器配置,首先应对配置场所的灭火器配置进行设计计算。灭火器的配置设计涉及许多方面,形式多种多样,但一般可按下述步骤和要求进行考虑和设计:

(1)确定各灭火器配置场所的火灾种类和危险等级;

(2)划分计算单元,计算各单元的保护面积;

(3)计算各单元的最小需配灭火级别;

(4)确定各单元内的灭火器设置点的位置和数量；

(5)计算每个灭火器设置点的最小需配灭火级别；

(6)确定各单元和每个设置点的灭火器的类型、规格与数量；

(7)确定每具灭火器的设置方式和要求；

(8)一个计算单元内的灭火器数量不应少于 2 具，每个设置点的灭火器数量不宜多于 5 具；

(9)在工程设计图上用灭火器图例和文字标明灭火器的类型、规格、数量与设置位置。

(四)灭火器配置场所计算单元的划分

1. 计算单元划分

灭火器配置场所系指生产、使用、储存可燃物并要求配置灭火器的房间或部位，如油漆间、配电间、仪表控制室、办公室、实验室、库房、舞台、堆垛等。而计算单元则是指在进行灭火器配置设计过程中，考虑了火灾种类、危险等级和是否相邻等因素后，为便于设计而进行的区域划分。一个计算单元可以只含有一个灭火器配置场所；也可以含有若干个灭火器配置场所，但此时应将该若干个灭火器配置场所视为一个整体来考虑保护面积、保护距离和灭火器配置数量等。

显然，对于不相邻的灭火器配置场所，应分别作为一个计算单元进行灭火器的配置设计计算。但对于危险等级和火灾种类都相同的相邻配置场所，或危险等级和火灾种类有一个不相同的相邻配置场所，应按以下规定划分：

(1)灭火器配置场所的危险等级和火灾种类均相同的相邻场所，可将一个楼层或一个防火分区作为一个计算单元；

(2)灭火器配置场所的危险等级或火灾种类不相同的场所，应分别作为一个计算单元；

(3)同一计算单元不得跨越防火分区和楼层。

2. 计算单元保护面积(S)的计算

在划分灭火器配置场所后，还需对保护面积进行计算。对灭火器配置场所(单元)灭火器保护面积计算，规定如下：

(1)建筑物应按其建筑面积进行计算；

(2)可燃物露天堆场，甲、乙、丙类液体储罐区，可燃气体储罐区按堆垛、储罐的占地面积进行计算。

(五)计算单元的最小需配灭火级别的计算

在确定了计算单元的保护面积后，应根据公式(8.1)计算该单元应配置的灭火器的最小灭火级别：

$$Q = K \cdot \frac{S}{U} \tag{8.1}$$

式中：Q——计算单元的最小需配灭火级别(A 或 B)；

S——计算单元的保护面积(m^2);

U——A类或B类火灾场所单位灭火级别最大保护面积(m^2/A或m^2/B),依据火灾危险等级、火灾种类从表8.5或表8.6中选取;

表8.5 A类火灾场所灭火器的最低配置基准

危险等级	严重危险级	中危险级	轻危险级
单具灭火器最小配置灭火级别	3A	2A	1A
单位灭火级别最大保护面积/(m^2/A)	50	75	100

表8.6 B类火灾场所灭火器的最低配置基准

危险等级	严重危险级	中危险级	轻危险级
单具灭火器最小配置灭火级别	89B	55B	21B
单位灭火级别最大保护面积/(m^2/B)	0.5	1.0	1.5

K——修正系数,按表8.7的规定取值。

表8.7 修正系数

计算单元	K
未设室内消火栓系统和灭火系统	1.0
设有室内消火栓系统	0.9
设有灭火系统	0.7
设有室内消火栓系统和灭火系统	0.5
可燃物露天堆场 甲、乙、丙类液体储罐区 可燃气体储罐区	0.3

注:歌舞娱乐放映游艺场所、网吧、商场、寺庙以及地下场所等的计算单元的最小需配灭火级别应在公式(8.1)计算结果的基础上增加30%。

(六)计算单元中每个灭火器设置点的最小需配灭火级别计算

计算单元中每个灭火器设置点的最小需配灭火级别按公式(8.2)进行计算:

$$Q_e = \frac{Q}{N} \tag{8.2}$$

式中:Q_e——计算单元中每个灭火器设置点的最小需配灭火级别(A或B);

N——计算单元中的灭火器设置点数(个)。

(七)灭火器设置点的确定

每个灭火器设置点实配灭火器的灭火级别和数量不得小于最小需配灭火级别和数量的计算值。计算单元中的灭火器设置点数依据火灾的危险等级、灭火器型式(手提式或推车式)按不大于表8.8或表8.9规定的最大保护距离合理设置,并应保证最不利点至少在1具灭火器的保护范围内。

表 8.8 A 类火灾场所的灭火器最大保护距离

单位：m

危险等级＼灭火器型式	手提式灭火器	推车式灭火器
严重危险级	15	30
中危险级	20	40
轻危险级	25	50

表 8.9 B、C 类火灾场所的灭火器最大保护距离

单位：m

危险等级＼灭火器型式	手提式灭火器	推车式灭火器
严重危险级	9	18
中危险级	12	24
轻危险级	15	30

注：①D 类火灾场所的灭火器，其最大保护距离应根据具体情况研究确定。②E 类火灾场所的灭火器，其最大保护距离不应低于该场所内 A 类或 B 类火灾的规定。

如果计算单元中配置有室内消火栓系统，由于消火栓的设置距离与灭火器设置点的距离要求基本相近，在不影响灭火器保护效果的前提下，将灭火器设置点与室内消火栓设置点合二为一是一个很好的选择。

第五节 维护管理

建筑灭火器的维护管理包括日常管理、维修与报废、保养、建档等工作。灭火器日常巡查、检查、保养、建档工作由建筑（场所）使用管理单位的消防安保人员负责，灭火器维修与报废由具有资质的专业单位组织实施。建筑灭火器购置或者安装时，建筑使用管理单位或者安装单位要对生产企业提供的质量保证文件进行查验，生产企业对于每具灭火器均需提供一份使用说明书；对于每类灭火器，生产企业需要提供一本维修手册。

一、灭火器日常管理

建筑（场所）使用管理单位确定专门人员，对灭火器进行日常检查，并根据生产企业提供的灭火器使用说明书，对员工进行灭火器操作使用培训。

建筑灭火器日常检查分为巡查和检查（测）两种情形。巡查是在规定周期内对灭火器直观属性的检查，检查（测）是在规定期限内根据消防技术标准对灭火器配置和外观进行的全面检查。

（一）巡查

（1）巡查内容：灭火器配置点状况、灭火器数量、外观、维修标示以及灭火器压力

指示器等。

(2)巡查周期:重点单位每天至少巡查1次,其他单位每周至少巡查1次。

(3)巡查要求:

①灭火器配置点符合安装配置图表要求,配置点及其灭火器箱上有符合规定要求的发光指示标识。

②灭火器数量符合配置安装要求,灭火器压力指示器指向绿区。

③灭火器外观无明显损伤和缺陷,保险装置的铅封(塑料带、线封)完好无损。

④经维修的灭火器,维修标识符合规定。

(二)检查(测)

(1)检查(测)内容:全面检查(测)灭火器配置及外观,其检查(测)内容详见表8.10。

表8.10 建筑灭火器检查(测)内容和要求

检查(测)内容		检查(测)要求
配置检查	灭火器配置方式及其附件性能	配置方式符合要求。手提式灭火器的挂钩、托架能够承受规定静载负荷,无松动、脱落、断裂和明显变形;灭火器箱未上锁,箱内干燥、清洁;推车式灭火器未出现自行滑动
	灭火器基本配置要求	灭火器类型、规格、灭火级别和数量符合配置要求;灭火器放置时,铭牌朝外,器头向上
	灭火器配置场所	配置场所的使用性质(可燃物种类、物态等)未发生变化;发生变化的,其灭火器进行了相应调整;特殊场所及室外配置的灭火器,设有防雨、防晒、防潮、防腐蚀等相应防护措施,且完好有效
	灭火器配置点环境状况	配置点周围无障碍物、遮挡、拴系等影响灭火器使用的状况
	灭火器维修与报废	符合规定维修条件、期限的已送修,维修标志符合规定;符合报废条件、报废期限的,已采用符合规定的灭火器等效替代
外观检查	铭牌标志	灭火器铭牌清晰明了,无残缺;其灭火剂、驱动气体的种类、充装压力、总质量、灭火级别、制造厂名和生产日期或维修日期等标志及操作说明齐全、清晰
	保险装置	保险装置的铅封、销闩等完好有效、未遗失
	灭火器筒体外观	无明显的损伤(磕伤、划伤)、缺陷、锈蚀(特别是筒底和焊缝)、泄漏
	喷射软管	完好,无明显龟裂,喷嘴不堵塞
	压力指示装置	灭火器压力指示器与灭火器类型匹配,指针指向绿区范围内;二氧化碳灭火器和储气瓶式灭火器称重符合要求
	其他零部件	其他零部件齐全,无松动、脱落或者损伤
	使用状态	未开启、未喷射使用

(2)检查周期:灭火器的配置、外观等全面检查每月进行1次,候车(机、船)室、歌舞娱乐放映游艺等人员密集的公共场所以及堆场、罐区、石油化工装置区、加油站、锅炉房、地下室等场所配置的灭火器每半月检查一次。

(3)检查(测)要求

灭火器的配置、外观等全面检查,灭火器检查时进行详细记录,并存档。

检查或者维修后的灭火器按照原配置点位置和配置要求放置。巡检、检查中发现灭火器被挪动、缺少零部件、有明显缺陷或者损伤、灭火器配置场所的使用性质发生变化等情况的,及时按照单位规定程序进行处置;符合维修条件的,及时送修;达到报废条件、年限的,及时报废,不得使用,并采用符合要求的灭火器进行等效更换。

二、灭火器维修与报废

灭火器使用一定年限后,建筑使用管理单位要对照灭火器生产企业随灭火器提供的维修手册,对照检查灭火器使用情况,符合报修条件和维修年限的,向具有法定资质的灭火器维修企业送修;符合报废条件、报废年限的,采购符合要求的灭火器进行等效更换。

(一)灭火器维修

灭火器维修是指为确保灭火器安全使用和有效灭火而对灭火器进行的检查、再充装和必要的部件更换等工作。灭火器产品出厂时,生产企业附送的灭火器维修手册,用于指导社会单位、维修企业的灭火器报修、维修工作。

1. 维修手册的主要内容

灭火器生产企业的维修手册主要包括下列内容:

(1)必要的说明、警告和提示。

(2)灭火器维修企业具备的条件和维修设备的要求、说明。

(3)灭火器维修建议。

(4)灭火器易损零部件的名称、数量。

(5)关键零部件说明。

对装有压力指示器的灭火器,注明其压力指示器不能作为充装压力时的计量工具;高压气瓶充装作业,强调必须使用调压阀。

2. 报修条件及维修年限

日常检查中,发现存在机械损伤、明显锈蚀、灭火剂泄漏、被开启使用过,达到灭火器维修年限,或者符合其他报修条件的灭火器,建筑使用管理单位及时按照规定程序报修。

使用达到下列规定年限的灭火器,建筑使用管理单位需要分批次向灭火器维修企业送修:

(1)手提式、推车式水基型灭火器出厂期满3年,首次维修以后每满1年。

(2)手提式、推车式干粉灭火器、洁净气体灭火器、二氧化碳灭火器出厂期满5年;首次维修以后每满2年。

送修灭火器时,一次送修数量不得超过计算单元配置灭火器总数量的1/4。超出时，需要选择相同类型、相同操作方法的灭火器代替，且其灭火级别不得小于原配置灭火器的灭火级别。

3. 维修标识和维修记录

经维修合格的灭火器及其贮气瓶上需要粘贴维修标识，并由维修单位进行维修记录。建筑使用管理单位根据维修合格证信息对灭火器进行日常检查、定期送修和报废更换。

(1)维修标识

每具灭火器维修后，经维修出厂检验合格，维修人员在灭火器筒体上粘贴维修合格证，其内容、格式和尺寸如图 8.4 所示。

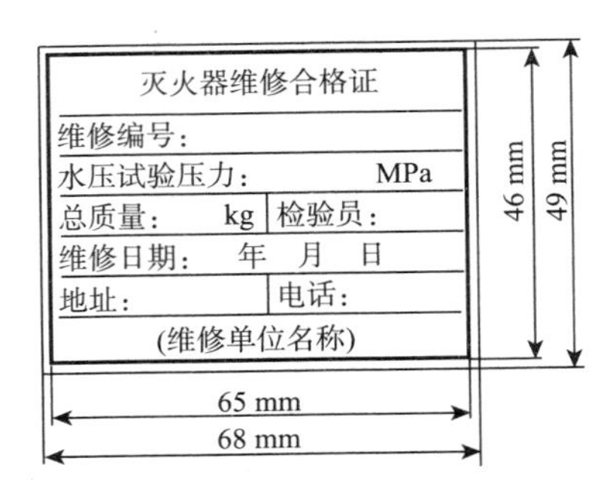

图 8.4 灭火器维修标识

维修合格证外围边框为红色实线，宽 0.6 mm，内框线为黑色实线，宽 0.2 mm；“灭火器维修合格证”、维修单位名称，其字样高为 5 mm，其余文字字样高为 4 mm，文字均为黑色黑体字。

维修合格证采用不加热的方法固定在灭火器的筒体上，不得覆盖生产厂铭牌。当将其从灭火器的筒体拆除时，标识能够自行破损。

贮气瓶维修后粘有独立的维修标识，且不得采用钢字打造的永久性标识。其标识标明贮气瓶的总重量和驱动气体充装量，以及维修单位名称、充气时间。

(2)维修记录

维修单位需要在维修记录中对维修和再充装的灭火器进行逐具编号，按照编号记录维修和再充装信息，确保维修和再充装灭火器的可追溯性。维修记录主要包括使用单位、制造商名称、出厂时间、型号规格、维修编号、检验项目及检验数据、配件更换情况、维修后总质量、钢瓶序列号、维修人员、检验人员等内容。

(二)灭火器报废

灭火器报废分为四种情形，一是列入国家颁布的淘汰目录的灭火器；二是达到报废年限的灭火器；三是使用中出现严重损伤或者重大缺陷的灭火器；四是维修时发现存在严重损伤、缺陷的灭火器。灭火器报废后，建筑使用管理单位按照等效替代的原则对灭火器进行更换。

1. 列入国家颁布的淘汰目录的灭火器

下列类型的灭火器，有的因灭火器剂具有强腐蚀性、毒性，有的因操作需要倒置，使用时对操作人员具有一定的危险性，已列入国家颁布的淘汰目录，一经发现均予以报废处理：

(1)酸碱型灭火器。

(2)化学泡沫型灭火器。

(3)倒置使用型灭火器。

(4)氯溴甲烷、四氯化碳灭火器。

(5)1211 灭火器、1301 灭火器。

(6)国家政策明令淘汰的其他类型灭火器。

不符合消防产品市场准入制度的灭火器，经检查发现予以报废。

2. 灭火器报废年限

手提式、推车式灭火器出厂时间达到或者超过下列规定期限的，均予以报废处理：

(1)水基型灭火器出厂期满 6 年。

(2)干粉灭火器、洁净气体灭火器出厂期满 10 年。

(3)二氧化碳灭火器出厂期满 12 年。

3. 存在严重损伤、缺陷的灭火器

灭火器存在下列情性之一的，予以报废处理：

(1)筒体严重锈蚀(漆皮大面积脱落，锈蚀面积大于筒体总面积的三分之一，表面产生凹坑者)或者连接部位、筒底严重锈蚀的。

(2)筒体明显变形，机械损伤严重的。

(3)器头存在裂纹、无泄压机构等缺陷的。

(4)筒体存在平底等不合理结构的。

(5)手提式灭火器没有间歇喷射机构的。

(6)没有生产厂名称和出厂年月的(包括铭牌脱落，或者铭牌上的生产厂名称模糊不清，或者出厂年月钢印无法识别的)。

(7)筒体、器头有锡焊、铜焊或者补缀等修补痕迹的。

(8)被火烧过的。

符合报废规定的灭火器，在确认灭火器内部无压力后，对灭火器筒体、贮气瓶进行打孔、压扁、锯切等报废处理，并逐具记录其报废情形。

(三)灭火器维修步骤及技术要求

灭火器维修由具有灭火器维修能力(从业资质)的企业，按照各类灭火器产品生产技术标准进行维修，首先进行灭火器外观检查，再按照拆卸、报废处理、水压试验、清洗干燥、更换零部件、再充装及气密性试验、维修出厂检验、建立维修档案等程序逐次实施维修。

灭火器维修前，维修人员逐具检查灭火器，确定并记录灭火器的型号规格、生产厂家、出厂日期、基本参数等信息；贮气式灭火器维修前，完全释放驱动气体，经确认后再逐具检查维修。灭火器维修过程中，严格按照操作规程和维修程序，采取正确的操作方法组织实施，并设置或者配备与各维修环节(特别是拆卸、水压试验、灌装驱动气体、报废等环节)相适应的、必要的安全防护措施，以确保维修人员安全。

1. 拆卸

灭火器拆卸过程中，维修人员要严格按照操作规程，采用安全的拆卸方法，采取必要的安全防护措施拆卸灭火器，在确认灭火器内部无压力时，拆卸器头或者阀门。灭火剂分别倒入相应的废品贮罐内另行处理；清理灭火器内残剩灭火剂时，要防止不同灭火剂混杂污染。

2. 水压试验

灭火器维修和再充装前，维修单位必须逐个对灭火器组件（筒体、贮气瓶、器头、推车式灭火器的喷射软管等）进行水压试验。二氧化碳灭火器钢瓶要逐个进行残余变形率测定。

(1)试验压力：灭火器筒体和驱动气体贮气瓶按照生产企业规定的试验压力进行水压试验。

(2)试验要求：水压试验时不得有泄漏、破裂以及反映结构强度缺陷的可见性变形；二氧化碳灭火器钢瓶的残余变形率不得大于3%。

3. 筒体清洗和干燥

经水压试验合格的灭火器筒体，首先对其内部清洗干净。清洗时，不得使用有机溶剂洗涤灭火器的零部件。然后，对所有非水基型灭火器筒体进行内部干燥，以确保空灭火器内部洁净干燥。

4. 零部件更换

对灭火器零部件进行检查，更换密封件和损坏的零部件，但不得更换灭火器筒体和器头主体。所有需要更换的零部件采用原生产企业提供、推荐的相同型号规格的产品，并按照下列要求更换、修补零部件：

(1)水压试验合格的筒体，铭牌完整，有局部漆皮脱落的，进行补漆，补漆后确保漆膜光滑、平整、色泽一致，无气泡、流痕、皱纹等缺陷，涂漆不得覆盖铭牌。

(2)更换变形、变色、老化或者断裂的橡胶、塑料件；更换密封片、密封垫等密封零件，确保符合密封要求。

(3)更换具有外表面变形、损伤等缺陷、压力值显示不正常、示值误差不符合规定的压力指示器，并确保更换后的压力指示器与原压力指示器的类型、20 ℃时工作压力、三色区示值范围一致。

(4)更换具有变形、开裂、损伤等缺陷的喷嘴和喷射软管，并确保防尘盖在灭火剂喷出时能够自行脱落或者击碎。

(5)更换具有严重损伤、变形、锈蚀等影响使用的缺陷的灭火器压把、提把等金属件；更换存在肉眼可见缺陷的贮气瓶式灭火器的顶针。

(6)更换具有弯折、堵塞、损伤和裂纹等缺陷的灭火器虹吸管、贮气瓶式灭火器出气管。

(7)更换水压试验不合格、永久性标识设置不符合规定的贮气瓶，原贮气瓶作报废处理；更换不符合规定要求的二氧化碳灭火器、贮气瓶的超压保护装置。

(8)更换已损坏的水基型、泡沫型灭火器的滤网。

(9)更换已损坏的推车式灭火器的车轮和车架组件的固定单元、喷射软管的固定装置。

(10)更换车用灭火器制造商规定的专用配件。

5. 再充装

根据灭火器产品生产技术标准和铭牌信息，按照生产企业规定的操作要求，实施灭火剂、驱动气体再充装。再充装后，逐具进行气密性试验；灭火器再充装时，不得改变原灭火剂种类和灭火器类型，送修灭火器中剩余的灭火剂不得回收再次使用。灭火器再充装按照下列要求实施：

(1)再充装所使用的灭火剂采用原生产企业提供、推荐的相同型号规格的灭火剂产品。

(2)二氧化碳灭火器再充装时，不得采用加热法，也不得以压力水为驱动力将二氧化碳灭火剂从储存气瓶中充装到灭火器内。

(3)ABC 干粉、BC 干粉充装设备分别独立设置，充装场地完全分隔开。不同种类干粉不得混合，不得相互污染。

(4)洁净气体灭火器只能按照铭牌上规定的灭火剂和剂量再充装。

(5)可再充装型贮压式灭火器按照其灭火器铭牌上所规定的充装压力要求进行再充装。充压时，不得用灭火器压力指示器作为计量器具，并根据环境温度变化调整充装压力。

(6)贮压式干粉灭火器和洁净气体灭火器可选用露点温度低于－55 ℃的工业用氮气、纯度 99.5%以上的二氧化碳、不含水分的压缩空气等作为驱动气体，但要与灭火器铭牌、贮气瓶上标识的种类一致。

第九章 火灾探测器选型及布置

第一节 概 述

一、现代自动防火体系的组成

一个建筑物的现代自动防火体系是由报警、防火、灭火和火警档案管理4个系统组成的。

1. 报警系统

具有火灾探测及报警两种功能的系统。它包括全部火灾探测器及报警器。火灾报警过程为:当火场参数超过某一给定阈值时,火灾探测器动作,发出报警信号,该信号经过连接导线传送至区域火灾报警控制器和(或)集中火灾报警控制器,发出声、光报警信号,同时显示火灾发生的部位,以通知消防值班人员做出反应。该系统即为火灾自动报警系统。

2. 防火系统

具有防止火灾扩大、及时引导人员疏散两大功能。它包括以下防火设备:

(1)显示设备由火灾警报装置(声光讯响器)、消防专用电话、火灾应急广播、应急照明等声光设备组成。

(2)防排烟设备由电动防火门、防火卷帘门、防火阀、正压风阀、排烟阀等组成。

(3)机电设备包括正压风机、排烟机、应急电源、消防电梯,以及客梯、空调及通风、备用电源的控制。

3. 灭火系统

具有控火及灭火功能,包括人工水灭火(消火栓)、自动喷水灭火、专用自动灭火装置等设备。

4. 火警档案管理系统

具有显示、记录功能,包括模拟显示屏、打印机和存储器等。

二、火灾自动报警系统的分类

1. 按采用技术分类

按采用技术可分为3代系统：

(1)第一代是多线制开关量式火灾探测报警系统，目前已被淘汰。

(2)第二代是总线制可寻址开关量式火灾探测报警系统，目前被大量采用(主要是双总线制)。

(3)第三代是模拟量传输式智能火灾探测报警系统，可大大降低系统的误报率。

2. 按控制方式分类

按控制方式可分为3种系统：

(1)区域报警系统。由通用报警控制器或区域报警控制器和火灾探测器、手动报警按钮、警报装置等组成的火灾报警系统。一般适用于二级保护对象，保护范围为某一局部范围或某一设施，适用于图书馆和机房等。

(2)集中报警系统。设有1台集中报警控制器和2台以上区域报警控制器，集中报警控制器设在消防室，区域报警控制器设在各楼层服务台。一般适用于一、二级保护对象，适用于有服务台的综合办公楼和写字楼等。

(3)控制中心报警系统。该系统由集中报警控制系统加消防联动控制设备构成。一般适用于特级、一级保护对象，保护范围为规模较大，需要集中管理的场所，如群体建筑和超高层建筑等，如图9.1所示。

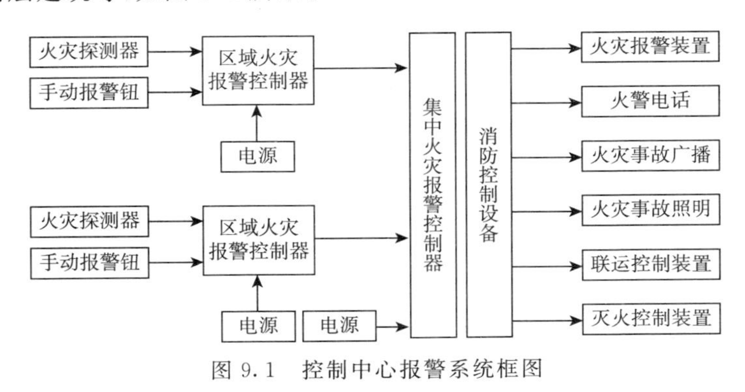

图9.1 控制中心报警系统框图

三、火灾探测报警系统的组成

(1)火灾探测器。它是火灾系统的传感部分，能产生并在现场发出火灾报警信号，传送现场火灾状态信号。火灾初起阶段，会产生烟雾、高温、火光及可燃气体。利用各种不同敏感元件探测到上述四种火灾参数，并将其转变成电信号的传感器称为火灾探测器。

(2)火灾报警控制器。能向火灾探测器提供高稳定度的直流电源，监视连接各火灾探测器的传输导线有无故障;能接收火灾探测器发出的火灾报警信号,迅速正确地进行控制转换和处理,并以声、光等形式指示火灾发生位置,进而发送消防设备的启动控制信号。

(3)消防控制设备。主要包括火灾报警装置、火警电话、防排烟、消防电梯等联动装置、火灾事故广播及固定灭火系统控制装置等。

(4)火灾报警装置及警铃。火灾报警装置在发生火情时,能发出声或光报警。警铃是用于将火灾报警信息进行声音中继的一种电气设备,其功能类似于火灾报警控制器上的声报警音响。警铃大都安装于建筑物的公共空间部位,如走廊、大厅等。

(5)火警电话。为了适应消防通信需要,应设立独立的消防通信网络系统。在消防控制室、消防值班室等处应装设向公安消防部门直接报警的外线电话。

(6)火灾事故照明。它包括火灾事故工作照明及火灾事故疏散指示照明,保证在发生火灾时,其重要的房间或部位能继续正常工作。事故照明灯的工作方式分为专用和混用两种,前者平时不工作,发生事故时强行启动;后者平时即为工作照明的一部分。

(7)火灾事故广播。其作用是有序组织人员的安全疏散和通知有关救灾的事项。

(8)防排烟系统。火灾死亡人员中,50%~70%是由于一氧化碳中毒,而且烟雾使逃生的人难辨方向。防排烟系统能在火灾发生时迅速排除烟雾,并防止烟气窜入消防电梯及非火灾区内。

(9)消防电梯。该设备用于消防人员扑救火灾和营救人员。灾时,普通电梯由于电源等问题可能不安全。

(10)固定灭火系统。该灭火系统最常用的有自动喷淋灭火系统和消火栓灭火系统等。

火灾报警和灭火系统是建筑的必备系统。其中,火灾自动报警控制系统是系统的感测部分,灭火和联动控制系统是系统的执行部分。

第二节 火灾探测器的分类

一、火灾的探测方法

火灾的早期预报已成为扑救火灾、减少火灾损失、保护生命财产安全的重要保障。它主要是通过安装在保护现场的火灾探测器来感知火灾发生时产生的烟、温、光等信号实现的。

通常,物质由开始燃烧到火势渐大酿成火灾有一个过程,依次是产生烟雾、周围温度逐渐升高、产生可见光或不可见光等。因为任何一种探测器都不是万能的,所以根据火灾早期产生的烟雾、光和气体等现象,选择合适的火灾探测器是降低火灾损失的关键。

目前用于火灾探测的方法主要有空气离化法、热(温度)检测法、火焰(光)检测法和可燃气体检测法。

二、火灾探测器的分类方法

(一)根据探测器火灾参数分类

根据火灾探测方法和原理,火灾探测器通常可分为五类,即感烟式探测器、感温式探测器、感光式火灾探测器、可燃气体探测器和复合式火灾探测器。每一类型又按其工作原理分为若干种类型,见表 9.1。

表 9.1 火灾探测器分类表

<table>
<tr><th>序号</th><th colspan="3">名称及种类</th></tr>
<tr><td rowspan="5">感烟式探测器</td><td rowspan="4">光电感烟型</td><td rowspan="2">点型</td><td>散射型</td></tr>
<tr><td>逆光型</td></tr>
<tr><td rowspan="2">线型</td><td>红外光束型</td></tr>
<tr><td>激光型</td></tr>
<tr><td>离子感烟型</td><td colspan="2">点型</td></tr>
<tr><td rowspan="7">感温式探测器</td><td rowspan="4">点型</td><td rowspan="4">差温
定温
差定温</td><td>双金属型</td></tr>
<tr><td>膜盒型</td></tr>
<tr><td>易熔金属型</td></tr>
<tr><td>半导体型</td></tr>
<tr><td rowspan="3">线型</td><td rowspan="3">差温
定温</td><td>管型</td></tr>
<tr><td>电缆型</td></tr>
<tr><td>半导体型</td></tr>
<tr><td rowspan="2">感光式火灾探测器</td><td>紫外光型</td><td rowspan="2"></td><td rowspan="2"></td></tr>
<tr><td>红外光型</td></tr>
<tr><td rowspan="2">可燃气体探测器</td><td>催化型</td><td rowspan="2"></td><td rowspan="2"></td></tr>
<tr><td>半导体型</td></tr>
</table>

1. 感烟式探测器

是对烟参数响应的火灾探测器,用于探测物质初期燃烧所产生的气溶胶或烟粒子浓度,可分为点型感烟探测器和线型感烟探测器两种。点型感烟探测器可分为离子感烟探测器、光电感烟探测器、电容式感烟探测器与半导体式感烟探测器,民用建筑中大多数场所采用点型感烟探测器。线型探测器包括红外光束型感烟探测器和激光型感烟探测器。线型感烟探测器由发光器和接收器两部分组成,中间为光束区。当有烟雾进入光束区时,探测器接收的光束衰减,从而发出报警信号,主要用于无遮挡大空间或有特殊要求的场所。

2. 感温式探测器

是对空气温度参数响应的火灾探测器,利用热敏件探测火灾发生的位置,在火灾初起阶段，一方面，有大量烟雾产生，另一方面，物质在燃烧过程中释放出大量的热，使周围环境温度急剧上升。探测器中的热敏元件发生物理变化，将温度信号转变成电信号，传输给火灾报警控制器，发出火灾报警信号。所以，可以根据温度的异常、温升速率和温差现象来探测火灾的发生。对那些经常存在大量的防尘、烟雾及水蒸气而无法使用感烟探测器的场所，宜采用感温探测器。感温火灾探测器对异常温度、温升速率和温差等火灾信号予以响应，可分为点型和线型两类。点型感温探测器又称为定点型探测器，其外形与感烟式类似，有定温、差温和差定温复合式三种；按其构造又可分为机械定温、机械差温、机械差定温、电子定温、电子差温及电子差定温等。缆式线型定温探测器适用于电缆隧道、电缆竖井、电缆夹层、电缆桥架、配电装置、开关设备、变压器、各种皮带输送装置、控制室和计算机室的闷顶内、地板下及重要设施的隐蔽处等。空气管式线型差温探测器用于可能产生油类火灾且环境恶劣的场所，不宜安装点型探测器的夹层、闷顶。

3. 感光式火灾探测器

又称为火焰探测器，是对光参数响应的火灾探测器，主要对火焰辐射出的红外、紫外、可见光予以响应，常用的有红外火焰型和紫外火焰型两种。按火灾的发生规律，发光在烟的生成及高温之后出现，因而它属于火灾晚期探测器，但对于易燃、易爆物有特殊的作用。紫外线探测器对火焰发出的紫外光产生反应；红外线探测器对火焰发出的红外光产生反应，而对灯光、太阳光、闪电、烟雾和热量均不反应。

4. 可燃气体探测器

是利用对可燃气体敏感的元件来探测可燃气体浓度，当可燃气体浓度达到危险值(超过限度)时报警。主要用于易燃、易爆场所中探测可燃气体(粉尘)的浓度，一般整定在爆炸浓度下限的1/4～1/6时动作报警。适用于宾馆厨房或燃料气储备间、汽车库、压气机站、过滤车间、溶剂库、燃油电厂等有可燃气体的场所。

5. 复合式火灾探测器

可以响应两种或两种以上火灾参数，主要有感温感烟型、感光感烟型和感光感烟型等。

(二)根据感应元件的结构不同分类

1. 点型火灾探测器

对警戒范围中某一点周围的火灾参数作出响应的探测器。

2. 线型火灾探测器

对警戒范围中某一线路周围的火灾参数作出响应的探测器。

(三)根据操作后能否复位分类

1. 可复位火灾探测器

在产生火灾报警信号的条件不再存在的情况下，不需更换组件即可从报警状态恢复到监视状态。

2. 不可复位火灾探测器

在产生火灾报警信号的条件不再存在的情况下，需更换组件才能从报警状态恢复到监视状态。根据其维修保养时是否可拆卸，分为可拆式和不可拆式火灾探测器。

(四)火灾探测器产品型号命名与编制方法

(1)我国火灾探测器产品型号是依据 ZBC 81001 编制的，其编制方法如下：

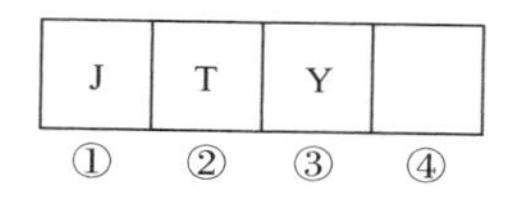

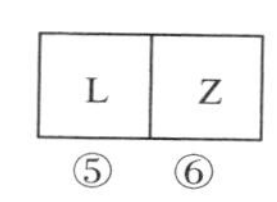

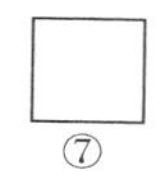

①J 为(警)消防产品中分类代号，指火灾报警设备。

②T 为(探)火灾探测器代号。

③火灾探测器分类代号。其中，Y 为(烟)感烟火灾探测器；W 为(温)感温火灾探测器；G 为(光)感光火灾探测器；Q 为(气)可燃气体火灾探测器；F 为(复)复合式火灾探测器。

④应用范围特征代号，如 B 为(爆)防爆型(无“B”为非防爆型)；C 为(船)船用型。

⑤和⑥为传感器特征表示法(敏感元件、敏感方式特征代号)，如，LZ 为离子；GD 为光电；MD 为膜盒定温；MC 为膜盒差温；MCD 为膜盒差定温；SD 为双金属定温；SC 为双金属差温；GW 为感光感温；GY 为感光感烟；YW 为感烟感温；YWHS 为红外光束感烟感温；M(膜)为膜盒；J(金)为易熔合金；D(定)为定温；D(差)为差温；CD(差、定)为差定温。

⑦主参数：定温差温用灵敏度级别表示，感烟探测器主参数不需要反映。

(2)示例如下：

①JTW-JD-I：易熔合金定温火灾探测器，I 级灵敏度；

②JTY-LZ-C：第三次改型的离子感烟火灾探测器；

③JTF-YW-HS：复合型红外光束感烟感温火灾探测器。

第三节 离子式感烟火灾探测器

在警戒区内发生火灾时对烟参数响应的火灾探测器，称为感烟探测器。感烟探测器是目前应用最普遍的火灾探测器，而离子感烟探测器又是感烟探测器中最为常用的一种。这种探测器自 20 世纪 50 年代问世以来便一直主导着火灾报警器的市场，直到今天在全世界范围内仍占已安装探测器的 90%左右，但目前有被光电感烟探测器取代的趋势。

离子式感烟火灾探测器(也称“离子感烟探测器”)是利用烟雾粒子改变电离室电离电流原理的感烟探测器。图 9.2 为离子感烟探测器的原理方框图。它由检测电离室和补偿电离室、信号放大回路、开关转换回路、火灾模拟检查回路、故障自动监测回路、确认灯回路等组成。

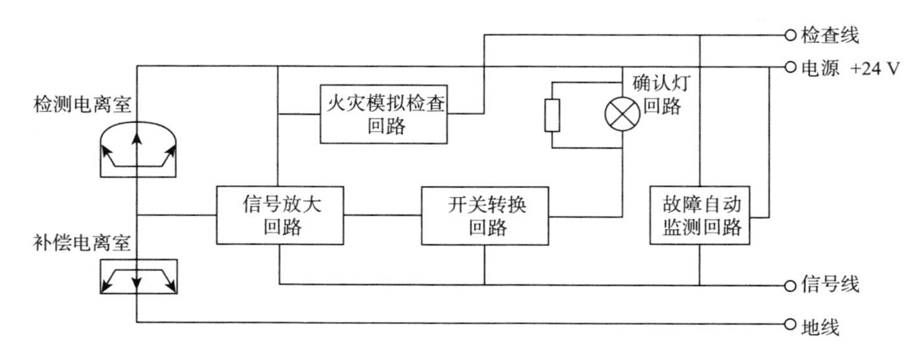

图 9.2　离子感烟探测器的原理方框图

在检测电离室进入烟雾后，信号放大回路电压信号超过规定值时开始动作，通过高输入阻抗的 MOS 场效应晶体管(FET)进行阻抗耦合后进一步放大。

开关转换回路是用放大后的信号触发正反馈开关电路，将火警传输给报警器。正反馈开关电路一经触发导通就能自持，起到记忆作用。

当探测器至报警器之间发生电路断线、探测器安装接触不良或探测器被取走等问题时，故障自动监测回路能够及时发出故障报警信号，以便及时检修。

在火灾模拟检查回路加入火灾模拟信号，可随时检查离子感烟探测器是否损坏，及时进行探测器的维护保养，从而提高探测器的可靠性。

确认灯回路是为了在探测器动作时，使装设在探测器上的确认灯燃亮，以便在现场辨别已报警探测器。

一、探测器的工作原理

当烟雾进入采样电离室并达到预定的报警水平时，通过放大器使触发电路由截止进入导通状态，报警电流推动底座上的驱动电路，同时又触发了报警控制器使报警控制器发出报警信号，驱动电路使底座上的发光二极管确认灯和外接指示灯发光。

采用瞬时切断探测器工作电压的方式，可使处在报警状态下导通的双稳态触发电路恢复到截止状态，从而达到使探测器复位的目的。

离子感烟探测器有双源双室(每个电离室放一块放射源片)和单源双室型两种。单源式离子感烟探测器的工作原理与双源式基本相同，但结构形式完全不同。其检测室和补偿室等两个电离室由同一块放射源形成，优点是可节省一块放射源，使放射源剂量减少，更加安全。另外，无论单源双室离子感烟探测器的两个电离室是否在同一平面上，电离室基本上都是敞开的。因此，环境的变化对电离室的影响基本是相同的，从而提高了探测器对环境的适应性，特别是在抗潮湿能力上，单源式比双源式好得多。目前，工程上使用的离子感烟探测器多为单源式。

图 9.3 为离子感烟探测器的工作原理。图中 P_1 和 P_2 是一相对的电极，在电极间放有 α 放射源镅-241。它持续不断地放射出 α 粒子，α 粒子以高速运动撞击空气分子，从而使极板间空气分子电离为正离子和负离子（电子），这样，电极之间原来不导电的空气具有了导电性。这个装置被称为电离室。当电离室加上直流电压后就在电极空间产生电场。电离室空气在放射源作用下发生电离，分成正负离子，在外加电场作用下向两极迁移，即产生电离电流。电离电流的强度与离子的数量及迁移速度有关，离子在迁移中有部分离子又复合成中性分子。当外加电压一定时，离子的产生与复合达到动态平衡，这时就有一个对应的稳定电离电流值。当发生火灾时，烟微粒进入电离室空间，就有一些离子吸附在体积比离子大许多倍的烟微粒上，离子的迁移速度剧减；同时，烟微粒又会增加离子复合率，这样就使到达电极的有效离子数减少；另一方面，由于烟微粒的作用，α 射线被阻挡，电离能力降低，电离室内产生的正负离子数减少。结果使电离电流减小，相当于检测电离室的空气等效阻抗增加，因而引起施加在两电离室两端的分压比的变化。反映有无烟微粒进入电离室的电信号可以是电流值也可以是电压值，双电离室串联的工作是以电压值作为信号的。

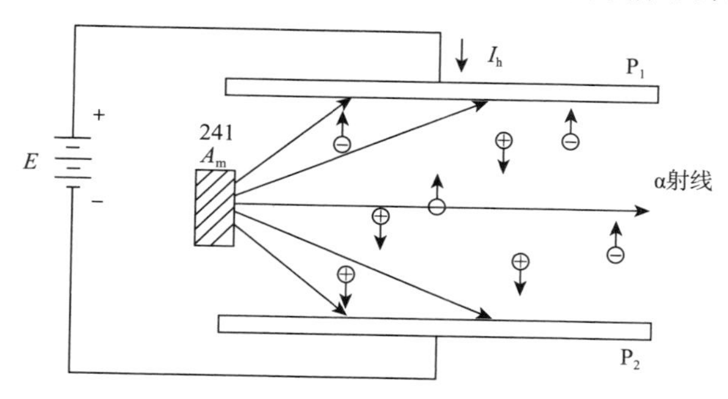

图 9.3 离子感烟探测器的工作原理

为减少环境温度、湿度、气压等自然条件的变化对电流的影响，从而提高探测器工作的稳定性，通常双源式离子感烟火灾探测器的双室串联后接到外加电源上。双源式感烟探测器的电路原理和工作特性，如图 9.4 所示。开式结构的检测电离室和闭式结构的补偿电离室呈反向串联。双室串联加于电源电压 U_0 上，两电离室上的电压分别为 U_1 及 U_2，电源电压 $U_0=U_1+U_2$。流过两电离室的电流相等，都是 I_0。火灾发生时，烟雾进入检测电离室，电离电流从正常状态的 I_1 减少到 I_1'，相当于检测电离室阻抗增加，检测室两端的电压从 U_2 增大到 U_2'，$\Delta U=U_2-U_2'$。当该增量 ΔU 达到探测器响应阈值时，则开关控制电路动作，给出火灾报警信号。此报警信号传输给报警器，实现火灾自动报警。图 9.4(b)为 2 个电离室的特性曲线。其中，A 表示无烟微粒存在时，外室的特性曲线；B 为有烟微粒时外室的特性曲线；C 为内室的特性曲线，其平直段为饱和区（即电离电流不随外加电压的大小而变化）。调节内室机械调整装置，可得到一组不同的电流—电压特性曲线，从而得到探测器不同的灵敏度。

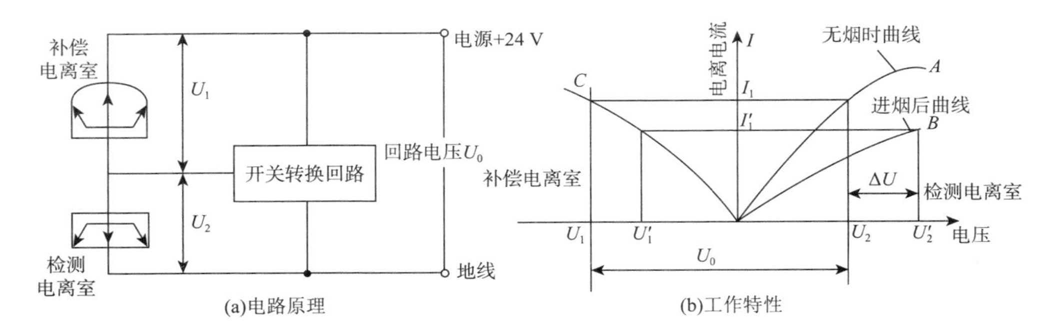

图 9.4　双源式感烟探测器的电路原理和工作特性

二、感烟灵敏度

感烟探测器的灵敏度，即探测器响应火灾烟参数的灵敏程度，共分 3 级。其中，一级灵敏度最高，三级灵敏度最低。探测器灵敏度的高低只表示应用场合不同，而不代表探测器质量的好坏。灵敏度的高低只表示对烟浓度大小敏感的程度。根据使用场合在正常情况下有、无烟或烟量多少来选用不同灵敏度的探测器。否则，在有烟的场合选用灵敏度高的探测器，将会引起误报。试验表明，在一间 16 m^2 的标准客房内有 4～6 人同对吸烟时，如选用二级灵敏度感烟探测器即可引起报警。因此，灵敏度的选择应满足不同场所的要求。一般来说：一级灵敏度用于禁烟、清洁、环境条件较稳定的场所，如书店等；二级灵敏度用于一般场所，如卧室、起居室等；三级灵敏度用于经常有少量烟、环境条件常变化的场所，如会议室及商场等。

第四节　光电感烟火灾探测器

光电感烟火灾探测器是利用烟雾粒子对光线产生的散射和遮挡原理制成的感烟探测器。火灾初期往往没有明火，可以利用烟雾对红外光的反射作用，实现光电感烟探测。由于这类器件只对烟雾及温度起作用，所以识别准确，无误报。

光电感烟火灾探测器按其工作特点来分有两种，一种为定点型（简称点型），即探测器设在特定的位置上进行整个警戒空间的探测；另一种为分布型（又称为线型），即其所监视的区域为一条直线。按其工作原理的不同，又可分为散射型光电感烟火灾探测器和遮光型光电感烟火灾探测器两种。

一、散射型光电感烟火灾探测器的结构原理

散射型光电感烟火灾探测器的结构示意图，如图 9.5 所示。其光学暗室为一个暗箱，能阻止外部光线的射入，但烟雾粒子可以自由进入。暗室内有一组发光及受光

元件，分别设置在特定位置上。探测器利用红外光束在烟雾中产生散射光的原理，探测火灾初期阴燃阶段产生的烟雾，它由光学系统、信号处理电路、报警确认灯及外壳等部分组成。无烟时受光元件不能直接接受发光元件射来的光束，无信号发出。当烟雾进入探测器光学暗室后，由红外光源发出的光束在烟粒子表面反射或散射而到达受光元件，受光器的光敏二极管接收到散射光，产生光敏电流，经电路处理、延时后，产生报警信号，同时点亮报警确认灯。

散射型光电感烟探测方式只适用于点型探测器结构，其遮光暗室中发光元件与受光元件的夹角为 90～135°，夹角越大，灵敏度越高。一般地，散射型光电感烟火灾探测器中光源的发光波长约为 0.94 μm，光脉冲宽度为 10 μs～10 ms，发光间歇为 3～5 s，对粒径为 0.9～10 μm 的烟雾粒子能够灵敏探测。

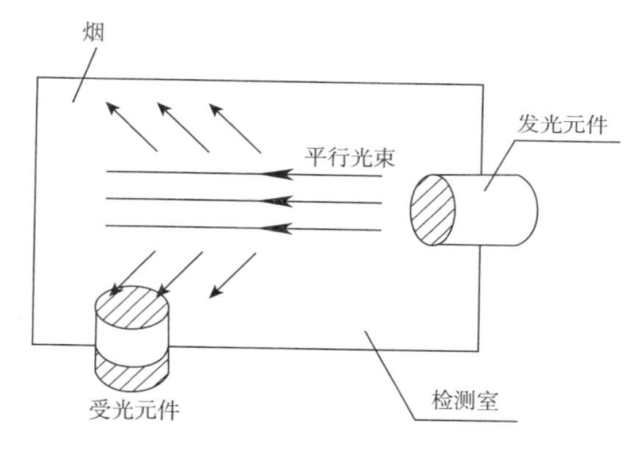

图 9.5 散射型光电感烟火灾探测器的结构示意图

二、遮光型光电感烟火灾探测器的结构原理

遮光型光电感烟火灾探测器有点型及线型两种型式。

1. 点型遮光探测器

其结构原理见图 9.6。它的主要部件也是由一对发光及受光元件组成的。发光元件发出的光直接射到受光元件上，产生光敏电流，维持正常监视状态。当烟粒子进入烟室后，烟雾粒子对光源发出的光产生吸收和散射作用，使到达受光元件的光通量减小，从而使受光元件上产生的光电流降低。一旦光电流减小到规定的动作阈值时，经放大电路输出报警信号。

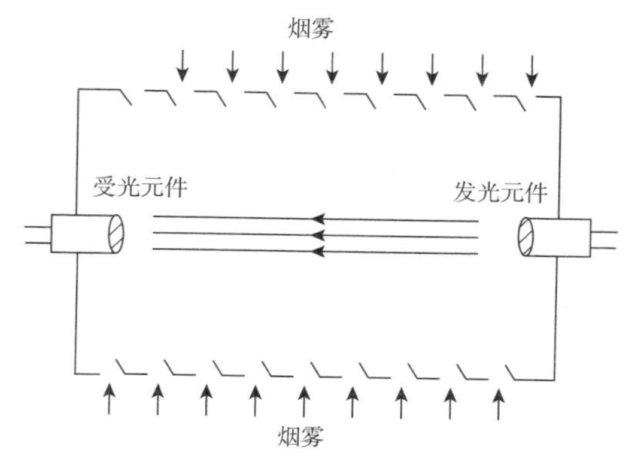

图 9.6 点型遮光探测器的结构原理

2. 线型遮光探测器

其原理与点型遮光探测器相似，仅在结构上有所区别。线型遮光探测器的结构原理，见图 9.7。点型探测器中的发光及受光元件组合成一体，而线型探测器中，光束发射器和接收器分别为两个独立部分，不再设有光敏室，作为测量区的光路暴露在被保护的空间，并加长了许多倍。发射元件内装有核辐射源及附件，而接收元件装有光电接收器及附件。按其辐射源的不同，线型遮光探测器可分成激光型及红外光束型两种。

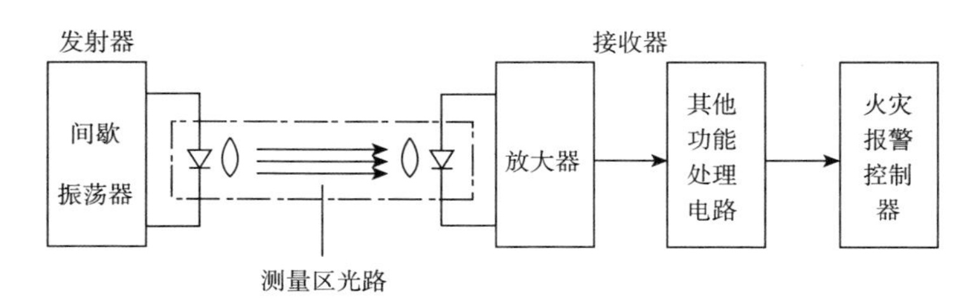

图 9.7　线型遮光探测器的结构原理

图 9.8 为激光型光电感烟探测器的结构原理示意图。它是应用烟雾粒子吸收激光光束原理制成的线型感烟火灾探测器。发射机中的激光发射器在脉冲电源的激发下，发出一束脉冲激光，投射到接收器中的光电接收器上，转变成电信号后放大变为直流电平，它的大小反映了激光束辐射通量的大小。在正常情况下，控制警报器不发出警报。有烟时，激光束经过通道中被烟雾粒子遮挡而减弱，光电接收器接收的激光束减弱，电信号减弱，直流电平下降。当下降到动作阈值时，报警器输出报警信号。

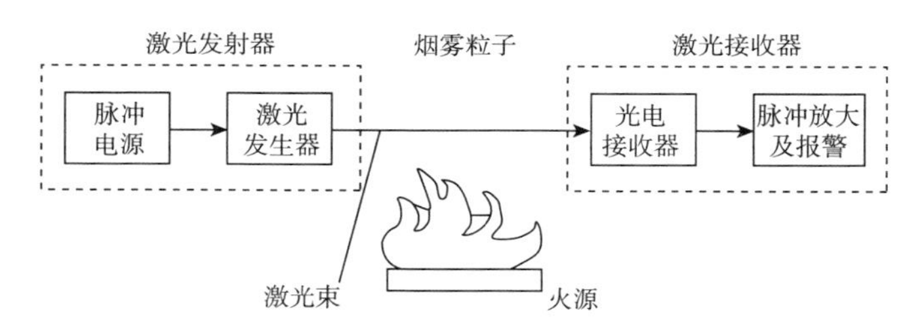

图 9.8　激光型光电感烟探测器的结构原理

线型红外光束光电感烟探测器的基本结构与激光型光电感烟探测器的结构类似，也是由光源（发射器）、光线照准装置（光学系统）和接收器三部分组成。它是应用烟雾粒子吸收或散射红外光束而工作的，一般用于高举架、大空间等大面积的开阔地区。

发射器通过测量区向接收器提供足够的红外光束能量，采用间歇发射红外光，类似于光电感烟探测器中的脉冲发射方式，通常发射脉冲宽度为 13 μs，周期为 8 ms。由间歇振荡器和红外发光管完成发射功能。

光线照准装置采用两块口径和焦距相同的双凸透镜分别作为发射透镜和接收透

镜。红外发光管和接收硅光电二极管分别置于发射与接收端的焦点上，使测量区为基本平行光线的光路，并便于进行调整。

接收器由硅光电二极管作为探测光电转换元件，接收发射器发来的红外光信号，把光信号转换为电信号后进行放大处理，输出报警信号。接收器中还设有防误报、检查及故障报警等装置，以提高整个系统的可靠性。

第五节 感温火灾探测器

火灾发生时，对空气温度参数响应的火灾探测器称为感温火灾探测器。它是利用热敏元件来探测火灾发生位置的火灾探测器。

一、定温式火灾探测器

定温式火灾探测器有较高的可靠性和稳定性，保养维修方便，灵敏度较低。根据其工作原理，定温式火灾探测器可分为双金属片定温火灾探测器、易熔合金型定温火灾探测器、热敏电阻型定温火灾探测器、玻璃球定温火灾探测器和缆式线型感温火灾探测器等五种。其中，前四种为点型定温式火灾探测器。

1. 双金属片定温火灾探测器

利用双金属片的弯曲变形，达到温度报警的目的。它的结构示意见图 9.9。主要部件由热膨胀系数不同的双金属片和固定触点组成。当环境温度升高时，双金属片受热，膨胀系数大的金属向膨胀系数小的金属方向弯曲，使触点闭合，输出报警信号，如图 9.9 中虚线所示。当环境温度下降后，双金属片复位，探测器又自动恢复原状。

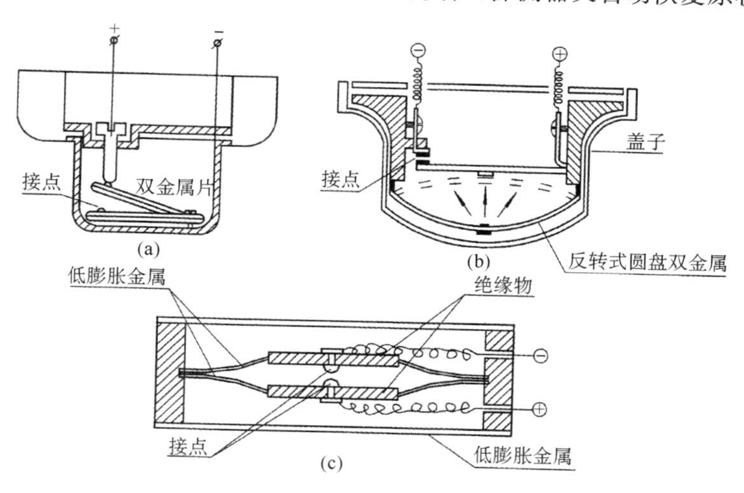

图 9.9 双金属片定温火灾探测器结构示意图

2. 易熔合金型定温火灾探测器

在探测器下端的吸热罩与特种螺钉间焊有一片低熔点合金(熔点为70～90 ℃),使顶杆和吸热罩相连,顶杆上端一定距离处有一弹性接触片及固定触点,平时不接触。当环境温度升高到预定值时,低熔点合金脱落,顶杆借弹簧力弹起,弹性接触片与固定触点接触而发出报警信号。

3. 热敏电阻型定温火灾探测器

原理方框图如图9.10所示。当环境温度上升时,热敏电阻的电阻值下降;当温度上升到预定值时,热敏电阻的电阻值也降到动作阈值,使开关电路动作,点亮确认灯并发出报警信号。

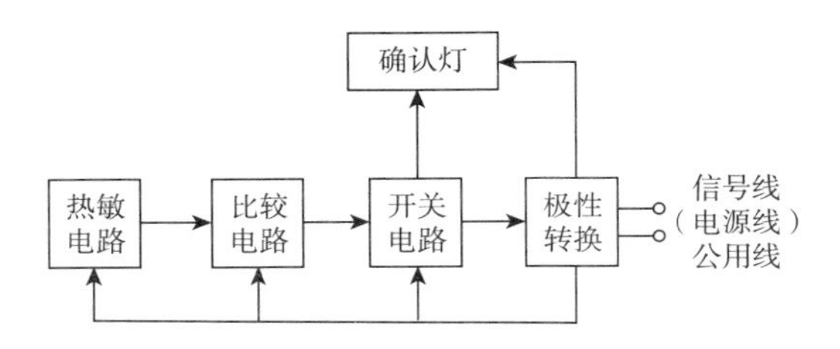

图9.10 热敏电阻型定温火灾探测器原理方框图

二、差温火灾探测器

差温火灾探测器指升温速率超过预定值时就能响应的火灾探测器。根据其工作原理,差温火灾探测器可分为双金属差温火灾探测器、膜盒式差温火灾探测器、半导体差温火灾探测器和空气管线型差温火灾探测器、热电耦式线型差温火灾探测器等五种。

当火灾发生时,室内局部温度将以超过常温数倍的异常速率升高,这就是差温火灾探测器的动作原理。

1. 膜盒式差温火灾探测器

膜盒式差温火灾探测器是一种点型差温探测器,当环境温度达到规定的升温速率以上时动作。它以膜盒为温度敏感元件,根据局部热效应而动作。这种探测器主要由感热室、膜片、泄漏孔及触点等构成,其结构示意图如图9.11所示。感热外罩与底座形成密闭气室,有一小孔(泄漏孔)与大气连通。当环境温度缓慢变化时,气室内外的空气对流由小孔进出,使内外压力保持平衡,膜片保持不变。火灾发生时,感热室内的空气随着周围的温度急剧上升、迅速膨胀而来不及从泄漏孔外逸,致使感热室内气压增高,膜片受压使触点闭合,

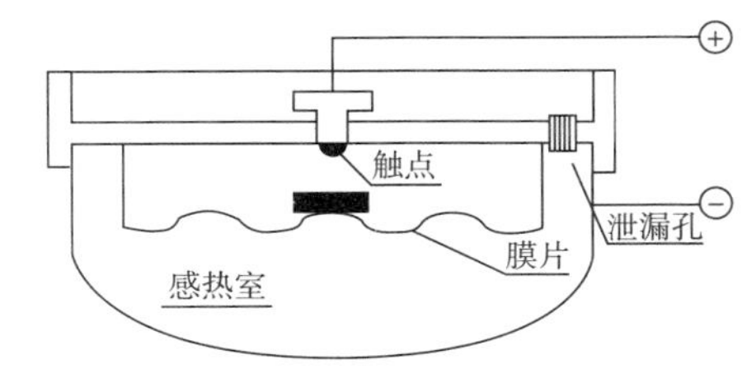

图9.11 膜盒式差温火灾探测器结构示意图

发出报警信号。

2. 空气管线型差温火灾探测器

空气管线型差温火灾探测器是一种线型(分布式)差温探测器。当较大控制范围内温达到或超出所规定的某一升温速率时即动作。它根据广泛的热效应而动作。这种探测器主要由空气管、膜片、泄漏孔、检出器及触点等构成,其结构示意图如图9.12所示。其工作原理是:当环境升温速率达到或超出所规定的某一升温速率时,空气管内气体迅速膨胀传入探测器的膜片,产生高于环境的气压,从而使触点闭合,将升温速率信号转变为电信号输出,达到报警目的。

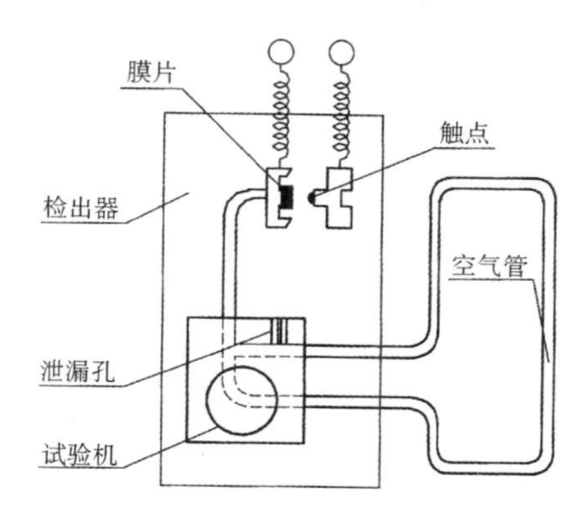

图9.12 空气管线型差温火灾探测器结构示意图

3. 热电耦式线型差温火灾探测器

其工作原理是利用热电耦遇热后产生温差电动势,从而有温差电流,经放大传输给报警器。其结构示意图如图9.13所示。

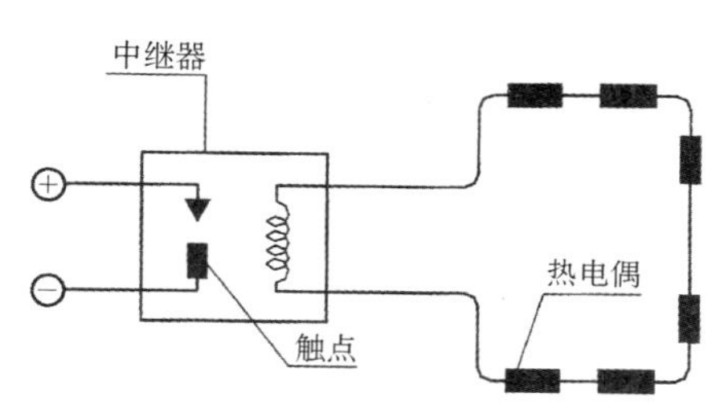

图9.13 热电耦式线型差温火灾探测器

三、差定温式火灾探测器

它兼有定温与差温双重功能,因而提高了探测器的可靠性。差定温式火灾探测器的结构示意图,如图9.14所示。

1. 机械式差定温探测器

其差温探测部件与膜盒式差温火灾探测器基本相同,但其定温部件又分为双金属片式与易熔合金式两种。差定温火灾探测器属于膜盒-易熔合金式差定温探测器。弹簧片的一端用低熔点合金焊在外罩内侧，当环境温度升到预定值时，合金熔化弹簧片弹回，压迫固定在波纹片上的弹性接触点（动触点）上移与固定触点接触，接通电源发出报警信号。

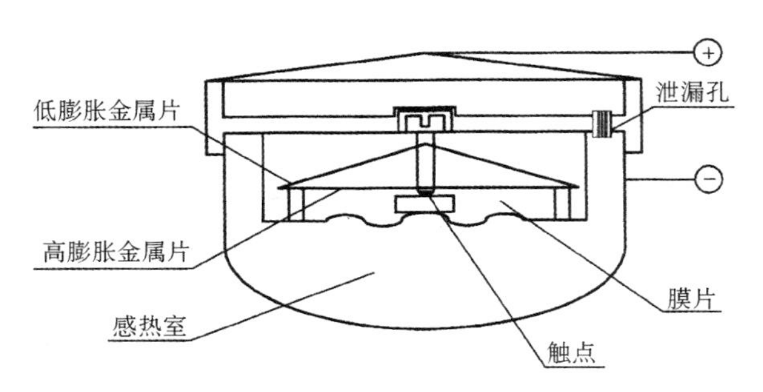

图 9.14 差定温式火灾探测器的结构示意图

2. 电子式差定温探测器

以 JWDC 型差定温探测器为例，见图 9.15。它共有三只热敏电阻（R_1，R_2，R_5），其阻值随温度上升而下降。R_1 及 R_2 为差温部分的感温元件，二者阻值相同，特性相似，但位置不同。R_1 布置于铜外壳上，对环境温度变化较敏感；R_2 位于特制金属罩内，对外界温度变化不敏感。当环境温度变化缓慢时，R_1 与 R_2 阻值相近，三极管 BG_1 截止；当发生火灾时，R_1 直接受热，电阻值迅速变小，而 R_2 响应迟缓，电阻值下降较小，使 A 点电位降低；当低到预定值时 BG_1 导通，随之导通输出低电平，发出报警信号。

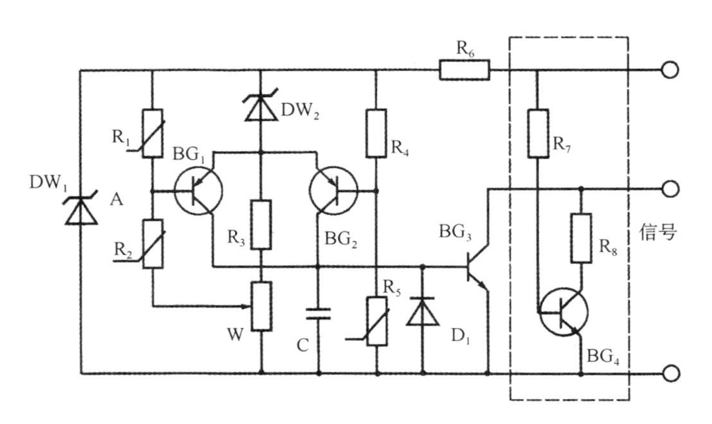

图 9.15 电子式差定温探测器电气工作原理

定温部分由 BG_2 和 R_5 组成。当温度上升到预定值时，R_5 阻值降到动作阈值，使 BG_2 导通，随之 BG_3 导通而报警。

图中虚线部分为断线自动监控部分。正常时 BG_4 处于导通状态。如探测器的三根外引线中任一根断线，BG_4 立即截止，向报警器发出断线故障信号。此断线监控部分仅在终端探测器上设置即可，其他并联探测器均可不设。这样，其他并联探测器仍处于正常监控状态即火灾报警信号处于优先地位。

四、感温火灾探测器的灵敏度

感温火灾探测器工作时温度参数的敏感程度即称感温火灾探测器的灵敏度。探测器的灵敏度是根据响应时间来确定的。各级灵敏度的定温式火灾探测器，其动作响应时间见表 9.2。当升温速率不大于 2 ℃/min 时，定温、差定温探测器的动作温度不大于 54 ℃，且各级灵敏度的探测器动作温度分别不大于下列数值：一级灵敏度为 62 ℃，二级灵敏度为 72 ℃，三级灵敏度为 78 ℃。

表 9.2 定温式火灾探测器响应时间

升温速率 /(℃·min^{-1})	响应时间下限		响应时间上限					
	各级灵敏度		一级灵敏度		二级灵敏度		三级灵敏度	
	/min	/s	/min	/s	/min	/s	/min	/s
1	29	0	37	20	45	40	54	0
3	7	13	12	40	15	40	18	40
5	4	9	7	44	9	40	11	36
10	0	30	4	2	5	10	6	18
20	0	22.5	2	11	2	55	3	37
30	0	15	1	34	2	8	2	42

差温式火灾探测器的响应时间，见表 9.3。

表 9.3 差温式火灾探测器响应时间

升温速率 /(℃/min)	响应时间下限		响应时间上限	
	/min	/s	/min	/s
5	2	0	10	30
10	1	20	4	2
20	0	22.5	1	30
30	0	15	1	0

第六节 感光火灾探测器

在警戒区内发生火灾时，对光参数响应的火灾探测器称感光火灾探测器，又称火焰探测器。可燃物燃烧时火焰的辐射光谱可分为两大类：一类是由炽热炭粒子产生的具有连续性光谱的热辐射；另一类为由化学反应生成的气体和离子产生的具有间断性光谱的光辐射。其波长一般在红外及紫外光谱内。因此，感光火灾探测器分为红外感光火灾探测器及紫外感光火灾探测器两类。

一、红外感光火灾探测器

红外感光火灾探测器利用火焰的红外辐射和闪烁效应进行火灾探测。由于红外光谱的波长较长，烟雾粒子对其吸收和衰减远比波长较短的紫外光及可见光弱，因此，在大量烟雾的火场，即使距火焰一定距离仍可使红外光敏元件响应。它具有响应时间短的特点。此外，借助于仿智逻辑进行的智能信号处理，能确保探测器的可靠性，不受辐射及阳光照射的影响，因此，这种探测器误报少，抗干扰能力强，电路工作可靠，通用性强。

红外感光火灾探测器的结构示意图，如图9.16所示。在红玻璃片后塑料支架中心处固定着红外光敏元件硫化铅(PbS)，在硫化铅前窗口处加可见光滤片——锗片，鉴别放大和输出电路在探头后部印刷电路板上。由于红外感光火灾探测器具有响应快的特点，因而它通常用于监视易燃区域的火灾发生，特别适用于没有阴燃阶段的燃料(如醇类、汽油等易燃气体仓库等)火灾的早期报警。

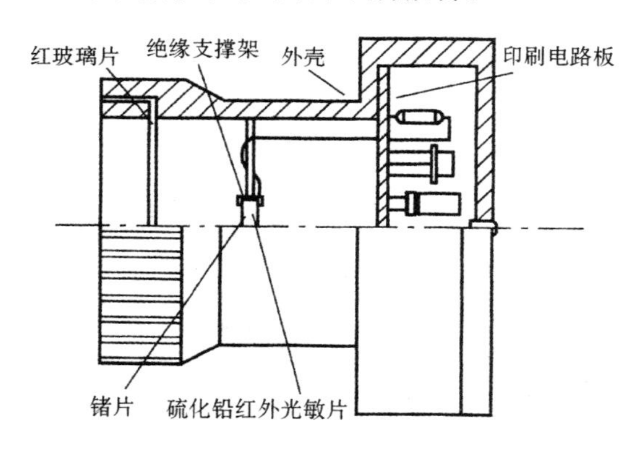

图9.16 红外感光火灾探测器的结构示意图

二、紫外感光火灾探测器

紫外感光火灾探测器又称紫外火焰探测器，它以紫外光电管作为火焰传感元件。紫外光电管是一种灵敏度高、抗干扰能力强、受光角度宽、响应速度快的紫外线传感器，又称为火焰传感器。它能对火焰中波长为1850～2900 nm的紫外辐射响应，可以检测8 m外一般打火机的火焰，但对可见光源(如太阳光、普通灯光等)均不敏感。因为阳光中虽有强烈的紫外辐射，但它被大气中的臭氧层大量吸收，到达地面的紫外辐射量很低。人工照明中的气体放电灯也产生强烈的紫外光，但这些电光源的石英玻壳对2000～3000 nm的紫外光吸收力很强。因此，紫外感光探测器对阳光及上述电光源均不敏感，而对易燃、易爆物(如汽油、煤油、酒精、火药等)引起的火灾很敏感。

由于有机化合物燃烧时，它的 OH^- 在氧化反应中有强烈的紫外辐射(波长为 2500～3500 nm)，火焰的温度越高，其紫外光辐射的强度也越高，因而对于易燃物质火灾利用火焰产生的紫外辐射来探测火焰是十分有效的。综上所述，紫外感光火灾探测器适用于各种火灾消防系统及易燃易爆场所用以监测火焰的产生，防止火灾蔓延，它是一种远距离火焰探测器。

图 9.17 为其结构示意图。在紫外光敏管的玻壳内有两根高纯度的钨丝或钼丝电极。当电极受到紫外光辐射后立即发出电子，并在两电极间的电场中被加速。这些加速后的电子(动能大者)与玻壳内的氢、氦气体分子发生碰击而被离化，发生连锁反应造成“雪崩”式的放电，使紫外光管由截止变为导通输出报警信号。

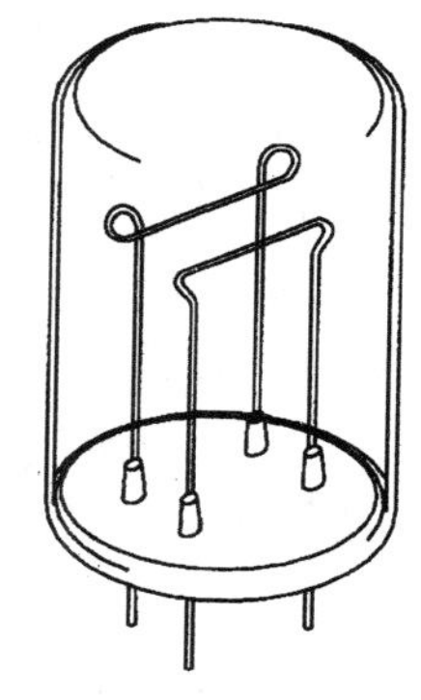

图 9.17 紫外感光火灾探测器的结构示意图

紫外感光火灾探测器的最大特点是对强烈的紫外辐射响应时间极短(最短可达 25 ms)。此外，它还不受风、雨及高气温等影响，可以在室内外使用，常用于飞机库、油井、输油站(管)、可燃气罐和液罐、易燃易爆物品仓库等，特别适用于火灾初期不产生烟雾的场所，如生产、储存酒精、石油的场所。

第七节 可燃气体探测器

可燃气体探测器利用对可燃气体敏感的元件来探测可燃气体浓度，当可燃气体浓度达到危险值(超过限度)时报警。在火灾事例中，常有因可燃性气体、粉尘及纤维过量而引起爆炸起火的。因此，对一些可能产生可燃性气体或蒸气爆炸混合物的场所，应设置可燃性气体探测器，以便对其监测。可燃气体探测器有催化型及半导体型两种。

一、催化型可燃气体探测器

可燃性气体检测报警器是由可燃气体探测器和报警器两部分组成的。探测器利用难熔的铂丝加热后的电阻变化来测定可燃性气体浓度。它由检测元件、补偿元件及两个精密线绕电阻组成一个不平衡电桥。检测元件和补偿元件是对称的热线型载体催化元件(即铂丝)。检测元件与大气相通，补偿元件则是密封的，当空气中无可燃性气体时，电桥平衡，探测器输出为 0。当空气中含有可燃性气体并扩散到检测元件上时，由于催化作用产生无焰燃烧，铂丝温度上升，电阻增大，电桥产生不平衡电流而输出电信号。输出电信号的大小与可燃性气体浓度成正比。用标准气样对此电路中的指示仪表进行测定，即可测得可燃性气体的浓度值。一般取爆炸下限为 100%，报警点设定在爆炸浓度下限的 25%处。这种探测器不可用在含有硅酮和铅的气体中。

为延长检测元件的寿命，在气体进入处装有过滤器。

二、半导体型可燃气体探测器

该探测器采用灵敏度较高的气敏元件制成。对探测氢气、一氧化碳、甲烷、乙醚、乙醇、天然气等可燃性气体很灵敏。QN、QM 系列气敏元件是以二氧化锡材料掺入适量有用杂质，在高温下烧结成的多晶体。这种材料在一定温度下（250～300 ℃），遇到可燃性气体时，电阻减小；其阻值下降幅度随着可燃性气体的浓度而变化。根据材料的这一特性可将可燃性气体浓度的大小转换成电信号，再配以适当电路，就可对可燃性气体浓度进行监测和报警。

除了上述火灾探测器外，还有一种图像监控式火灾探测器。这种探测器采用电荷耦合器件（CCD）摄像机，将一定区域的热场和图像清晰度信号记录下来，经过计算机分析、判别和处理，确定是否发生火灾。如果判定发生了火灾，还可进一步确定发生火灾的地点、火灾程度等。

第八节　火灾探测器的选用

一、火灾探测器选用的一般原则及具体规定

1. 一般原则

火灾探测器选用的一般原则：火灾初期有阴燃阶段，产生大量烟和少量热，很少或没有火焰辐射，应选用感烟探测器。火灾发展迅速，短时间内会产生大量热、烟和火焰辐射，可选用感温、感烟、感光火灾探测器或其组合。火灾发展迅速，有强烈的火焰辐射和少量的烟、热，应选用感光火灾探测器。在散发可燃气体和蒸汽的场所，宜选用可燃气体探测器。当火灾形成特点不可预料时，可进行模拟试验，根据试验结果选择相应的探测器。

感烟探测器在房间高度大于 12 m 时不宜采用。感温探测器按其灵敏度适用于不同高度的房间：一级（62 ℃）感温探测器不适用于高度大于 8 m 的房间；二级（70 ℃）感温探测器不适用于高度大于 6 m 的房间；三级（78 ℃）感温探测器不适用于高度大于 4 m 的房间。火焰探测器可以用于高度 20 m 及其以下的房间。当有自动联动装置或自动灭火系统时，宜选用感烟、感温、感光等探测器（同类型或不同类型）的组合。

2. 选用探测器的一些具体规定

点型感烟探测器适用于高度为 12 m 及其以下的房间，线型感烟探测器探测高度可达 100 m。

点型感温探测器只能用于8 m(一级灵敏度)及以下的房间,缆式感温探测器探测距离可达200 m。

可能产生阴燃火或者如发生火灾不及早报警将造成重大损失的场所,不宜选用感温探测器作为主探测器;温度在0 ℃以下的场所,不宜选用定温探测器;正常情况下温度变化较大的场所,不宜选用差温探测器。

感光探测器适用于火灾时有强烈的火焰辐射、无阴燃阶段的火灾、需要对火焰做出快速反应的场所,而在可能发生无焰火灾、在火焰出现前有浓烟扩散、探测器的镜头易被污染、探测器的“视线”易被遮挡、探测器易受阳光或其他光源直接或间接照射、在正常情况下有明火作业及X射线、弧光等影响的场所都不宜使用。

当有自动联动装置或自动灭火系统时,宜选用感烟、感温、感光等探测器(同类型或不同类型)的组合。

二、火灾探测器的主要性能及要求

1. 可靠性

这是火灾探测器最重要的性能,也是其他各项性能的综合体现,表征火灾探测器按其使用要求,在规定的条件下和规定的期限内,能否可靠的工作。可靠性要求发生火灾后,探测器能准确地向火灾报警控制器发出火警信号,不漏报;处于监视状态下工作时,误报率和故障率较低。

2. 工作电压和允差

工作电压是火灾探测器处于工作状态时所需供给的电源电压,工程上火灾探测器的常用工作电压等级为DC24 V,DC12 V。

允差是火灾探测器工作电压的允许波动范围。按国家标准规定,允差为额定工作电压的−15%~+10%。不同产品由于采用的元器件不同,电路不同,允差值也不一样,一般允差值越大越好。

3. 响应阈值和灵敏度

响应阈值是火灾探测器动作的最小参数值,灵敏度则是火灾探测器响应火灾参数的灵敏程度。

4. 监视电流

监视电流是指火灾探测器处于监视状态时的工作电流。由于工作电流是定值,所以监视电流值代表火灾探测器的运行功耗。因此,要求火灾探测器的监视电流尽可能小,越小越好,现行产品的监视电流值一般为几十微安或几百微安。

5. 允许最大报警电流

允许最大报警电流是指火灾探测器处于报警状态时的允许最大工作电流。若超过此值,火灾探测器会损坏。一般要求该值尽可能大,越大越好。此值越大,表明火灾探测器的负载能力越大。

6. 报警电流

报警电流是指火灾探测器处于报警状态时的工作电流。此值一般比允许的最大报警电流值小，报警电流值和允差值一起决定了火灾报警系统中火灾探测器的最远安装距离，以及在某一部位允许并接火灾探测器的数量。

7. 保护面积

保护面积是指一个火灾探测器警戒的范围，它是确定火灾自动报警系统中采用火灾探测器数量的重要依据。

8. 工作环境

工作环境是保证火灾探测器长期可靠工作所必备的条件，也是决定选用火灾探测器的参数依据，包括环境温度、相对湿度、气流流速和清洁程度等。一般要求火灾探测器工作环境适应性越强越好。

第九节　火灾探测器布置要求

一、探测区域的划分

探测区域应按独立房(套)间划分。一个探测区域的面积不宜超过 500 m^2；从主要入口能看清其内部，且面积不超过 1000 m^2 的房间，也可划为一个探测区域；红外光束感烟火灾探测器和缆式线型感温火灾探测器的探测区域的长度，不宜超过 100 m；空气管差温火灾探测器的探测区域长度宜为 20～100 m。

下列场所应单独划分探测区域：

(1)敞开或封闭楼梯间、防烟楼梯间；

(2)防烟楼梯间前室、消防电梯前室、消防电梯与防烟楼梯间合用的前室、走道、坡道；

(3)电气管道井、通信管道井、电缆隧道；

(4)建筑物闷顶、夹层。

二、火灾探测器的设置

1. 点型感烟、感温火灾探测器的保护面积和半径

点型感烟火灾探测器和 A_1、A_2、B 型感温火灾探测器的保护面积和保护半径，应按表 9.4 确定；C、D、E、F、G 型感温火灾探测器的保护面积和保护半径，应根据生产企业设计说明书确定，但不应超过表 9.4 规定。

表 9.4 点型火灾探测器的保护面积和保护半径

火灾探测器的种类	地面面积 S(m²)	房间高度 h(m)	一只探测器的保护面积 A 和保护半径 R					
			屋顶坡度 θ					
			θ≤15°		15°<θ≤30°		θ>30°	
			A/m²	R/m	A/m²	R/m	A/m²	R/m
感烟火灾探测器	S≤80	h≤12	80	6.7	80	7.2	80	8.0
	S>80	6<h≤12	80	6.7	100	8.0	120	9.9
		h≤6	60	5.8	80	7.2	100	9.0
感温火灾探测器	S≤30	h≤8	30	4.4	30	4.9	30	5.5
	S>30	h≤8	20	3.6	30	4.9	40	6.3

2. 点型感烟感温火灾探测器的安装间距要求

(1)感烟火灾探测器、感温火灾探测器的安装间距,应根据探测器的保护面积 A 和保护半径 R 确定,并不应超过图 9.18 探测器安装间距的极限曲线 $D_1 \sim D_{11}$(含 D_9)规定的范围。

(2)在宽度小于 3 m 的内走道顶棚上设置点型探测器时,宜居中布置。感温火灾探测器的安装间距不应超过 10 m;感烟火灾探测器的安装间距不应超过 15 m;探测器至端墙的距离,不应大于探测器安装间距的 1/2。

(3)点型探测器至墙壁、梁边的水平距离,不应小于 0.5 m。

(4)点型探测器周围 0.5 m 内,不应有遮挡物。

(5)点型探测器至空调送风口边的水平距离不应小于 1.5 m,并宜接近回风口安装。探测器至多孔送风顶棚孔口的水平距离不应小于 0.5 m。

(6)当屋顶有热屏障时,点型感烟火灾探测器下表面至顶棚或屋顶的距离,应符合表 9.5 的规定。

表 9.5 点型感烟火灾探测器下表面至顶棚或屋顶的距离 d 单位:mm

顶棚或屋顶坡度 θ / 探测器的安装高度 h/m	θ≤15°		15°<θ≤30°		θ>30°	
	最小	最大	最小	最大	最小	最大
h≤6	30	200	200	300	300	500
6<h≤8	70	250	250	400	400	600
8<h≤10	100	300	300	500	500	700
10<h≤12	150	350	350	600	600	800

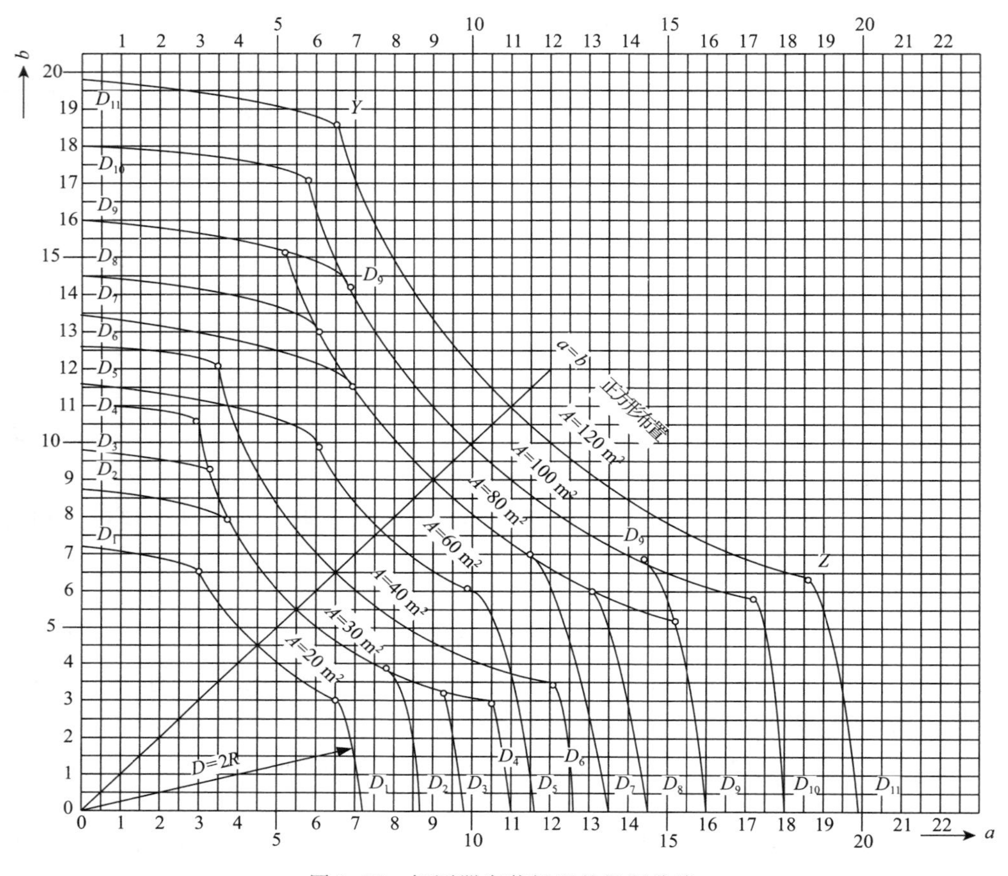

图 9.18　探测器安装间距的极限曲线

A—探测器的保护面积(m^2)；a、b—探测器的安装间距(m)；D_1～D_{11}(含 D_9)—在不同保护面积 A 和保护半径下确定探测器安装间距 a、b 的极限曲线；Y、Z—极限曲线的端点(在 Y 和 Z 两点间的曲线范围内，保护面积可得到充分利用)

3. 点型感烟、感温火灾探测器的设置数量

(1)探测区域的每个房间应至少设置一只火灾探测器。

(2)一个探测区域内所需设置的探测器数量，不应小于式(9.1)的计算值：

$$N=\frac{S}{K\cdot A} \tag{9.1}$$

式中：N——探测器数量(只)，N 应取整数。

S——该探测区域面积(m^2)。

A——探测器的保护面积(m^2)。

K——修正系数。容纳人数超过 10000 人的公共场所宜取 0.7～0.8；容纳人数为 2000～10000 人的公共场所宜取 0.8～0.9；容纳人数为 500～2000 人的公共场所宜取 0.9～1.0；其他场所可取 1.0。

(3)在有梁的顶棚上设置点型感烟火灾探测器、感温火灾探测器时，应符合下列规定：

①当梁突出顶棚的高度小于200 mm时，可不计梁对探测器保护面积的影响；

②当梁突出顶棚的高度为200～600 mm时，应按图9.19和表9.6的要求确定梁对探测器保护面积的影响和一只探测器能够保护的梁间区域的数量；

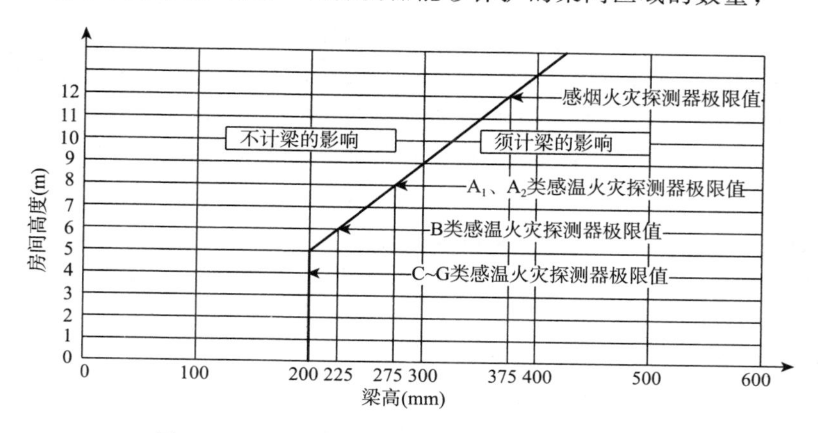

图9.19 不同高度的房间梁对探测器设置的影响

表9.6 按梁间区域面积确定一只探测器保护的梁间区域的个数

探测器的保护面积 A/m^2		梁隔断的梁间区域面积 Q/m^2	一只探测器保护的梁间区域的个数
感温探测器	20	$Q>12$	1
		$8<Q\leqslant 12$	2
		$6<Q\leqslant 8$	3
		$4<Q\leqslant 6$	4
		$Q\leqslant 4$	5
	30	$Q>18$	1
		$12<Q\leqslant 18$	2
		$9<Q\leqslant 12$	3
		$6<Q\leqslant 9$	4
		$Q\leqslant 6$	5
感烟探测器	60	$Q>36$	1
		$24<Q\leqslant 36$	2
		$18<Q\leqslant 24$	3
		$12<Q\leqslant 18$	4
		$Q\leqslant 12$	5
	80	$Q>48$	1
		$32<Q\leqslant 48$	2
		$24<Q\leqslant 32$	3
		$16<Q\leqslant 24$	4
		$Q\leqslant 16$	5

③当梁突出顶棚的高度超过 600 mm 时，被梁隔断的每个梁间区域应至少设置一只探测器；

④当被梁隔断的区域面积超过一只探测器的保护面积时，被隔断的区域应按第(1)条规定计算探测器的设置数量；

⑤当梁间净距小于 1 m 时，可不计梁对探测器保护面积的影响。

(4)锯齿型屋顶和坡度大于 15°的人字型屋顶，应在每个屋脊处设置一排点型探测器，探测器下表面至屋顶最高处的距离，应符合表 9.5 的规定。

(5)房间被书架、设备或隔断等分隔，其顶部至顶棚或梁的距离小于房间净高的 5%时，每个被隔开的部分应至少安装一只点型探测器。

4. 火焰探测器和图像型火灾探测器的设置

(1)应考虑探测器的探测视角及最大探测距离，可通过选择探测距离长、火灾报警响应时间短的火焰探测器，提高保护面积要求和报警时间要求；

(2)探测器的探测视角内不应存在遮挡物；

(3)应避免光源直接照射在探测器的探测窗口；

(4)单波段的火焰探测器不应设置在平时有阳光、白炽灯等光源直接或间接照射的场所。

5. 线型光束感烟火灾探测器的设置

(1)探测器的光束轴线至顶棚的垂直距离宜为 0.3～1.0 m，距地高度不宜超过 20 m；

(2)相邻两组探测器的水平距离不应大于 14 m，探测器至侧墙水平距离不应大于 7 m，且不应小于 0.5 m，探测器的发射器和接收器之间的距离不宜超过 100 m；

(3)探测器应设置在固定结构上；

(4)探测器的设置应保证其接收端避开日光和人工光源的直接照射；

(5)选择反射式探测器时，应保证在反射板与探测器之间任何部位进行模拟试验时，探测器均能正确响应。

6. 线型感温火灾探测器的设置

(1)探测器在保护电缆、堆垛等类似保护对象时，应采用接触式布置；在各种皮带输送装置上设置时，宜设置在装置的过热点附近。

(2)设置在顶棚下方的线型感温火灾探测器，至顶棚的距离宜为 0.1 m。探测器的保护半径应符合点型感温火灾探测器的保护半径要求；探测器至墙壁的距离宜为 1～1.5 m。

(3)光栅光纤感温火灾探测器每个光栅的保护面积和保护半径，应符合点型感温火灾探测器的保护面积和保护半径要求。

(4)设置线型感温火灾探测器的场所有联动要求时，宜采用两只不同火灾探测器的报警信号组合。

(5)与线型感温火灾探测器连接的模块不宜设置在长期潮湿或温度变化较大的

场所。

7. 管路采样式吸气感烟火灾探测器的设置

(1)非高灵敏型探测器的采样管网安装高度不应超过 16 m;高灵敏型探测器的采样管网安装高度可超过 16 m;采样管网安装高度超过 16 m 时,灵敏度可调的探测器应设置为高灵敏度,且应缩减采样管长度和采样孔数量。

(2)探测器的每个采样孔的保护面积、保护半径,应符合点型感烟火灾探测器的保护面积、保护半径的要求。

(3)一个探测单元的采样管总长不宜超过 200 m,单管长度不宜超过 100 m,同一根采样管不应穿越防火分区。采样孔总数不宜超过 100 个,单管上的采样孔数量不宜超过 25 个。

(4)当采样管道采用毛细管布置方式时,毛细管长度不宜超过 4 m。

(5)吸气管路和采样孔应有明显的火灾探测器标识。

(6)在设置过梁、空间支架的建筑中,采样管路应固定在过梁、空间支架上。

(7)当采样管道布置形式为垂直采样时,每 2 ℃温差间隔或 3 m 间隔(取最小者)应设置一个采样孔,采样孔不应背对气流方向。

(8)采样管网应按确认的设计软件或方法进行设计。

(9)探测器的火灾报警信号、故障信号等信息应传给火灾报警控制器,涉及消防联动控制时,探测器的火灾报警信号还应传给消防联动控制器。

8. 其他说明

(1)镂空面积与总面积的比例不大于 15%时,探测器应设置在吊顶下方;

(2)镂空面积与总面积的比例大于 30%时,探测器应设置在吊顶上方;

(3)镂空面积与总面积的比例为 15%～30%时,探测器的设置部位应根据实际试验结果确定;

(4)探测器设置在吊顶上方且火警确认灯无法观察到时,应在吊顶下方设置火警确认灯;

(5)地铁站台等有活塞风影响的场所,镂空面积与总面积的比例为 30%～70%时,探测器宜同时设置在吊顶上方和下方。

第十章　消防系统联动控制

第一节　消防设备的供电电源

一、消防设备的供电负荷

1. 负荷分级

根据供电可靠性要求及中断供电在政治、经济上所造成的损失或影响的程度，可将电力负荷分为三级，并据此采用相应的供电措施，满足其对用电可靠性的要求。

(1)一级负荷

①中断供电将造成人身伤亡者。

②中断供电将造成重大政治影响者；中断供电将造成重大经济损失者；中断供电将造成公共场所秩序严重混乱者。

③对于某些特殊建筑，如重要的交通枢纽、重要的通信枢纽、国宾馆、国家级及承担重大国事的会堂、国家级大型体育中心，以及经常用于重要国际活动的大量人员集中的公共场所等的一级负荷，为特别重要负荷。

中断供电将影响实时处理计算机及计算机网络正常工作或中断供电后将发生爆炸、火灾，以及严重中毒的一级负荷亦为特别重要负荷。

(2)二级负荷

①中断供电将造成较大政治影响者。

②中断供电将造成较大经济损失者。

③中断供电将造成公共场所秩序混乱者。

(3)三级负荷

不属于一级和二级负荷的电力负荷。

供配电系统的运行统计资料表明，系统中各个环节以电源对供电可靠性的影响最大。其次是供配电线路等其他因素。因此，为保证供电的可靠性，对于不同级别的负荷，有着不同的供电要求。

2. 供电要求

(1)一级负荷应由两个独立电源供电。所谓独立电源是指两个电源之间无联系，或两个电源之间虽有联系但在其中任何一个电源发生故障时，另一个电源应不致同时受到损坏。一级负荷容量较大或有高压用电设备时，应采用两路高压电源。一级负荷中的特别重要的负荷，除上述两个电源外，还必须增设应急电源。为了保证对特别重要负荷供电，严禁将其他负荷接入应急供电系统。一级负荷容量不大时，应优先采用从电力系统或临近单位取得第二低压电源，亦可采用柴油发电机组；若一级负荷仅为应急照明或是电话站负荷，宜采用蓄电池作为备用电源。

常采用的两个独立电源：一路市电和自备发电机；一路市电和自备蓄电池逆变器组。两路来自两个发电厂或是来自城市高压网络的枢纽变电站的不同母线段的市电电源。

(2)二级负荷的供电系统应做到当发生电力变压器故障或线路常见故障时不致中断供电(或中断后能迅速恢复)。二级负荷宜采用两个电源供电，对两个电源的要求条件比一级负荷低，如来自不同变压器两路市电即可满足供电要求。

(3)三级负荷对供电无特殊要求。

为保证建筑物的自动防火系统在发生火灾后能够可靠运行，达到防灾、灭火目的，必须保证消防系统中的供电电源安全可靠工作。因此，对于消防设备的配电系统、导线选择、线路敷设等方面都有特殊的要求。

二、消防配电系统的一般要求

为保证供电连续性，消防系统的配电应符合下列要求：

(1)消防用电设备的双路电源或双回路供电线路，应在末端配电箱处切换。火灾自动报警系统，应设有主电源和直流备用电源，其主电源应采用消防电源，直流备用电源宜采用火灾报警控制器的专用蓄电池。当直流备用电源采用消防系统集中设置的蓄电池时，火灾报警控制器应采用单独的供电回路，并能保证在消防系统处于最大负载状态下不影响报警控制器的正常工作。消防联动控制装置的直流操作电源电压，应采用 24 V。

(2)配电箱到各消防用电设备，应采用放射式供电。每一用电设备应有单独的保护设备。

(3)重要消防用电设备(如消防泵)允许不加过负荷保护。由于消防用电设备总运行时间不长，因此短时间的过负荷对设备危害不大，无过负荷保护可以争取时间保证顺利灭火。为了在灭火后及时检修，可设置过负荷声光报警信号。

(4)消防电源不宜装漏电保护，如有必要可设单相接地保护装置。

(5)消防用电设备、疏散指示灯，设备、火灾事故广播及各层正常电源配电线路均应按防火分区或报警区域分别出线。

(6)所有消防电气设备均应与一般电气设备有明显的区别标志。

三、消防设备供电

消防设备供电系统应能充分保证用电设备的工作性能在火灾发生时充分发挥消

防设备的功能，将损失降低到最低限度。对于电力负荷集中的高层建筑，常常采用单电源或双电源的双回路供电方式，即常用电源(工作电源)和备用电源两种。常用电源一般是直接取自城市输电网(又称市电网)，备用电源可取自城市两路独立高压(一般为 10 kV)供电中的一路为备用电源。在有高层建筑群的规划区域内，供电电源常常取自 35 kV 区域变电站，有的取自城市一路高压(一般为 10 kV)供电；另一种取自自备柴油发电机。对于电力负荷较小的多层建筑，常用电源一般直接取自城市低压三相四线制输电网(又称低压市电网)，其电压等级为 380/220 V。备用电源可以取自与常用电源不同的变压器(380/220 V)，还可以采用蓄电池作为备用电源。当常用电源出现故障而发生停电事故时，备用电源保证高层建筑的各种消防设备(如消防给水、消防电梯、防排烟设备、应急照明和疏散指示标志、应急广播、电动防火门窗、卷帘、自动灭火装置)和消防控制室等仍能继续运行。

高层建筑发生火灾时，主要利用建筑物本身的消防设施进行灭火和疏散人员及物资。如果没有可靠的电源，就不能及时报警、灭火，也不能有效地疏散人员、物资和控制火势蔓延，将会造成重大的损失。因此，合理地确定负荷等级，保障高层建筑消防用电设备的供电可靠性是非常重要的。根据我国国情，高层建筑防火设计规范对一、二类建筑的消防用电的负荷等级分别做了规定：一类高层建筑应按一级负荷要求供电，二类高层建筑应按二级负荷要求供电。

一类高层建筑消防用电设备供电线路，见图 10.1。

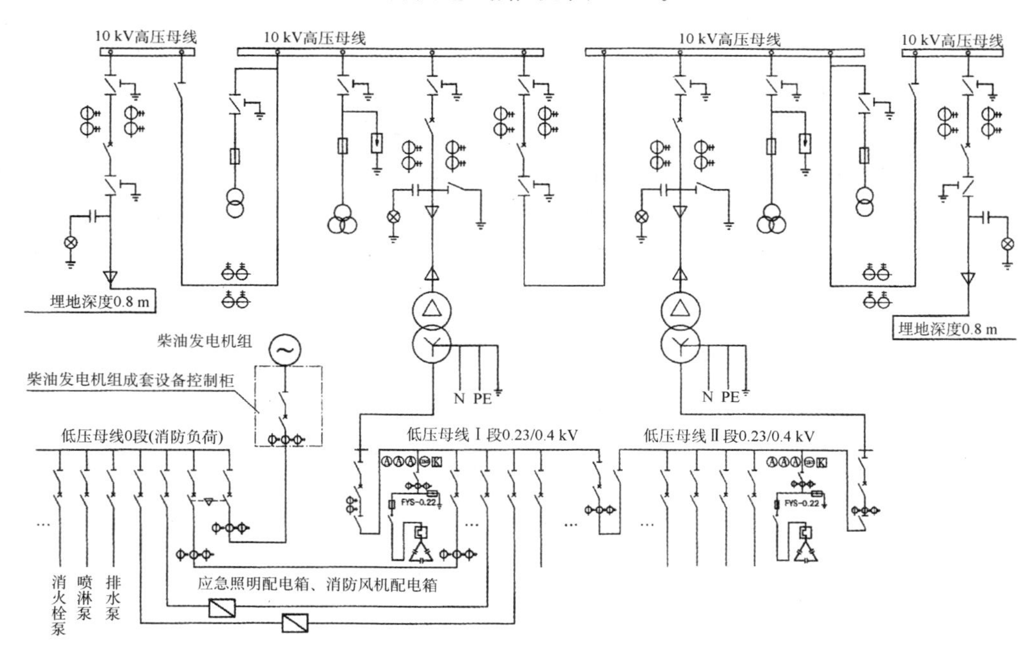

图 10.1　一类高层建筑消防用电设备供电线路

为了保证一类高层建筑消防用电的供电可靠性，如果两路市电电源不满足“独立双电源”的条件，则还需设有自备发电机组，即设置三个电源。

二类高层建筑和高层住宅或住宅群，一般按两回线路要求供电，见图 10.2。

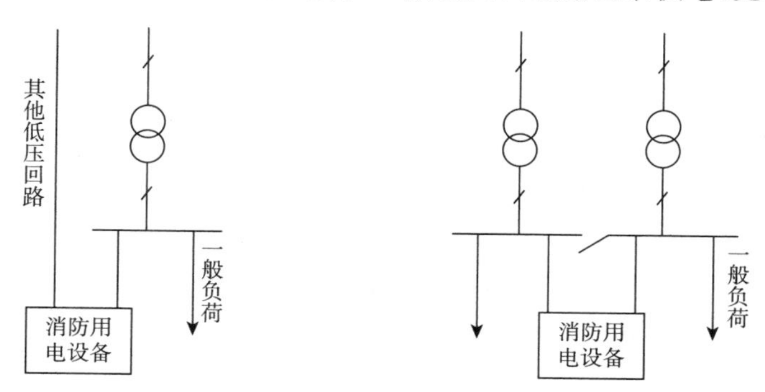

(a)备用电源引自建筑外一路低压回路　(b)工作电源、备用电源引自建筑内两台变压器

图 10.2　二类高层建筑消防用电设备供电线路

四、消防备用电源的自动切换

为了保证发生火灾时各项救灾工作顺利进行，有效地控制和扑灭火灾，避免造成重大经济损失和人员伤亡事故，对消防用电设备的工作及备用电源应采取自动切换方式。

对消防扑救工作而言，切换时间越短越好。目前，根据我国供电技术条件，切换时间规定在 30 s 以内。要求一类高层建筑自备发电设备应设有自动启动装置，并能在 30 s 内供电。二类高层建筑自备发电设备，当采用自动启动有困难时，可采用手动启动装置。电源自动切换可采用双电源切换开关或采用断路器或接触器连锁控制(包括电气连锁和机械连锁)方式。

消防控制室、消防水泵、消防电梯、防烟排烟风机等的供电，应在最末一级配电箱处设置自动切换装置。这里，切换部位是指各自的最末一级配电箱，如消防水泵应在消防水泵房的配电箱处切换；消防电梯应在电梯机房配电箱处切换等。

第二节　消防设施的联动控制

一、消防联动控制要求

如图 10.3 所示，消防联动控制设备的控制信号和火灾探测器的报警信号在同一总线回路上传输，二者合用时应满足消防控制信号线路的敷设要求。

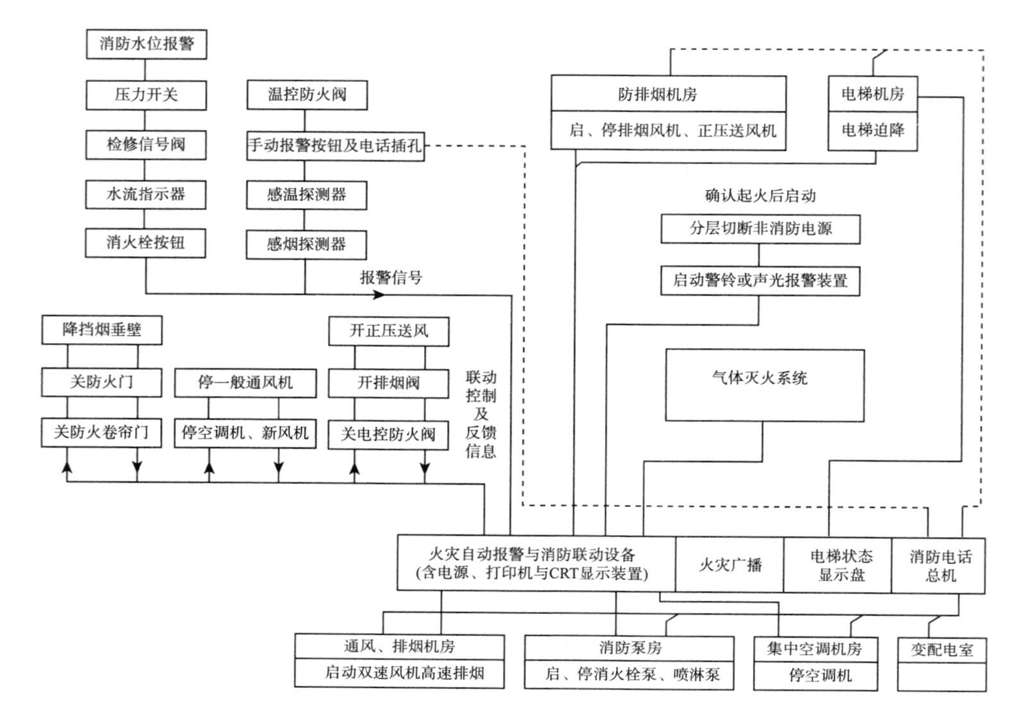

图 10.3 火灾报警与消防联动控制关系方框图

消防水泵、防烟和排烟风机等均属于重要的消防设备，其可靠与否直接关系到消防灭火的成败。这些设备除了接收火灾探测器发送来的报警信号可以自动启动工作外，还应能独立控制其启停，即使火灾报警系统失灵也不应影响其启停。因此，当消防控制设备采用总线编码模块控制时，还应在消防控制室设置手动直接控制装置，以保证系统设备的可靠性。

设置在消防控制室以外的消防联动控制设备的动作信号均应在消防控制室内显示。

二、消防灭火设备的联动控制要求

灭火系统的控制视灭火方式而定。灭火方式是由建筑设备专业根据规范要求及建筑物的使用性质等因素确定，大致可分为消火栓灭火、自动喷水灭火（水喷淋灭火）、水幕阻火、气体灭火、泡沫灭火、干粉灭火等。建筑电气专业按灭火方式等要求对灭火系统的动力设备、管道系统及阀门等设计电气控制装置。

根据当前我国经济技术水平和条件，消防控制室的消防控制设备应具有控制、显示功能（控制消防设备的启、停，并显示其工作状态）；能自动及手动控制消防水泵、防烟和排烟风机的启、停；显示火灾报警、故障报警部位；显示保护对象的重点部位、疏散通道及消防设备所在位置的平面图或模拟图；显示系统供电电源的工作状态。

1. 消火栓灭火系统

消火栓灭火是最常见的灭火方式，为使喷水枪在灭火时具有相当的水压，需要保证一定的管网压力，若市政管网水压不能满足要求，则需要设置消火栓泵。室内消火栓系统应具有的控制、显示功能为：

(1)控制消防水泵的启、停。

(2)显示起泵按钮的工作状态。

(3)显示消防水泵的工作、故障状态。

2. 自动喷水灭火系统

自动喷水灭火系统属于固定式灭火系统，可分为湿式灭火系统和干式灭火系统两种，其区别主要在于喷头至喷淋泵出水阀之间的喷水管道是否处于充水状态。

湿式系统的自动喷水是由玻璃球水喷淋头的动作完成的。火灾发生时，装有热敏液体的玻璃球(动作温度分别为 57、68、79、93 ℃等)由于内部压力的增加而炸裂，此时喷头上密封垫脱开，喷出压力水。喷头喷水时由于管网水压的降低，压力开关动作启动喷水泵以保持管网水压。同时，水流通过装于主管道分支处的水流指示器，其桨片随着水流而动作，接通报警电路，发出电信号给消防控制室，以辨认发生火灾区域。

干式自动喷水系统采用开式洒水喷头，当发生火灾时由探测器发出的信号经过消防控制室的联动控制盘发出指令，打开电磁或手动两用阀，使得各开式喷头同时按预定方向喷洒水幕。与此同时，联动控制盘还发出指令启动喷水泵以保持管网水压，水流流经水流指示器，发出电信号给消防控制室，显示喷洒水灭火区域。

自动喷水和水喷雾灭火系统应具有的控制、显示功能为：

(1)控制系统的启、停。

(2)显示水流指示器、报警阀及安全信号阀的工作状态。

(3)显示消防水泵的工作、故障状态。

3. 水幕阻火灭火系统

水幕对阻止火势扩大与蔓延有良好的作用，其电气控制与自动喷水灭火系统相同。

4. CO_2灭火系统

CO_2灭火系统是由二氧化碳供应源、喷嘴和管路组成的灭火系统。其灭火原理是通过减少空气中氧的含量，使其降低到不支持燃烧的浓度。CO_2在空气中的浓度达到 15%以上时能使人窒息死亡；达到 30%～35%时，能使一般可燃物质的燃烧逐渐窒息；达到 43.6%时，能抑制汽油蒸气及其他易燃气体的爆炸。CO_2灭火系统具有自动启动、手动启动和机械式应急启动三种方式，其中，自动启动控制应采用复合探测，即接收到两个独立的火灾信号后方可启动。

管网气体灭火系统应具有的控制、显示功能为：

(1)显示系统的手动、自动工作状态。

(2)在报警、喷射各阶段,控制室内应有相应的声光报警信号,并能手动切除声响信号。

(3)在延时阶段,应自动关闭防火门窗,停止通风空调系统,关闭有关部位防火阀。

(4)显示气体灭火系统防护区的报警、喷射及防火门、通风空调等设备的状态。

(5)由火灾探测器联动的控制设备,应具有 30 s 可调的延时装置;在延时阶段,应自动关闭防火门、窗,停止通风、空气调节系统。

5. 泡沫灭火系统

泡沫灭火系统由水源、泡沫消防泵、泡沫液储罐、泡沫比例混合器、泡沫产生器、阀门、管道及其他附件组成。泡沫消防泵是能把泡沫以一定的压力输出的消防水泵。消防泵应在有火警时立即投入工作,并在火场非消防电源断电时仍能正常工作。

泡沫灭火系统应具有的控制、显示功能为:

(1)控制泡沫泵及消防水泵的启、停。

(2)显示系统的手动、自动工作状态。

6. 干粉灭火系统

干粉灭火系统应具有控制系统的启、停,显示系统的工作状态等功能。

第三节　消防灭火设备的联动控制

一、用于联动控制和火灾报警的设备

(一)湿式报警阀-报警装置

报警装置主要组件由水流指示器、压力开关、水力警铃、延时器等组成。

1. 水流指示器

一般装在配水干管上。当发生火灾喷头开启喷水或者管道发生泄漏故障时,水流就会流过装有水流指示器的管道,水流指示器将水流信号转换为电信号送至报警控制器或控制中心,显示喷头喷水的区域,起到辅助电动报警的作用。

水流指示器的工作原理是靠管内的压力水流动的推力推动水流指示器的桨片,带动操作杆使内部延时电路接通,经过 20～30 s 后使微型继电器动作,输出电信号供报警及控制用,其报警信号一般作为区域报警信号。也有的水流指示器是由桨片直接推动微动开关触点而发出报警信号的。水流指示器的外部接线,如图 10.4 所示。

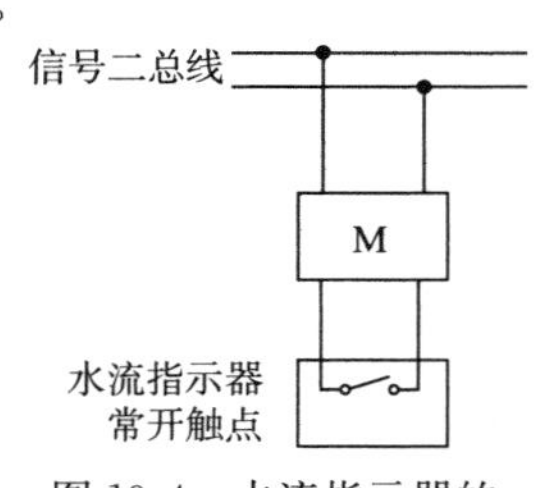

图 10.4　水流指示器的外部接线图

2. 水力报警器

它由水力警铃及压力开关两部分组成，可安装在湿式报警阀的延迟器后。当系统侧排水口放水后，利用水力驱动警铃，使之发出报警声。它也可用于干式、干湿两用式、雨淋及预作用自动喷水灭火系统中。

3. 压力开关

压力开关是装在延迟器上部的水压传感继电器，其功能是将管网水压力信号转变成电信号，以实现自动报警及启动消火栓泵的功能。

4. 水力警铃

水力警铃是利用水流的冲击力发出声响的报警装置，一般安装在延时器之后。当管网内的水不断流动，延时器充满水后，水流就会向水力警铃和压力开关流动，这时在水流的冲击下，水力警铃就发出警报。

5. 延时器

延时器主要用于湿式喷水灭火系统，其作用是防止误报警。

(二)消火栓按钮

消火栓按钮是消火栓灭火系统中的主要报警元件。按钮内部有一组常开触点、一组常闭触点及一只指示灯，按钮表面为薄玻璃或半硬塑料片。火灾时打碎按钮表面玻璃或用力压下塑料面，按钮即可动作。消火栓按钮可用于直接启动消火栓泵，或者向消防控制中心发出申请启动消防水泵的信号。

消火栓按钮在电气控制线路中的连接形式有串联、并联及通过模块与总线相接等三种，接线如图 10.5 所示。图 10.5(a)为消火栓按钮串联式电路，图中消火栓按钮的常开触头在正常监控时均为闭合状态。中间继电器 KA_1 正常时通电，当任一消火栓按钮动作时，KA_1 线圈失电，中间继电器 KA_2 线圈得电，其常开触点闭合，启动消火栓泵，所有消火栓按钮上的指示灯燃亮。图 10.5(b)为消火栓按钮并联电路，图中消火栓按钮的常闭触头在正常监控时是断开的，中间继电器 KA_1 不通电，火灾发生时，当任一消火栓按钮动作，KA_1 即通电，启动消火栓泵。当消火栓泵运行时，其运行接触器常开触点 KM 闭合，所有消火栓按钮上的指示灯燃亮，显示消火栓泵已启动。

并联线路比串联线路少用一只中间继电器，线路较为简洁。但采用并联连接时，不能在正常时监控消火栓报警按钮回路是否正常，按钮回路断线或接触不良时不易被发现，但并联接法的接线较方便。串联线路虽然多用一只中间继电器，但因 KA_1 继电器在正常监控时带电，只要有一处断线或连接处接触不良，KA_1 继电器即失电。因此，可利用 KA_1 的常闭触点进行报警，达到监视控制线路正常与否的目的，以提高控制线路的可靠性；此外在发生火灾时，即使将消火栓报警按钮连线烧断也能保证消火栓泵正常启动。其缺点是串联接法将各按钮首尾串联，当消火栓较多或设置位置不规则时，接线容易出错。消火栓按钮的串联连接方式为传统式接法，适合用于中小工程。

为了避免因消火栓按钮回路断线或接触不良引起消火栓泵误启动，可用时间继电器 KT 代替 KA_2 的作用。

在大中型工程中常使用图 10.5(c)的接线方式。这种系统接线简单、灵活（输入模块的确认灯可作为间接的消火栓泵启动反馈信号）。但火灾报警控制器一定要保证常年正常运行，且常置于自动连锁状态，否则会影响启泵。

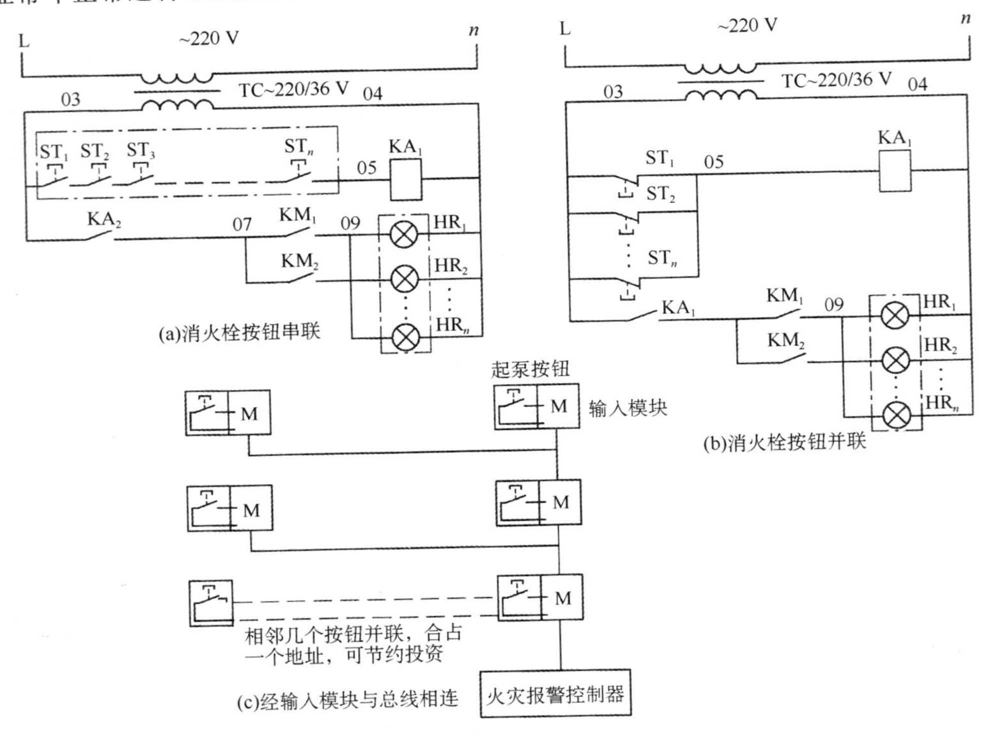

图 10.5　消火栓按钮接线图

二、消防泵、喷淋泵及增压泵的控制

消防泵、喷淋泵分别为消火栓系统及水喷淋系统的主要供水设备。增压泵是为防止充水管网泄漏等原因导致水压下降而设的增压装置。消防泵、喷淋泵在火灾报警后自动或手动启动，增压泵则在管网水压下降到一定值时由压力继电器自动启动及停止。

（一）消防泵及喷淋泵启动方式的选择

启动方式的选择对提高水泵的启动成功率和降低备用发电机容量具有重要意义。

1. 启动成功率

当采用 Y-△降压启动方式或串自耦变压器等设备降压启动方式时，在降压—全压的切换过程中将有短时断电的过程。短时断电的时间取决于两套接触器的释放及吸合时间之和，一般在 0.04～0.12 ms。在电路切换过程中，电动机定子绕组可能会产生较大的冲击电流。瞬时最大值可达电动机额定电流的数倍以上，此冲击电流可能会造成电动机电源断路器的瞬时过电流脱扣器动作，导致电源被切断，消防泵不能启动，造成严重的后果。

为此，对于消防泵推荐尽可能采用直接启动方式，如按计算电压降不能保证启动要求，也宜选用闭式切换(即无短时断电)的降压启动设备。

2. 降低备用发电机容量

当消防泵由备用发电机供电时，由于异步电动机启动时的功率因数很低，启动电流大而启动转矩小，导致发电机端电压下降，有可能无法启动消防泵。因此，对于较大容量的异步电动机应限制其启动电流数值、尽可能采用降压启动方式。例如，采用 Y-△降压启动方式后，由发电机提供的启动电流只有直接启动时启动电流的 1/3 左右，这可以使备用发电机的容量相应减小。

(二)消防泵及喷淋泵的系统模式

现代高层建筑防火工程中，消防泵与喷淋泵有两种系统模式。

(1)消火栓系统与喷淋系统都各自有专门的水泵和配水管网，这种模式的消防泵和喷淋泵一般为一台工作一台备用(一用一备)或二用一备；

(2)消火栓和喷淋系统各自有专门的配水管网，但供水泵是共用的，水泵一般是多台工作、一台备用(多用一备)。

消防水泵由消防联动系统进行自动启动(停车)或采用手动方式启动(停车)。

(三)消火栓泵电气控制线路

对消防泵的手动控制有两种方式：一是通过消火栓按钮直接启动消防泵，二是通过手动报警按钮将手动报警信号送入消防控制室的控制器后，发出手动或自动信号控制消防泵启动。

通常，消防泵经控制室进行联动控制。其联动控制方框图如图 10.6 所示。

1. 一用一备消火栓泵的电气控制

采用消火栓泵时，在每个消火栓内设置消火栓打碎玻璃按钮，正常情况下，此按钮的常开触点被小玻璃窗压下而闭合。灭火时用小锤敲击按钮的玻璃窗，玻璃被打碎后，按钮恢复常开状态，从而通过控制电路启动消火栓泵。当设有消防控制室且需辨认哪一处的消火栓工作时，可在消火栓内装一个限位开关，当喷枪被拿起后限位开关动作，向消防控制室发出信号。

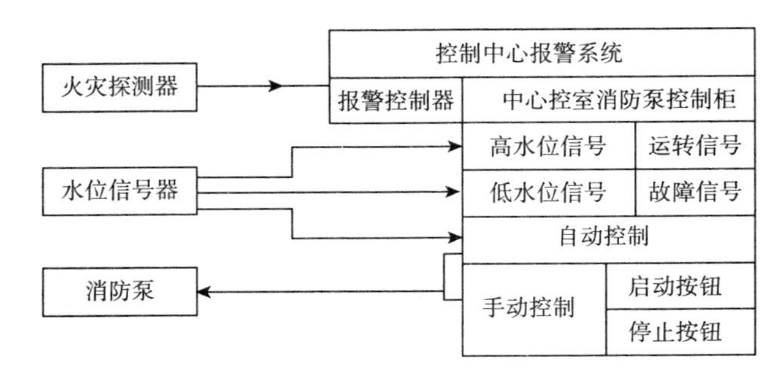

图 10.6 消火栓泵联动控制方框图

图 10.7 为一用一备消防泵的电气控制线路图。图中 SA 是控制开关，有三种位置：手动；1 号泵工作，2 号泵备用；2 号泵工作，1 号泵备用。当 SA 设在"1"自动"2"备用挡预置位置时，工作顺序如下：火灾时任一消防按钮动作时，中间继电器 KA_1 线圈回路断电，其常闭触点复位，接通时间继电器 KT′线圈，经过一段时间延时后，中间继电器 KA_2 线圈得电，其常开触点闭合自锁。KA_2 启动后 1 号水泵运行接触器 KM_1 线圈得电，吸合并自锁，接通 1 号水泵电源回路，1 号水泵启动运转，向消火栓管网压水，水泵运行指示灯燃亮；同时，KA_2 和 KM_1 的串联常开触点闭合接通消火栓手动报警按钮内的信号指示灯。若因故障原因使接触器 KM_1 线圈不能吸合，则经过一段时间延时（时间继电器的延时整定时间）确认后，时间继电器 KT 的常开触点闭合，使接触器 KM_2 线圈吸合并自锁，将备用水泵（2 号泵）启动；同时，KA_2 和 KM_2 的串联常开触点闭合接通消火栓手动报警按钮内的信号指示灯。

当 SA 设在手动挡时，2 台水泵均由手动按钮控制，此挡通常用于检修。

当 SA 设在"2"自动"1"备用挡时，2 台水泵的"用"/"备"职能互换。

此控制线路用消火栓按钮启动泵时经过一段延时时间方可接通消火栓工作泵电源接触器，此延时时间可避免消火栓因消火栓按钮连线故障或人为因素引起的误启动。当从消防控制室进行远程控制时，可立即通过中间继电器 KA_2 接通消火栓工泵电源接触器，以避免贻误灭火战机。

2. 室外消火栓泵的电气控制

室外消火栓泵电气控制线路，如图 10.8 所示。两台泵一用一备，由万能转换开关 SA 转换职能。两台泵既可由机旁手动按钮控制，也可由消防控制室控制信号控制。水泵启动后，由水泵电源接触器常开触点接通信号指示灯将启泵信号返回消防控制室。

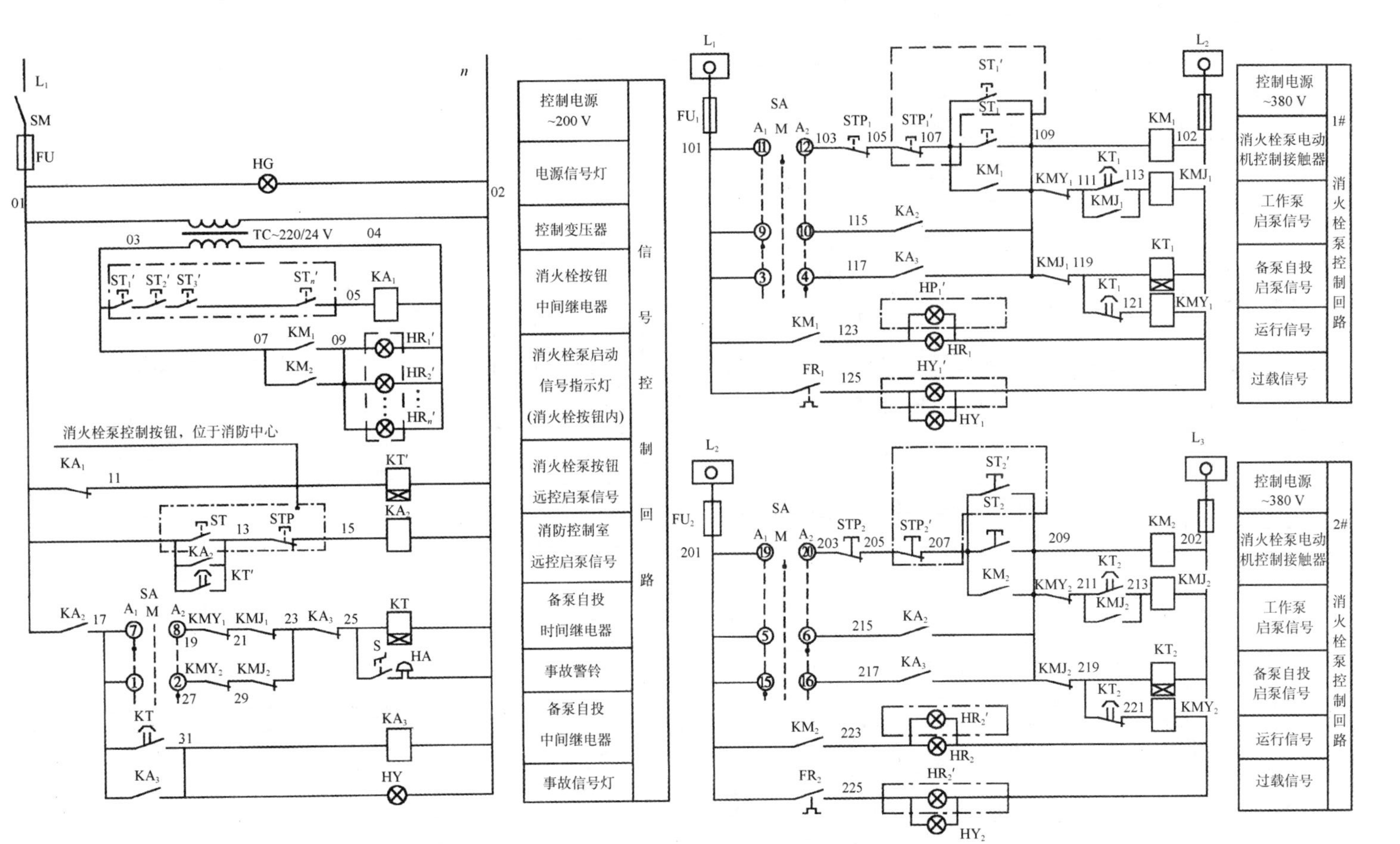

图10.7 一用一备消防泵的电气控制线路图

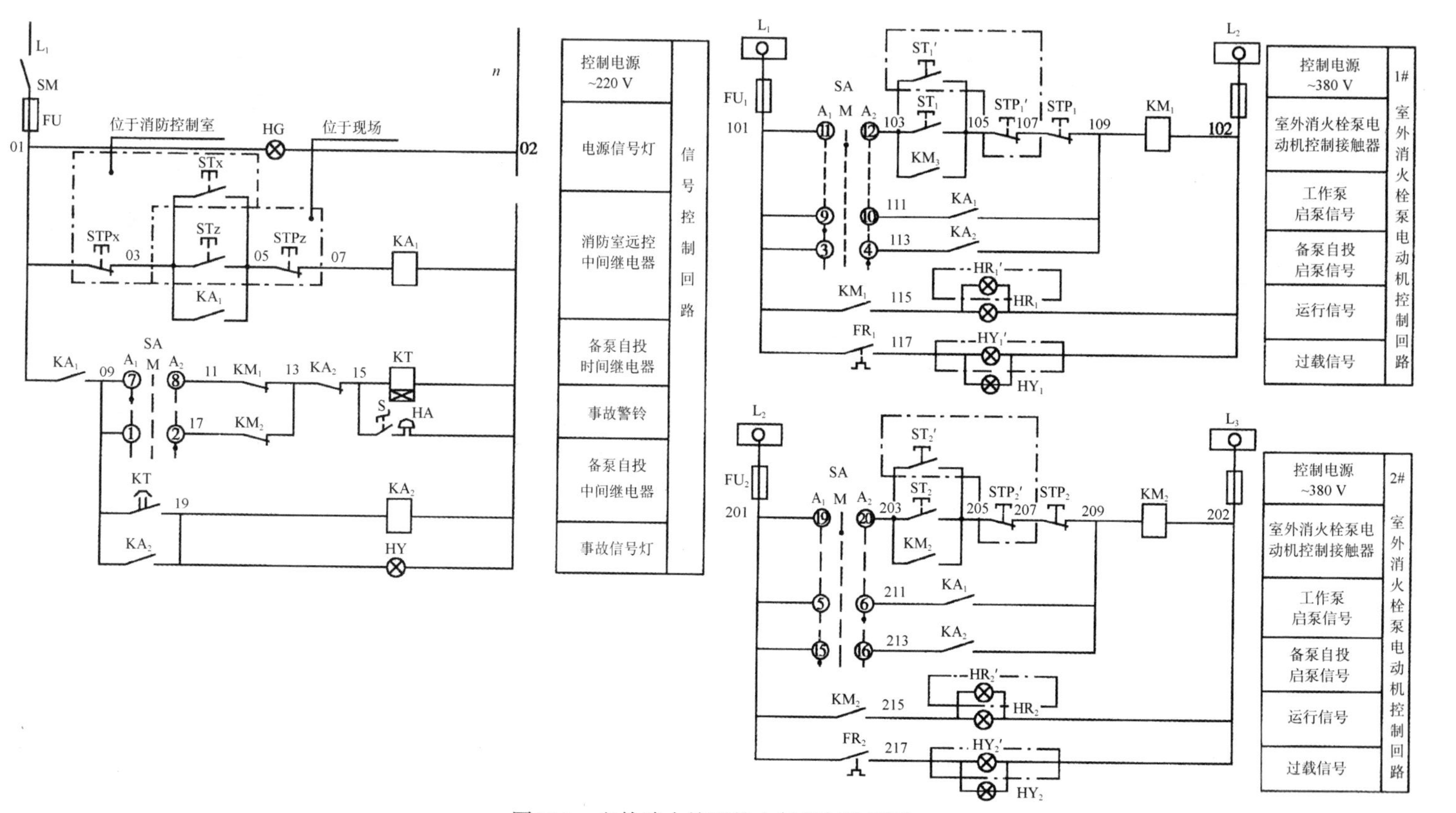

图10.8 室外消火栓泵的电气控制线路图

（四）喷淋泵的电气控制

喷淋泵系统电气控制示意图，如图 10.9 所示。

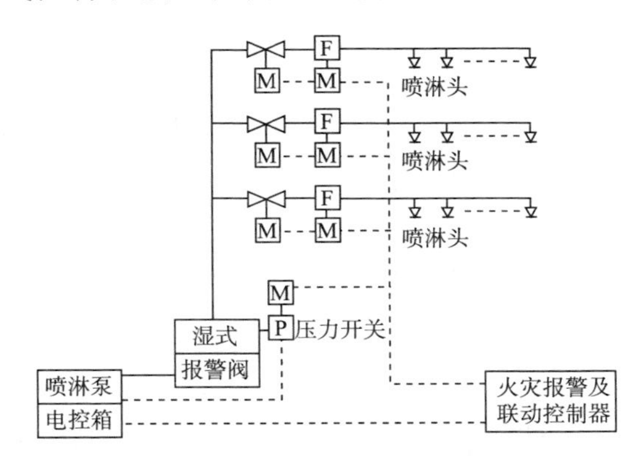

图 10.9 喷淋泵系统电气控制示意图

喷淋泵电气控制线路如图 10.10 所示。两台喷淋泵一用一备，其工作（备用）职能由转换开关 SA 分配。火灾时，喷头因受热炸裂喷水，水管网压力下降，压力开关（压力继电器）常开触点闭合，中间继电器 KA_1 线圈得电，常开触点闭合，启动喷淋泵（工泵）。同时，水流指示器因水管网水流动而动作，接通中间继电器 KA_2（KA_3），将火灾信号送至消防控制室。运行信号由喷淋泵电源接触器常开触点接通信号指示灯将启泵信号返回消防控制室。

当工泵因故障不能启动时，经过短暂延时，中间继电器 KA_4 线圈得电，常开触点闭合，启动喷淋备泵。

三、有管网气体灭火系统的控制

有管网气体灭火系统一般设计为独立系统。在保护区设置气体灭火控制盘，控制盘将报警灭火信号送到消防控制中心，控制中心应显示控制盘处于手动或自动工作状态。有管网气体灭火系统一般设计为手动、自动、机械应急操作三种控制方式。在保护区现场还设计有紧急“启动”和紧急“停止”手动按钮。

（一）自动控制方式

每个保护区内设有感烟和感温探测器组。在感烟探测器组之间取“或”逻辑，在感温探测器组间取“或”逻辑，感烟、感温探测器组取“与”逻辑，只有在“与”逻辑条件满足时，才实施气体灭火。

（二）手动控制方式

由人工通过紧急“启动”按钮，实施气体灭火。当自动、手动控制都失灵时，由人工手动打开灭火剂储瓶的瓶头阀，实施气体灭火。

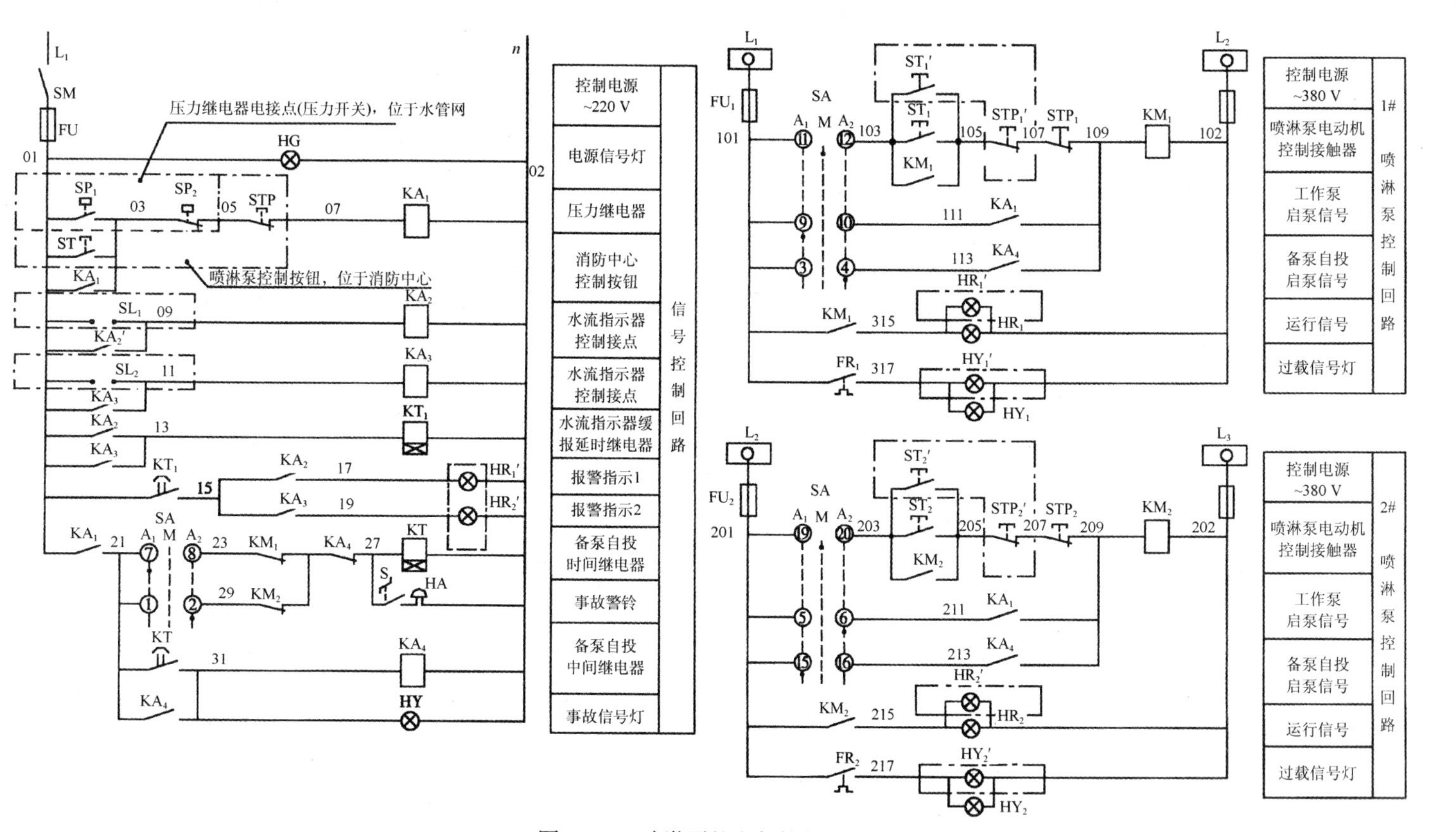

图10.10 喷淋泵的电气控制线路图

（三）气体灭火延时阶段应急操作

无论手动还是自动控制方式，都应有 20～30 s 的延时阶段，以防止误喷和保护防护区的人员安全。在延时阶段，应关闭防护区的防火门（窗、帘），停止对防护区的通风、空调，关闭防火阀，以保证灭火效果。在延时阶段，若人工确认为误报，应通过紧急“停止”按钮，停止灭火剂释放，以减少不必要的损失。